W0262411

Schriftenreihe Neurologie — Neurology Series

15

Horst Friedrich Herrschaft

Die regionale Gehirndurchblutung

Meßmethoden, Regulation, Veränderungen
bei den cerebralen Durchblutungsstörungen und
pharmakologische Beeinflußbarkeit

Mit 25 Abbildungen und 34 Tabellen

Springer-Verlag Berlin · Heidelberg · New York 1975

Privatdozent Dr. HORST FRIEDRICH HERRSCHAFT
Neurologische Klinik und Max-Planck-Institut für Hirnforschung,
5000 Köln-Merheim, Ostmerheimer Straße 200

ISBN-13: 978-3-642-95272-2   e-ISBN-13: 978-3-642-95271-5
DOI: 10.1007/978-3-642-95271-5

Library of Congress Cataloging in Publication Data. Herrschaft, Horst, 1937— Die regionale Gehirndurchblutung (Schriftenreihe Neurologie; 15). Bibliography: p. Includes index. 1. Cerebrovascular disease. 2. Brain—
Blood-vessels. 3. Vasodilators. I. Title. II. Series. RC388.5.H47 616.8′1 75-20072

Geleitwort

Die Möglichkeit, die Gehirndurchblutung beim Menschen am intakten
Schädel regional und quantitativ messen zu können, ist als ein
wichtiger Fortschritt für die Diagnostik und Therapie der cerebralen Durchblutungsstörungen zu werten. Für die Anwendung dieses
Untersuchungsverfahrens in der Neurologie ist aus lokalisations-
diagnostischen Gründen eine möglichst weitgehende meßtechnische
Ausrichtung an den anatomischen Gegebenheiten des Gehirns zu
fordern. Diese Anforderung konnte mit einem Meßplatz verwirklicht
werden, der innerhalb einer Großhirnhemisphäre nach Lage, Größe
und Form in engen Grenzen definierte Meßräume erfaßt, eine Zu-
ordung anatomisch bestimmter Hirnregionen mit bekannter Gefäßversorgung zu diesen Meßräumen ermöglicht und durch Kombination
mit der cerebralen Angiographie eine Korrelation von örtlicher
cerebraler Durchblutung mit dem morphologischen Bild der Gehirngefäße erlaubt.

Das Untersuchungsverfahren hat in den letzten zehn Jahren zuneh-
mend Eingang in die klinische Neurologie gefunden. Es sind bis
heute im wesentlichen vier Anwendungsgebiete hervorzuheben. Das
erste Indikationsgebiet stellen die intracraniellen, vaskulären
Erkranungen mit angiographisch gesicherten Total-, Teil- oder
Astverschlüssen der A. cerebri media, anterior oder posterior
dar sowie die intracerebralen Angiome, die Aneurysmen mit und
ohne Subarachnoidalblutung und die Thrombosen der intracraniellen Venen und Sinus. Bei diesen Erkrankungen vermag die regionale
Gehirndurchblutungsmessung über den angiographischen Befund hinaus Aufschluß über Stärke und Ausmaß der ischämischen Gewebs-
schädigung und die Durchblutungsänderung während der Heilungs-
phase zu geben, die für die Prognose dieser Erkrankungen von Bedeutung sind. Das Untersuchungsverfahren hat sein zweites An-
wendungsgebiet bei jener zahlenmäßig relativ großen Gruppe von
Kranken mit manifesten, vaskulär bedingten neurologischen Ausfallserscheinungen und normalem Hirngefäßbild. Die regionale
Hirndurchblutungsmessung deckt in einem hohen Prozentsatz auch
bei diesen Patienten eine umschriebene und/oder globale cerebrale
Mangeldurchblutung auf. Bei den extracraniellen Verschlußkrankheiten der A. carotis interna hat sich der Einsatz der Untersuchungsmethode bewährt, um praeoperativ das Ausmaß einer durch
eine Gefäßstenose bedingten cerebralen Mangeldurchblutung zu be-
stimmen und zum anderen durch prae- und postoperative Vergleichs-
messungen den Wert der gefäßchirurgischen Behandlung bei diesen
Krankheiten zu überprüfen.

Das dritte wichtige Indikationsgebiet für die quantitative regionale Gehirndurchblutungsmessung stellen die Wirksamkeitsprü-
fungen von Pharmaka dar. Nach den bisherigen Erfahrungen hat

sich diese Untersuchungsmethode zu einem der wichtigsten Nachweisverfahren für die Beurteilung der Wirksamkeit von Pharmaka auf den global oder regional gestörten Hirnkreislauf entwickelt. Die Untersuchungsergebnisse über die Veränderung der regionalen Gehirndurchblutung unter dem Einfluß vaso- und stoffwechselaktiver Pharmaka haben unseren Therapieplan bei der Behandlung von cerebralen Durchblutungsstörungen schon jetzt einschneidend verändert.

Schließlich ist das Meßverfahren auch einsetzbar bei neuropsychologischen Untersuchungen, insbesondere für Korrelationsstudien von Hirndurchblutung und Hirnfunktion bei den Hirnwerkzeugstörungen.

In dem vorliegenden Buch sind die Untersuchungsergebnisse bei vier der fünf Anwendungsgebiete unter breiter Berücksichtigung der klinischen Neurologie dargelegt. Es vermittelt einen Überblick über die Leistungsfähigkeit des Untersuchungsverfahrens und ist andererseits geeignet, sich in die Untersuchungsmethoden einzuarbeiten, da die Methode der interartriellen Isotopen-Clearance mit ihren biophysikalischen Grundlagen, meßtechnischen Voraussetzungen, ihrer praktischen Durchführung sowie der Berechnungs- und Auswertverfahren ausführlich und kritisch gewürdigt wird.

Frankfurt/Main, Juli 1975   PETER DUUS

Vorwort

Die Untersuchungen, deren Ergebnisse in dem vorliegenden Buch
niedergelegt sind, wurden während meiner Tätigkeit an der Neurologischen Klinik des Akademischen Krankenhauses Nord-West, Frankfurt am Main, in den Jahren 1968 - 1973 ausgeführt.

Die Entwicklung eines Meßplatzes für die quantitative Messung
der regionalen Gehirndurchblutung, der den besonderen lokalisa-
tionsdiagnostischen Anforderungen der klinischen Neurologie gerecht wird, verdanke ich der Siemens AG, Erlangen. Für die Unterstützung, die mir bei den Entwicklungsarbeiten zuteil wurde, sei
allen Mitarbeitern der Siemens AG, die an diesem Projekt beteiligt
waren, insbesondere Herrn Dipl. Ing. Dr. GEPP, Erlangen, und
Herrn Ing. G. WEILER, Frankfurt, mein Dank ausgesprochen.

Die Untersuchungen sind das Ergebnis einer Team-Arbeit, wobei
die gute Kooperation einer größeren Anzahl von Mitarbeitern zum
Gelingen dieses Werkes entscheidend beigetragen hat. Es ist mir
eine große Freude, an dieser Stelle Herrn Prof. Dr. P. DUUS, dem
ehem. Direktor der Neurologischen Klinik am Akademischen Krankenhaus Nord-West, Frankfurt am Main, meine Dankbarkeit für seine
vielfältigen Anregungen und unermüdliche Unterstützung aussprechen
zu können. In besonderer Weise bin ich auch Herrn Dr. F. GLEIM,
dem Leiter der neuroradiologischen Abteilung und Herrn Dr. H.
SCHMIDT, Oberarzt an der Anästhesieabteilung des Akademischen
Krankenhauses Nord-West, Frankfurt am Main, zu Dank verpflichtet.
Ihrem Einsatz, Interesse und ihrer Hilfsbereitschaft ist der
reibungslose Ablauf eines Großteils der Durchblutungsmessungen
zu verdanken, die in einem Arbeitsgang bei der cerebralen Angiographie in Allgemeinnarkose durchgeführt wurden.

Herr W. LUCKE, Röntgenassistent an der neuroradiologischen Abteilung, assistierte bei allen Hirndurchblutungsmessungen. Er
führte alle vorbereitenden Arbeiten und die Erstellung der Lochstreifen für die EDV-Auswertung der Untersuchungsergebnisse durch.
Sein unermüdlicher Einsatz und seine sorgfältige Arbeitsweise
haben meine Arbeitslast in spürbarer Weise vermindert.

Die Fotoarbeiten wurden von Fräulein A. SCHRÖTER im Fotolabor
des Akademischen Krankenhauses Nord-West, Frankfurt am Main,
stets in einwandfreier Qualität ausgeführt.

Ganz besonderer Dank und höchste Anerkennung gebührt Fräulein
ANGELIKA BECKERT, die sämtliche Sekretariatsarbeiten besorgte.
Sie hat mit Freude an dieser Arbeit mitgewirkt und ihre Aufgabe
mit Fleiß und Ausdauer bewältigt.

Meine Arbeit wurde finanziell vom Chemiewerk Homburg, Frankfurt
am Main, unterstützt, mit dessen Hilfe die Ausarbeitung eines
leistungsfähigen Computerprogramms für die Berechnung der örtlichen Hirndurchblutungswerte erreicht werden konnte.

Köln, Juni 1975

                                HORST FRIEDRICH HERRSCHAFT

Inhalt

Einleitung 1

Methodik 7

    A. Der Meßplatz 7

    B. Durchführung der Methode 15

    C. Rechnerische Auswertung der cerebralen Clearance-Kurven 19

Diskussion der Methode 26

    A. Meßgeometrie 26

        1. Kollimation 26

        2. Meßfeldtiefe 33

        3. Zuordnungsprinzip 35

    B. Berechnungsverfahren 36

Ergebnisse 39

    A. Normalwerte der örtlichen Hirndurchblutung 39

        1. Eigene Untersuchungsergebnisse 39

        2. Reproduzierbarkeit der Untersuchungsergebnisse ... 51

        3. Die Berechnung der relativen Gewichte für die graue und weiße Substanz 54

        4. Das Verhalten der Hirndurchblutung in Abhängigkeit vom arteriellen pCO_2 58

    B. Der Einfluß der cerebralen Angiographie auf die regionale Hirndurchblutung 65

    C. Das Verhalten der Hirndurchblutung unter dem Einfluß intravenös applizierbarer Narkosemittel 65

    D. Das Verhalten der Hirndurchblutung bei den cerebrovasculären Erkrankungen 66

        I. Die Verschlußkrankheiten der Arteria carotis interna 66

X

    1. Carotisstenose 68

    2. "Kinking" der Arteria carotis interna 90

    3. Einseitiger Verschluß der Arteria carotis
       interna 108

    4. Einseitiger Carotisverschluß in Kombination mit
       einer Carotisstenose auf der Gegenseite 122

  II. Die intrakraniellen cerebrovasculären Erkrankungen 140

    1. Total- oder Teilverschluß der Arteria cerebri
       media, anterior oder posterior 140

    2. Örtliche Hirndurchblutungsstörungen bei Patien-
       ten mit manifesten neurologischen Ausfallser-
       scheinungen und normalem Angiogramm 147

 E. Die Veränderung der regionalen Gehirndurchblutung
   unter dem Einfluß vaso- und stoffwechselaktiver
   Pharmaka 167

Zusammenfassung 184

Literatur

  Monographien und zusammenfassende Darstellungen 189

  Einzelarbeiten 190

Sachverzeichnis 227

Schriftenreihe Neurologie - Neurology Series, Band 15
H.F. Herrschaft, Die regionale Gehirndurchblutung

Berichtigung: Tabelle 33, Seite 174
              Tabelle 34, Seite 175

Springer-Verlag Berlin Heidelberg New York 1975

Tabelle 33. Der Einfluß vasoaktiver Substanzen auf die regionale Gehirndurchblutung bei Kranken mit cerebrovasculärer Insuffizinez (Wachzstand). Gepaarter T-Test.
B. Pharmaka ohne Einfluß auf die Hirndurchblutung oder mit leichtem metabolisch bedingten Sekundäreffekt auf die Durchblutung der grauen Substanz

Präparat	Fall-zahl	Dosierung	CBF (ml/100 g/min)[a] Gesamtmittelwerte aus 10 Reg.pro Pat.-Kollekt.		CBF-Verände-rung in ml	CBF-Verände-rung in %	Stat. Signif.	Aktuell apCO$_2$		RR	
			vor	nach				vor	nach	vor	nach
Hydergin	10	0,3 mg	35,6	35,9	+ 0,3	+ 0,8	Ø	37	36	104	98
Dihydroergotamin	6	1 mg	44,1	43,4	− 0,7	− 1,6	Ø	43	41	96	100
Proxazol	6	40 mg	33,9	33,0	− 0,9	− 2,7	Ø	40	41	112	108
Bencyclan	18	150 mg	36,1	32,8	− 3,3	− 9,1	Ø	37,5	38,5	129	123
Centrophenoxin	18	1000 mg	38,0	41,8	+ 3,8	+ 7,6	Ø	36,5	37	94	96
rCBF-grau			71,5	80,7	+ 9,2	+ 11,4	*				
Actihaemyl	18	80 ml + 250 ml (20%)	41,2	43,5	+ 2,4	+ 5,7	Ø	37,5	36	102	104
rCBF-grau			79,2	84,7	+ 5,5	+ 7,6	***				

Signifikanzen: * = 5%, ** = 1%, *** = 0,1%. Ø = keine Signifikanz.
[a]CBF-Werte korrigiert für apCO$_2$ = 40 mm Hg.

Tabelle 34. Der Einfluß vasoaktiver Substanzen auf die regionale Gehirndurchblutung bei Kranken mit cerebrovasculärer Insuffizienz (Wachzustand). Gepaarter T-Test.
C. Hirndurchblutungssteigernde Pharmaka

Präparat	Fall-zahl	Dosierung	CBF $(ml/100\ g/min)^a$ Gesamtmittelwerte aus 10 Reg.pro Pat.-Kollekt.		CBF-Veränderung in ml	CBF-Veränderung in %	Stat. Signif.	Aktuell apCO$_2$		RR	
			vor	nach				vor	nach	vor	nach
Papaverin	5	60 mg	42,0	46,5	4,5	10,7	**	39	39,5	127	122
Eupaverin (forte)	5	150 mg	38,5	43,7	5,2	13,5	***	38	40	123	116
Kollateral	10	150 mg	41,8	46,7	4,9	11,8	***	41	39	115	111
Actihaemyl rCBF-grau	18	80 ml + 250 ml (20%)	79,2	84,7	5,5	7,6	***	37,5	36	102	104
Rheomacrodex	12	500 ml	39,6	43,6	4,0	9,9	*	38	37	112	116

Signifikanzen: * = 5%, ** = 1%, *** = 0,1%. Ø = keine Signifikanz.
^{a}CBF-Werte korrigiert für apCO$_2$ = 40 mm Hg.

Einleitung

Die quantitative Messung der Gehirndurchblutung beim Menschen
wurde 1945 von KETY und SCHMIDT (328) eingeführt. Die von diesen
Autoren beschriebene Stickoxydul-Methode gestattet die kalkula-
tive Bestimmung der m i t t l e r e n G e s a m t h i r n -
d u r c h b l u t u n g und der S a u e r s t o f f a u f -
n a h m e d e s G e h i r n s. Sie eignet sich daher insbesondere für Untersuchungen von physiologischen und pathologischen
Veränderungen, die das Gehirn als G a n z e s betreffen. Mehr
als 250 klinische Arbeiten wurden bisher mit der Inert-Gas-
Methode veröffentlicht, die grundlegende Erkenntnisse über das
Verhalten des Hirnkreislaufs beim Menschen erbrachten. Mit Hilfe
dieser Methode konnten Einfluß und Rückwirkung verschiedener
Kreislaufgrößen und der Atmung auf die cerebrale Durchblutung
erforscht werden. Sie ermöglichte es, die Bedeutung des Blutdrucks und seiner Veränderungen, sowie des arteriovenösen Druck-
gefälles (41, 44, 46, 108, 151, 152, 160, 190, 191, 221-226,
334, 338, 346, 347, 398-405, 437-440), des Herzminutenvolumens
(151, 190, 191, 193), des Sauerstoffpartialdrucks im Blut (125,
252, 253, 331, 357, 467, 616), des CO_2-Partialdrucks im Blut
(109, 125, 127, 151, 174, 176, 192, 199, 224, 329, 331, 385, 447,
450, 473, 538, 543) und der Blutviscosität (11, 120a, 191, 195a,
245a, 514, 535) für die Größe der Hirndurchblutung zu ermitteln.
Ferner gelangte sie zur Anwendung, um die Wirkung von Pharmaka
(vasoaktiven Substanzen, Narkosemitteln etc.) auf den Hirnkreislauf zu prüfen (11, 585).

In der N e u r o l o g i e allerdings kommt der Stickoxydul-
Methode im großen und ganzen nur ein sehr begrenzter Wert zu.
Sie ist nur bei denjenigen Erkrankungen, die mit einer Gesamt-
abnahme der Hirnfunktion einhergehen, wie bei verschiedenen
Formen hirnorganisch bedingter Bewußtseinsstörungen und im Koma
(38, 39, 45, 47, 126, 128-130, 161, 257, 330, 332, 335, 538,
564, 567), bei der Demenz (159, 169, 370), bei der fortgeschrit-
tenen Hirnarteriosklerose mit organischen Psychosyndromen (49,
69, 125, 127, 344, 345, 370, 450, 451, 538), bei der Epilepsie
(176, 177, 199) und verschiedenen diffusen Hirnerkrankungen
einsetzbar.

Die meisten hirnorganischen Erkrankungen, insbesondere die Störungen der cerebralen Durchblutung, sind jedoch lokaler Natur,
wobei umschriebene Teile des Gehirns betroffen werden. Für die
Erfassung regionaler cerebraler Durchblutungsstörungen ist die
Stickoxydul-Methode nicht geeignet. Seit 1955 wurden daher große
Anstrengungen unternommen, Verfahren für die Messung der l o -
k a l e n Gehirndurchblutung zu entwickeln.

1955 berichteten KETY und Mitarb. (339) und 1958 SAPIRSTEIN und
HANUSEK (533) über tierexperimentelle Untersuchungen, die erstmals eine quantitative Messung der r e g i o n a l e n Durchblutung an der freigelegten Hirnoberfläche ermöglichten. Die
Untersuchungsverfahren waren jedoch unbefriedigend, da sie eine
Dekapitation der Tiere erforderten. 1961 und 1962 gelang es
INGVAR und LASSEN (286, 372), diese Methoden beträchtlich zu
verbessern, so daß sich nunmehr wiederholte quantitative Bestimmungen der örtlichen Hirnrindendurchblutung beim lebenden Tier
durchführen ließen. Die Hirndurchblutung wurde aus der Clearance-
Kurve des radioaktiven, inerten Gases Krypton-85 bestimmt, das,
in 0,9%iger NaCl-Lösung gelöst, in die Arteria carotis injiziert
wurde und dessen Elimination aus dem Gehirngewebe mit einem über
der Hirnoberfläche befindlichen Geiger-Müller-Zähler gemessen
wurde. GLEICHMANN und Mitarb. (183) und HARPER und GLASS (233)
bestätigten und ergänzten die von INGVAR und LASSEN ermittelten
tierexperimentellen Untersuchungsergebnisse.

Die Anwendung dieser Untersuchungsmethode beim Menschen teilten
1961 erstmals LASSEN und INGVAR (285) mit, wobei die Krypton-85-
Clearance nach intraarterieller Injektion des Isotops in die
Halsschlagader über der freigelegten Gehirnoberfläche neurochi-
rurgischer Operationspatienten bestimmt wurde. Da Krypton-85 als
β-Strahler nur eine sehr kurze Strahlungsreichweite im Gewebe
von ungefähr 0,7 cm besitzt, blieb seine klinische Applikations-
möglichkeit auf Durchblutungsmessungen an der freigelegten Gehirnoberfläche beschränkt.

GLASS und HARPER berichteten 1963 erstmals über die regionale
Hirndurchblutungsmessung beim Menschen am i n t a k t e n
Schädel (178). Voraussetzung für diese Messung bildete die Verwendung des weichen γ-Strahlers Xenon-133 mit einer wesentlich
größeren Strahlungsreichweite im Gewebe und einer günstigen Eigenabsorption mit einer Halbwertsschicht von ungefähr 4 cm. Zwar
sind bis 1965 in kleinerer Zahl auch regionale Hirndurchblutungsmessungen beim Menschen am intakten Schädel unter Verwendung von
Krypton-85 mit Ausnutzung seiner geringen γ-Strahlung durchgeführt worden (138, 140, 219, 287, 373, 578), doch wurde dieses
Isotop seither wegen seiner biophysikalischen und meßtechnischen
Nachteile zur Bestimmung der örtlichen Hirndurchblutung durch
Xenon-133 verdrängt. Lediglich die italienischen Arbeitsgruppen
um AGNOLI und FIESCHI bedienten sich noch bis 1969 des Krypton-85
(16-19, 136, 142-144, 147, 148), ehe auch sie und ihre Mitarbeiter seit 1970 Xenon-133 für die Hirndurchblutungsmessungen verwandten (22, 149, 490, 491). ARNOT und Mitarb. (32) empfahlen
1970 wegen der günstigen physikalischen Eigenschaften Xenon-127
anstelle von Xenon-133 für die Messung der Hirndurchblutung.
Das neue radioaktive Isotop fand bisher jedoch keine allgemeine
Verbreitung. Auch andere Indikator-Substanzen, wie mit ^{15}O markiertes Oxyhämoglobin, mit ^{15}O gekennzeichnetes Wasser (606,
607, 608, 610), Krypton-85m (180), Wasserstoff (30, 31, 66, 139,
150, 186, 389, 390), ^{13}N$_2$O (495), Argon (34) und thermische Methoden zur Messung der lokalen Hirndurchblutung (51-54) fanden
bisher keinen breiten Eingang in die Klinik. Die H_2- und Wärme-
Clearance-Methoden sind beim Menschen zudem nur für direkte
Messungen der Durchblutung bei Hirnoperationen anwendbar (30, 31,
51, 54, 66, 150, 139, 188, 389, 390, 566).

Die klinische Messung der örtlichen Hirndurchblutung nach der
intraarteriellen Isotopen-Clearance-Methode ist mit einer grös-
seren Anzahl methodischer Unvollkommenheiten und Irrtumsmöglichkeiten belastet. Bis 1964 wurde der Auswaschvorgang der frei
diffusiblen, inerten Gase Krypton-85 und Xenon-133 aus dem Gehirn
nur mit einem oder zwei Szintillationszählern verfolgt, die allenfalls eine Aussage über die Durchblutung in einer Großhirnsphäre erlauben (16, 60, 61, 85, 105, 170-171, 178, 219, 232, 233,
259, 264, 265, 285, 287, 312, 372, 373). Eine Aussage über lokale
Durchblutungsstörungen innerhalb einer Hemisphäre war mit diesen
Meßanordnungen nicht möglich. 1965 berichteten INGVAR und Mitarb.
über einen Meßplatz, mit dem die Hirndurchblutung simultan in
4 verschiedenen Regionen einer Hemisphäre bestimmt werden konnte
(289). Über klinische Untersuchungsergebnisse, die mit einem
4-Detektor-Meßplatz erzielt wurden, berichteten in der Folgezeit
AGNOLI und Mitarb. (17, 22), CRONQVIST und Mitarb. (96-99),
FIESCHI und Mitarb. (140, 142-146), HACKER (212-214), INGVAR
und Mitarb. (279, 290, 292), BES und Mitarb. (48), OECONOMOS
und Mitarb. (457, 458) sowie ZINGESSER und Mitarb. (657). Da auch
die simultane Messung der Hirndurchblutung in 4 Regionen wegen
der zu großen und zu weit voneinander entfernt liegenden Meßfelder den klinischen Erfordernissen nach einer diagnostisch verwertbaren, regionalen Erfassung der Durchblutung in einer Hemisphäre
nicht entsprach, wurden in den folgenden Jahren Meßplätze mit 8
und mehr Detektoren entwickelt, die diesen Anforderungen eher gerecht wurden. Während der 8-Detektor-Meßplatz bei den skandinavi-
schen Arbeitsgruppen um INGVAR und LASSEN nur über einen kurzen
Zeitraum Verwendung fand (295, 297, 299, 480) und dieser seit 1968
durch Meßplätze mit 16 oder später sogar 32 und 35 Szintillationszählern ersetzt wurde, haben andere Autoren bis heute klinische Untersuchungsergebnisse unter Verwendung von 6 - 8 Meßsonden veröffentlicht (19, 22, 142-146, 302, 418-422, 457, 458).

Das Bestreben, bei der örtlichen Hirndurchblutungsmessung die
Meßfelder möglichst klein zu gestalten, um die Durchblutung einer
Großhirnhemisphäre wie in einem mosaikartigen Raster zu erfassen,
führte zu der Entwicklung von 12- und 16-Detektor-Meßplätzen,
mit denen seit 1968 auch klinische Untersuchungen in größerer
Zahl durchgeführt wurden. HØEDT-RASMUSSEN (263, 269, 270), JONK-
MANN (315), LASSEN (375, 377, 379, 381), PAULSON (476, 478, 479,
482), SKINHØJ (575, 580-582), REES (504-506) und WILKINSON (636)
und deren Mitarbeiter veröffentlichten ihre mit dem 16-Detektor-
Meßplatz erzielten Untersuchungsergebnisse bei cerebro-vasculären
Erkrankungen. Über die Veränderung der focalen Durchblutung bei
cerebralen Tumoren berichteten unter Verwendung des gleichen
Meßplatzes BROCK und Mitarb. (70, 72-74), HADJIDIMOS und Mitarb.
(209, 210), LASSEN und Mitarb. (375, 377, 381) und PALVÖLGYI et
al. (469-471). Auch über das Verhalten der Hirndurchblutung unter
dem Einfluß vasoaktiver Substanzen sind mit der genannten Meß-
apparatur einzelne Mitteilungen von OLESEN und Mitarb. (466),
PAULSON und Mitarb. (481) und SKINHØJ und Mitarb. (581) erschienen.

Mit den von INGVAR, LASSEN und Mitarbeitern entwickelten 32- bzw.
35-Detektor-Meßplätzen sind klinische Untersuchungsergebnisse
bisher nur in kleinerer Zahl mitgeteilt worden (517, 596-598).
Ein Urteil über die Leistungsfähigkeit dieser Untersuchungsgeräte
in der klinischen Neurologie ist zum gegenwärtigen Zeitpunkt noch
nicht möglich.

Seit 1965 sind immer wieder Versuche unternommen worden, neben
der intraarteriellen Isotopen-Clearance-Methode einfachere Untersuchungsverfahren für die Bestimmung der örtlichen Hirndurchblutung zu entwickeln.

Mit der von MALLETT und VEALL (392, 393, 619-622) eingeführten
und später von OBRIST und Mitarb. (454, 456) und CRAWLEY und
Mitarb. (95) angewandten Xenon-133- I n h a l a t i o n s -
m e t h o d e konten bisher ebenso wenig wie mit dem von AGNOLI
und Mitarb. geprüften i n t r a v e n ö s e n I n j e k t i -
o n s v e r f a h r e n (20, 21) klinisch brauchbare und zuver-
lässig verwertbare Ergebnisse erzielt werden. Beide Untersuchungsverfahren sind mit mehreren und im Prinzip denselben Fehlerquellen
und Nachteilen belastet, die der intraarteriellen Injektionsmethode nicht anhaften.

Bei der Inhalations- und intravenösen Injektionsmethode sind
die regionalen Clearance-Kurven des Gehirns von der Radioaktivität in den extracerebralen Geweben überlagert, wobei eine
rechnerische Elimination dieses die cerebralen Durchblutungswerte
verfälschenden Aktivitätsanteils - u.a. wegen des multiexponen-
tiellen Charakters der Auswaschkurven auch der extracerebralen
Gewebe (378, 617) - mit hinreichender Genauigkeit bisher nicht
möglich ist (382).

Bei beiden Methoden liegt eine beträchtliche cerebrale R e -
z i r k u l a t i o n der radioaktiven Indikatorsubstanz vor,
welche die Meßergebnisse verfälscht und deren quantitative Bestimmung wegen der Abhängigkeit der Rezirkulation von der Atem-
frequenz und etwaiger pathologischer Veränderungen im Respira-
tionstrakt aus der bei diesen Methoden üblichen Aktivitätsbe-
stimmung in der endexspiratorischen Atemluft nicht möglich ist.
Ein ungelöstes Problem bei der Inhalations- und intravenösen
Injektionsmethode stellt weiterhin die Deformierung des Anfangs-
teils der Clearance-Kurve dar, wobei auf mathematischem Wege
der tatsächliche Anfangsgipfel aus den gegebenen Meßdaten sich
bisher nicht ermitteln ließ (21, 314). Schließlich bedeutet die
Meßzeit von 20 - 40 min ein großes Hindernis, da über einen
solch langen Zeitraum konstante Untersuchungsbedingungen nur
schwierig aufrecht erhalten werden können.

Entsprechend den angeführten Irrtumsmöglichkeiten, die der Inha-
lations- und intravenösen Injektionsmethode anhaften, ergaben
direkte vergleichende Untersuchungen nach Injektion von Xenon-133
in die Arteria carotis interna und nach Inhalation oder intravenöser Injektion stark voneinander abweichende Ergebnisse (21,
314).

Da bei Injektion radioaktiver Indikatorsubstanzen in die Arteria
carotis communis auch für das intraarterielle Injektionsverfahren
das Problem der Überlagerung cerebraler Clearance-Kurven durch
Radioaktivität extracerebraler Gewebe auftritt, hat man seit
1965 streng auf eine Injektion des Isotops in die Arteria carotis
interna geachtet, die die Ableitung unverfälschter cerebraler
Clearance-Kurven gestattet (378).

Seit 1967 wurde versucht, die von ANGER entwickelte Szintilla-
tions- oder Gamma-Kamera (29) anstelle von Multi-Detektor-

Systemen für die quantitative Messung der regionalen Hirndurchblutung einzusetzen. Die seither mit dieser Methode veröffentlichten Ergebnisse lassen erkennen, daß es sich dabei noch um
ein in der Entwicklung befindliches Untersuchungsverfahren handelt, über dessen Wert für die klinische Messung der örtlichen
Hirndurchblutung zum gegenwärtigen Zeitpunkt ein abschließendes
Urteil noch nicht möglich ist. Aus den von LOKEN und Mitarb.
(387), ROSENTHALL und Mitarb. (527), KENNADY (319, 318), JANEWAY
und Mitarb. (305, 306, 307), MAYNARD und Mitarb. (397), OJEMANN
und Mitarb. (460) und LORENZ und Mitarb. (388) mitgeteilten
Untersuchungen geht hervor, daß eine Anzahl von Problemen, die
bei Verwendung der Gamma-Kamera für die regionale Hirndurchblutungsmessung entstehen, bisher in befriedigender Weise nicht
gelöst werden konnte und dem routinemäßigen Einsatz in der Klinik
entgegenstehen. Infolgedessen liegen klinische Ergebnisse mit
der Gamma-Kamera nur in Einzelfällen (HEISS und Mitarb., 242-245)
vor. Die prinzipiellen Nachteile der Gamma-Kamera bestehen in
der Begrenzung ihrer maximalen Impulsausbeute auf ungefähr
4×10^4 Imp./sec, die bei Einteilung der Kamera in viele Einzel-
kanäle eine zu große statistische Fehlerbreite zur Folge hat,
in den pro Untersuchung benötigten hohen Radioaktivitätsmengen
von 10 - 20 mCi mit entsprechender Strahlenbelastung, die sich
bei Durchführung von Funktionsuntersuchungen auf 30 - 50 mCi
pro Patient erhöhen, in der defnitiven Todzeit der Kamera, die
eine Ausnutzung der sehr hohen Aktivitätsmengen nicht zuläßt,
in der relativ hohen Zeitkonstante von 2,4 sec, die eine genaue
Bestimmung des Anfangsgipfels der regionalen Auswaschkurve er-
schwert und schließlich in der Aufwendigkeit und Kostspieligkeit
des Systems.

Auch das von RISBERG (518, 519, 520) eingeführte Verfahren der
regionalen cerebralen Blut- V o l u m e n -Messung nach i.v.-
Injektion eines nicht diffusiblen, γ-Strahlen aussendenden Indi-
kators (Jod-131-Hippuran, RISA, Indium-113m etc.) sowie das von
OLDENDORF (461, 463-465) angegebene Verfahren zur Bestimmung des
Hirn-Minuten-Volumens haben sich als Methode zur Erfassung der
örtlichen Hirndurchblutung bisher nicht durchsetzen können. Auf
die ungelösten methodischen Schwierigkeiten bei der cerebralen
Blut-Volumen-Messung nach intravenöser Injektion des Isotops
weisen OLDENDORF selbst (461), O'BRIEN und HAGGITH (453) und
HARPER und Mitarb. (236) hin. Die Autoren sind übereinstimmend
der Auffassung, daß die Bestimmung der cerebralen Zirkulationszeit mit Hilfe nicht diffusibler radioaktiver Isotope bisher
allenfalls die Ableitung eines Indexes ermöglicht, der nur in
grober Weise einen Rückschluß auf die lokale Hirndurchblutung
erlaubt.

Aus den voranstehenden Ausführungen geht hervor, daß gegenwärtig
von allen Untersuchungsverfahren allein die i n t r a a r t e -
r i e l l e I s o t o p e n - C l e a r a n c e - M e t h o d e
unter Verwendung radioaktiver inerter Gase für die klinische
Bestimmung der örtlichen Hirndurchblutung beim Menschen zuver-
lässig und sicher beurteilbare Ergebnisse erwarten läßt. Das
Bestreben, die Durchblutung einer Großhirnsphäre mit einer Vielzahl möglichst kleiner Meßfelder zu erfassen, hat in rascher
Folge zur Entwicklung von Multi-Detektor-Meßplätzen geführt,
die in der Konstruktion von Apparaturen mit 32 bzw. 35 Szintil-

6

lationszählern ihren vorläufigen Abschluß gefunden hat. Der
durch die Vielzahl der Meßsonden bedingte große Datenanfall er-
forderte zur Auswertung der Untersuchungsergebnisse den Einsatz
der elektronischen Datenverarbeitung. SVEINSDOTTIR (595, 596),
REIVICH (510) und KASSEL (317) haben Computer-Programme entwickelt, die eine Berechnung der regionalen Durchblutungswerte
im Elektronenrechner ermöglichen. Außerdem wurden große Fort-
schritte bei der technischen Vervollkommnung der Meßplätze in
Bezug auf die Datenverarbeitung und -ausgabe erzielt, die durch
Anschluß eines Elektronenrechners an den Meßplatz eine rasche
simultane Darstellung der cerebralen Clearance-Kurven ·und der
berechneten regionalen Durchblutungswerte ermöglichen (295, 367,
516, 596, 597). Die sich hier abzeichnende Entwicklung von der
"off-line"-Analyse zum "on-line"-Verfahren hat wegen des großen
Aufwandes und der hohen Unkosten, die mit einem solchen System
verbunden sind, bisher einen breiteren Eingang in die Klinik
nicht finden können.

Ausgehend von den k l i n i s c h e n E r f o r d e r n i s -
s e n i n d e r N e u r o l o g i e ist von einem Meßplatz für
die quantitative Bestimmung der örtlichen Hirndurchblutung eine
möglichst weitgehende meßtechnische Ausrichtung an den anatomischen Gegebenheiten des Gehirns zu fordern. Es sind dies vor
allem

1. überlagerungsfreie und innerhalb des Gehirns nach Lage, Größe
   und Form genau definierte Meßräume,

2. die exakte Zuordnung anatomisch bestimmter Hirnregionen und
   -strukturen mit bekannter Gefäßversorgung zu diesen Meßräumen,

3. die Darstellung der Meßfeldbegrenzungen auf dem seitlichen
   Carotisangiogramm, die eine direkte Korrelation von regionaler
   Durchblutung mit dem morphologischen Bild der Gehirngefäße zum
   Zeitpunkt der Hirndurchblutungsmessung erlaubt.

Neben diesen meßtechnischen und meßgeometrischen Anforderungen
ist bei der praktischen Durchführung der Untersuchungsmethode

> die Aufrechterhaltung gleichbleibender Untersuchungsbedingun-
> gen über die gesamte Meßzeit, die bei wiederholten Messungen
> (Funktions- und Vergleichsuntersuchungen) bis zu 45 min be-
> tragen kann, unabdingbare Voraussetzung für die Ermittlung
> zuverlässiger Untersuchungsergebnisse.

Die Konstruktion des Meßplatzes schließlich sollte so beschaffen
sein, daß er sich

> für den routinemäßigen Einsatz in der Klinik ohne unverhält-
> nismäßig großen Zeit-, Personal- und Arbeitsaufwand eignet.

Um den oben angeführten Bedingungen in befriedigender Weise zu
genügen, haben wir in Zusammenarbeit mit der Siemens AG einen
Meßplatz entwickelt, der die bisherigen Untersuchungstechniken
so modifiziert, daß eine die hirnanatomischen und neuropatholo-
gischen Gegebenheiten berücksichtigende, lokale Messung der
Hirndurchblutung beim Menschen möglich ist. Wir sind bei unseren
Entwicklungsarbeiten 1968 von einem 4-Detektor-Meßplatz ausge-
gangen, den HACKER (212, 213) 1966 in Zusammenarbeit mit der
Siemens AG konzipiert hatte[1].

---

[1] Herrn Prof. Dr. H. HACKER, Leiter der Abteilung für Neuroradiologie am Zentrum
für Radiologie der Universität Frankfurt am Main, sei für die vorübergehende
Überlassung des Meßplatzes an dieser Stelle gedankt.

Methodik

A. Der Meßplatz

Der Meßplatz für die quantitative Bestimmung der regionalen Hirndurchblutung besteht aus einer aufeinander abgestimmten Einheit von nuklearmedizinischen und neuroradiologischen Untersuchungsgeräten (Abb. 1).

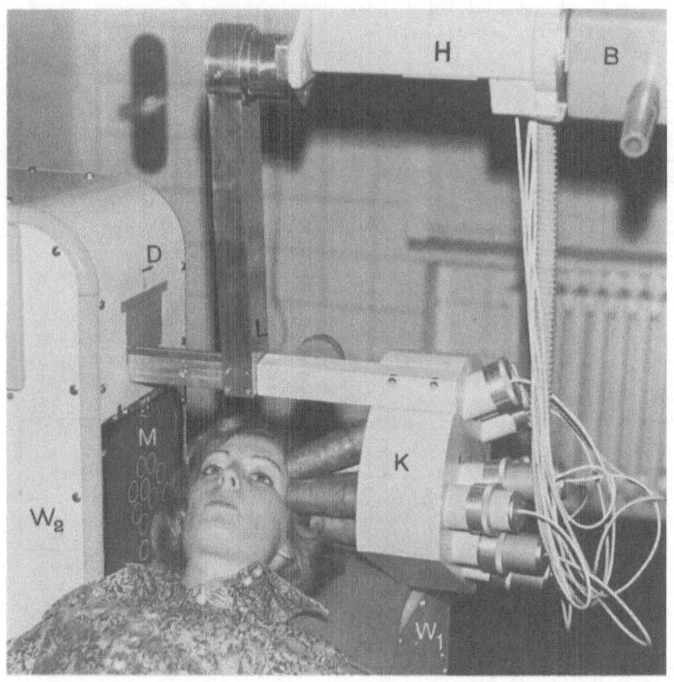

Abb. 1. Zuordnung des Kollimatorblockes (K) zum vorderen (W_1) und seitlichen Blattfilmwechsler (W_2). Die zuordnende Verbindung zwischen Kollimatorblock und seitlichem Blattfilmwechsler (W_2) wird über ein Lichtvisier (L) am Halterungsarm (H) des Kollimatorblockes erreicht, dessen Lichtsignal mit einer entsprechenden Markierung (D) auf dem seitlichen Wechsler zur Deckung gebracht wird. Geräte in Meßstellung. M = Meßfeldschablone auf dem Raster des seitlichen Wechslers. B = Bedienungsgriff des motorgetriebenen Deckenstatives, an dem der Kollimatorblock befestigt ist

Der nuklearmedizinische Geräteteil umfaßt die in einem Gehäuse
untergebrachte Meßelektronik (Linearverstärker, Diskriminatoren,
Mittelwertmesser, Impulszähler und Zweifachschreiber), einen
Impulsbandspeicher, einen Lochstreifenstanzer und den an einem
Deckenstativ befestigten Kollimatorblock mit 10 Szintillations-
zählern. Das Meßprinzip ist in Abb. 2 schematisch dargestellt.

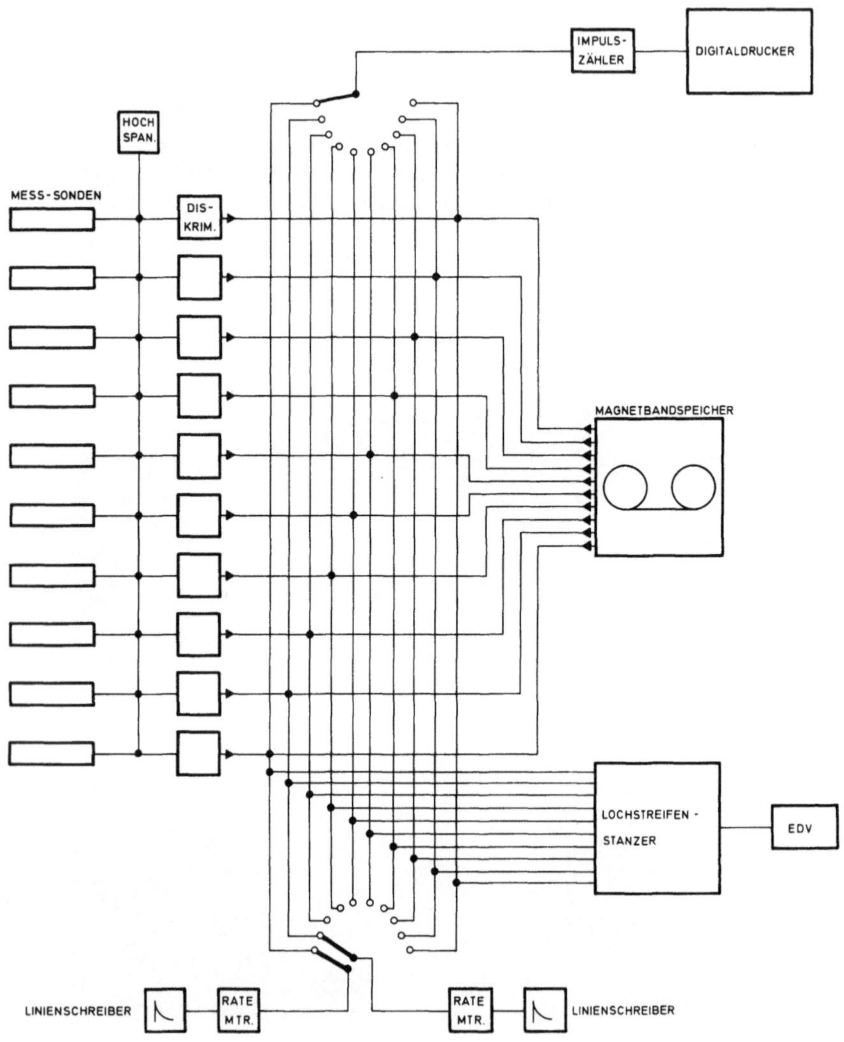

Abb. 2. Darstellung des Meßprinzips und der Datenerfassung

Für simultane Durchblutungsmessungen in beiden Hirnhälften steht
ein zweiter Kollimatorblock zur Verfügung, der an dem Deckenstativ spiegelbildlich zum ersten angebracht ist. Die neuroradiologische Geräteausstattung entspricht derjenigen eines Meßplatzes

für die cerebrale Angiographie und besteht aus dem Patienten-
untersuchungstisch, einem vorderen und seitlichen AOT-Blattfilm-
wechsler und den dazugehörigen Röntgenröhren.

Die Geräte sind so angeordnet, daß bei Verbindung der beiden
Untersuchungen, für den Übergang von der Hirndurchblutungsmessung
zur Angiographie und umgekehrt, keine oder nur eine geringfügige
Umordnung erforderlich ist. Für die Durchblutungsmessung in der
rechten Hirnhälfte wird vor der Angiographie oder im Anschluß
an sie der rechte Kollimatorblock seitlich neben den vorderen
Blattfilmwechsler herangefahren. Zur Messung der Durchblutung
in der linken Hirnhälfte und für simultane Messungen in beiden
Hirnhälften mit zwei Kollimeterblöcken wird der seitliche Blattfilmwechsler zur Seite geschoben, so daß der linke Kollimatorblock dort seinen Platz einnehmen kann.

Die technische Ausführung des Meßplatzes wurde von der Siemens AG
übernommen. Er besteht aus 10 Szintillationszählern (Meßsonden),
die wie in einem Raster mit annnähernd gleich großen Meßabständen
die Großhirnhemisphäre erfassen.

Jeder <u>Szintillationszähler</u> enthält einen NaJ(T)-Kristall von
25,4 mm Durchmesser und Höhe, der seitlich von einer 4 mm
starken Bleiabschirmung umgeben ist. Das Volumen dieses Kri-
stalles beträgt 12,85 cm^3. Vor ihm befindet sich ein kegel-
stumpfförmiger Bleikollimator mit einer Länge von 80 mm und
einer äußeren Wandstärke von 4 mm. Der Kollimator hat einen
Öffnungswinkel $\alpha/2$ von 3,3°, dem ein maximaler Lumendurch-
messer von 37 mm und ein minimaler Durchmesser von 32 mm
entsprechen. In den Kollimator sind Septen eingebaut, die
die einfallende Strahlung aus dem geometrischen Halbschattenbereich stark verringern. Dem Kristall in der Meßsonde ist
ein Photomultiplyer nachgeordnet mit einer Verstärkung
$V = 10^8$, der über einen Emitterfolger einen energieäquiva-
lenten Impuls an den Linearverstärker-Diskriminator abgibt.

Der <u>Linearverstärker</u> hat die Aufgabe, die Impulshöhe der einzelnen Impulse proportional zueinander so anzuheben, daß diese
sicher über dem Störpegel der Eingangslogik der nachgeschalteten Elektronik (2,4 Volt) liegen. Der Diskriminator blendet
mit einer Basislinieneinstellung von 0,6 Volt und einer Kanal-
breiteneinstellung von 1 Volt den Photopeak von Xenon-133
(81 KeV) exakt aus. Bei dieser Einstellung liegt die Haupt-
energielinie von Xenon-133 bei 1,1 Volt. Die Basiseinstellung
liegt mit 0,4 Volt sicher über dem "Rauschen" des Photomulti-
plyers und am oberen Rande des Comptonkontinuums.

Der <u>Diskriminator</u> seinerseits gibt Normimpulse ab, und zwar
wahlweise an den Mittelwertmesser, Bandspeicher, Lochstreifenstanzer oder Impulsratenzähler.

Der <u>Mittelwertmesser</u> mit nachgeschalteten Linienschreibern
gestattet die lineare Aufzeichnung der Clearance-Kurven. Der
Schreiber kann auf je vier frei wählbare Meßsonden eingestellt
werden. Der Papiervorschub beträgt 1cm/min und 16 cm/min.

Der <u>Bandspeicher N 1</u> nimmt bei einem Impulsratenverlust von höchstens 5% die Informationen der Meßsonden simultan auf. Die Bandgeschwindigkeit ist über 4 Stufen mit 9,5, 19, 47,5 und 95 cm/sec einstellbar. Entsprechend den Bandgeschwindigkeiten beträgt die maximale Impulsratenspeicher-Kapazität 1,5, 3, 7,5 und 15mal 10^6 Imp./min. Bandantrieb und Zählwerk arbeiten schlupffrei mit je 2 An- und Abtriebsmotoren. Der Impulsratenverlust von nur 5% wird durch einen Pufferspeicher je Aufnahmekanal erreicht, der Impulse mit zu hoher Häufigkeit ausliest und mit einer vorgegebenen Taktfrequenz auf freie Speicherplätze legt.

Der <u>Lochstreifenstanzer N</u> gibt mit einer Arbeitsgeschwindigkeit bis 30 Zeichen pro sec die Informationen der einzelnen Meßsonden nacheinander aus. Ein Pufferspeicher für jede Sonde garantiert trotz Serienausgabe (serial output) eine zeitsynchrone Wiedergabe der Meßwerte. Der Lochstreifenstanzer hat veränderbare Integrationszeiten von 0,2, 0,6, 1,3 und 10 sec. Die Codierung ist nach dem Binär-Code mit 12 Bits in 2 Teilworten vorgenommen. Ein Kennwertgeber gestattet im ASC II-Code 10 Zahlen (0 - 9) und 6 Zeichen zur Identifizierung der Untersuchung vor jeder Ablochung einzugeben.

Die M e ß e l e k t r o n i k ist so ausgelegt, daß die Informationen aus allen Meßsonden simultan entweder auf den Mangnetbandspeicher oder über den Lochstreifenstanzer ausgegeben werden können. Die auf dem Magnetband gespeicherten Informationen der einzelnen Sonden werden über eine Ringschaltung dem Lochstreifenstanzer zugeführt. Außerdem können die auf dem Magnetband gespeicherten Werte nacheinander über einen Impulsratenzähler mit nachgeschaltetem Schnelldrucker digital ausgedruckt werden.

Die D a t e n a u s g a b e kann auf vier Wegen erfolgen (Abb. 2):

1. Lochstreifenstanzer - Elektronische Datenverarbeitung (EDV).

2. Impulsbandspeicher - Lochstreifenstanzer - EDV.

3. Impulsbandspeicher - Impulszähler -

   - Digitaldrucker < (manuelle Auswertung)
   (Lochkarten - EDV).

4. Analoge Ausgabe über Linienschreiber.

Die unter 1. angegebene Datenausgabe und -verarbeitung stellt die für die klinische Routinediagnostik rationellste Form dar. Eine Verbesserung ist nur noch durch Übergang von der "off-line"-Verarbeitung zum "on-line"-System möglich, bei dem die Meßwerte direkt in einen dem Meßplatz unmittelbar angeschlossenen Computer eingegeben werden.

In diesem Falle stünden die verschiedenen für die regionale Hirndurchblutung berechneten Werte bereits kurze Zeit nach Untersuchungsabschluß zur Verfügung.

Zu der unter 2. angegebenen Form der Datenausgabe sei angemerkt,
daß aus mehreren Gründen die gleichzeitige Speicherung der In-
formation auf dem Magnetband auch bei routinemäßiger Auswertung
über den Lochstreifenstanzer zweckmäßig ist. Wird der Lochstreifen an ein Rechenzentrum außerhalb der Klinik vergeben, ist es
wünschenswert, unmittelbar nach der Untersuchung die Informationen aller Sonden als Kurven aufzuzeichnen, um zumindest eine
orientierende Beurteilung der regionalen Hirndurchblutung aus
den einzelnen Clearance-Kurven noch am Untersuchungstag zu ermöglichen. Als Beispiel sind in Abb. 3 die linearen Auswaschkurven eines Patienten mit regional sehr unterschiedlicher Hirndurchblutung wiedergegeben. Aus Gründen der Kostenersparnis
können außerdem nicht verwertbare Meßergebnisse vor dem Versand
der Lochstreifen eliminiert werden.

Bei der dritten Form der Datenausgabe erfolgt die Informations-
aufbereitung vom Bandspeicher über den Impulszähler. Die vom
Drucker pro Integrationszeit ausgegebenen Zahlenwerte müssen
zunächst manuell auf Lochkarten oder -streifen übertragen werden,
damit die EDV sie verarbeiten kann. Das Ausdrucken der auf dem
Magnetband gespeicherten Informationswerte und deren Ablochen
erfordern einen unverhältnismäßig großen und kostspieligen
Arbeits- und Zeitaufwand, so daß diese Art der Datenausgabe und
-verarbeitung für die klinische Routinediagnostik nicht in Be-
tracht kommt.

Noch umständlicher ist die manuelle Auswertung, bei der zu den
genannten Nachteilen noch eine Reihe von schwerwiegenden Irrtumsmöglichkeiten hinzutritt. Dazu gehören Ungenauigkeiten bei der
Übertragung der Meßwerte auf semilogarithmisches Papier und insbesondere das Anlegen der Tangente an die auf semilogarithmisches
Papier übertragenen Clearance-Kurve (Abb. 7 a u. b).

Kollimierung

Voraussetzung für die Durchführung der Methode ist eine geeig-
nete K o l l i m i e r u n g. Die Szintillationszähler werden
von einem Kollimatorblock aufgenommen, in dem sich 10 Führungskanäle mit einer mittleren Länge von 16 cm und einem Durchmesser
von 45,5 mm befinden. Diese Führungskanäle sind so angeordnet,
daß die in ihnen befindlichen Sonden sich in den zugehörigen
Meßfeldern einer Großhirnhemisphäre weder im Kernschattenbereich
überschneiden noch im Halbschattenbereich wesentlich stören
(Abb. 8a, Meßfelder B - K).

Durch die spezielle sphärisch geometrische Anordnung der Führungskanäle im Kollimatorblock des Meßplatzes wird erreicht,
daß alle Sonden nahezu senkrecht auf die Krümmungsfläche des
Kopfes auftreffen und die ermittelten Meßwerte somit aus annähernd gleich tiefen Gewebeschichten stammen.

Die Q u a n t e n a u s b e u t e aus verschiedenen Schicht-
tiefen nimmt von der Kopfoberfläche bis zur Medianfläche der
untersuchten Gehirnhemisphäre entsprechend der Eigenabsorption

12

Jmp./min
100.000
50.000
min
0 2 4 6 8 10
FRONTAL
Sonde 1
rCBF = 51

Jmp./min
200.000
100000
min
0 2 4 6 8 1
CENTRAL
Sonde 3
rCBF = 61

Jmp./min
100.000
50.000
min
0 2 4 6 8 10
PARIETAL
Sonde 2
rCBF = 64

Jmp./min
200.000
100.000
min
0 2 4 6 8 10
FRONTOBASAL
Shunt peak
Sonde 4
rCBF = 64

Jmp./min
100.000
50.000
min
0 2 4 6 8 10
PARIETO-OCCIPITAL
Sonde 5
rCBF = 31

Jmp./min
100.000
50.000
min
0 2 4 6 8 10
TEMPORAL hinten
Sonde 7
rCBF = 22

Jmp./min
100000
50.000
min
0 2 4 6 8 10
TEMPORAL Mitte
Sonde 6
rCBF = 75

Jmp./min
100.000
50000
min
0 2 4 6 8 10
POSTCENTRAL
Sonde 8
rCBF = 24

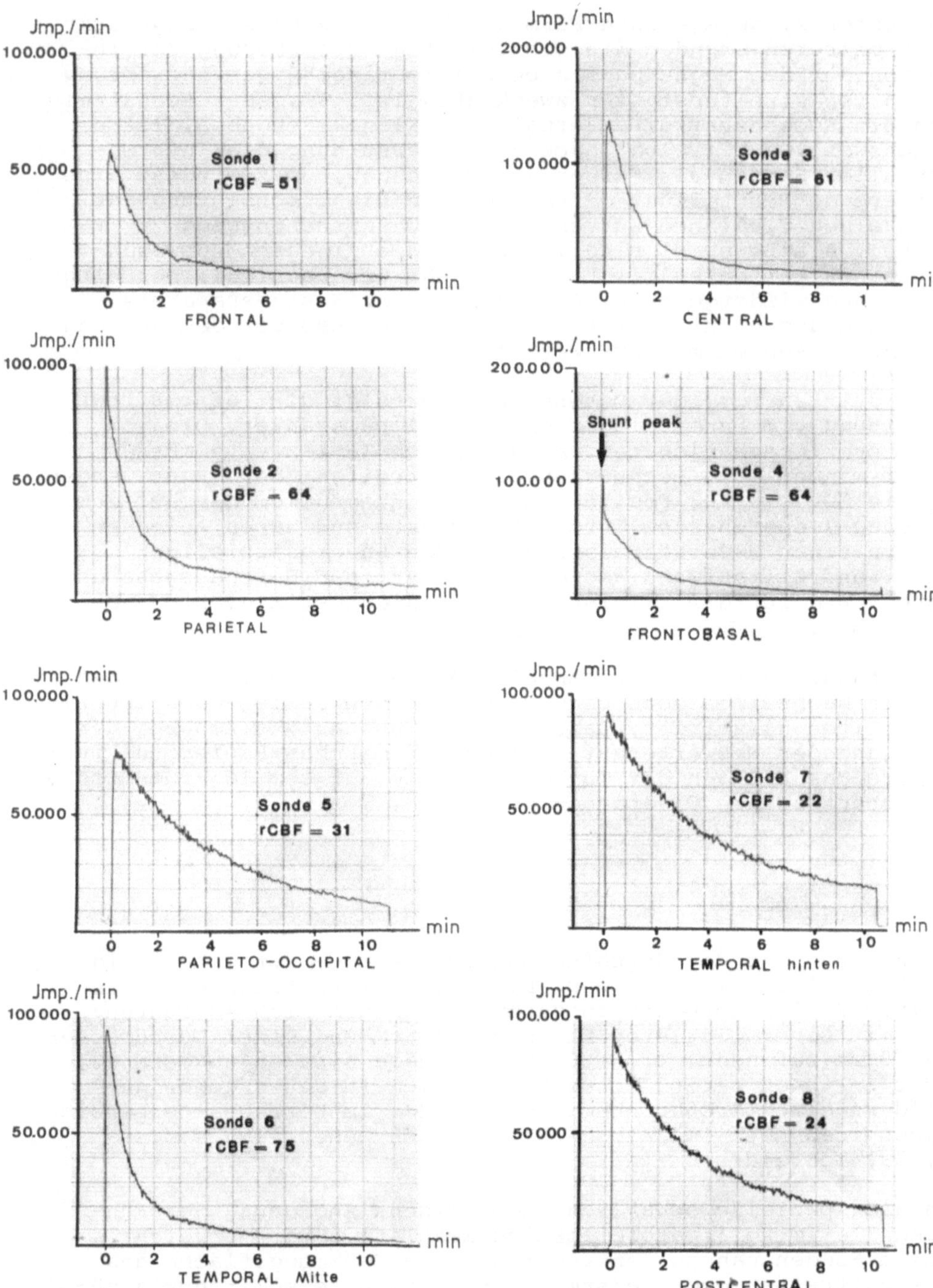

Abb. 3

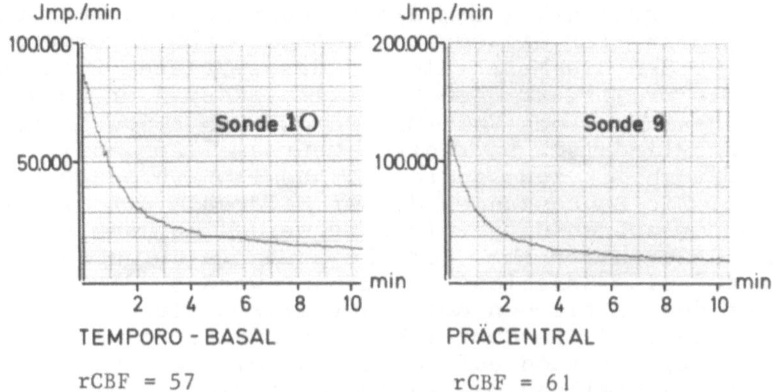

rCBF = 57   rCBF = 61

Abb. 3. Lineare Clearance-Kurven der regionalen Hirndurchblutung aus zehn
verschiedenen Meßarealen mit sehr unterschiedlichen Durchblutungsgrößen von
einem Patienten mit Teilverschluß der Arteria cerebri media. Die Steilheit
des Kurvenabfalles über die vorgegebene Zeit in Bezug zum initialen Maximal-
wert (H) kann als orientierendes Maß für die mittlere regionale Gesamtdurchblutung benutzt werden. Unter den Kurven sind die berechneten Werte für die
jeweilige mittlere regionale Gesamtdurchblutung in ml/100 g/min (stochastische Berechnung) angegeben

der dazwischen liegenden Gewebe ab. Eine exakte Bestimmung
des Gesamtabsorptionskoeffizienten der verschiedenen Gewebe-
anteile für Xenon-133 ist nicht möglich, da er von einer Reihe
variabler Faktoren beeinflußt wird: Inhomogenität der Hirn-
substanz, kompliziertem räumlichem Aufbau der Großhirnhemisphäre mit den zugehörigen inneren und äußeren Liquorräumen,
Stärke und Beschaffenheit der Hirnhäute, des Schädeldaches
und der Kopfschwarte. Mit ausreichender Genauigkeit wurde von
uns für Xenon-133 mit einem Schädelphantom in Wasser empirisch
eine mittlere Halbwertschicht von 4,2 cm ermittelt. Die Empfindlichkeitskurven (Isodosenlinien) des von uns angewandten
Kollimators sind in Abb. 11a wiedergegeben. Als Halbwertschicht ist die Objektdichte definiert, die die Zahl der
registrierbaren physikalischen Ereignisse einer bestimmten
γ-Strahlen-Energie auf die Hälfte herabsetzt. Für die benutzte
Meßanordnung bedeutet dies, daß 50% der Impulsmenge, die für
den Meßwert in einer Sonde verantwortlich ist, aus der dem
Szintillationszähler zugewandten Schicht bis zu 4 cm Tiefe
kommen. Abb. 10a und 10b zeigen in graphischer Darstellung
die Abhängigkeit der Meßinformationen von der vorgegebenen
Schichtdicke. Genau lassen sich die Verhältnisse nach der
Beziehung $I = I_0 \cdot e^{-\frac{x}{HWS}}$ ableiten, wobei I = Gesamtimpuls-
rate, I_0 = Impulsrate im Abstand 0 von der Kollimatoröffnung,
X = Abstand zwischen Kollimatoröffnung und einer bestimmten
Gewebeschichttiefe und HWS = Halbwertschicht bedeuten.

Die Z u o r d n u n g der mit den einzelnen Szintillationszählern gemessenen Impulsraten und der daraus berechneten regionalen Hirndurchblutungswerte zu einem bestimmten Hirnareal mit
definiertem Gefäßversorgungsbezirk wird an dem hier vorgestellten

Meßplatz erreicht, indem die Hirndurchblutungsmessung an einem
Arbeitsplatz für die cerebrale Angiographie vorgenommen wird.
Dabei werden die Meßareale auf das seitliche Röntgenbild des
Schädels projiziert. Die Szintillationszähler werden von den
Führungskanälen des Kollimatorblocks so ausgerichtet, daß ihre
nahezu zylindrisch begrenzten Meßräume (Abb. 5a) in der dem
Kollimatorblock zugewandten Hirnhemisphäre genau bestimmt werden
können. Die Begrenzungen dieser Meßareale auf der Medianfläche
der untersuchten Hirnhemisphäre werden auf dem seitlichen Angiogramm dadurch sichtbar gemacht, daß sie durch Parallelverschie-
bung auf eine Schablone übertragen werden, die sich auf dem
Raster des seitlichen AOT-Blattfilmwechslers befindet. Auf der
Schablone sind die Meßfeldbegrenzungen durch einen Metalldraht
unterlegt, der sich auf dem Röntgenbild gut erkennbar abbildet
und die Beurteilung des Angiogramms nicht behindert (Abb. 4a
und b).

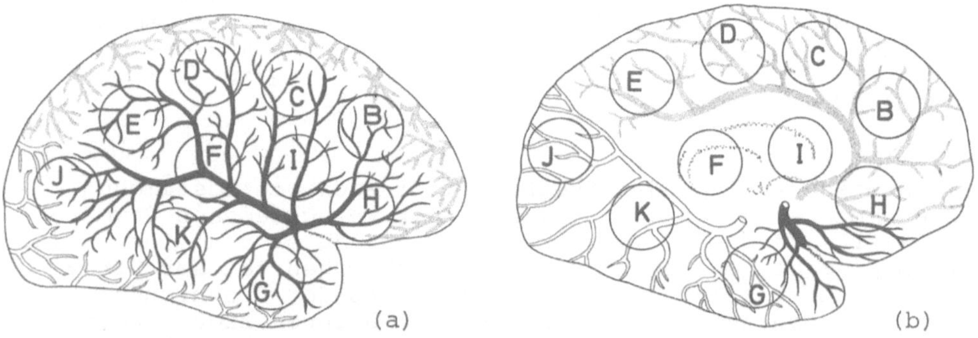

Abb. 4 a u. b. Lage der Meßfelder auf der seitlichen Oberfläche (a) und Medianfläche (b) des Gehirns in Bezug zu den arteriellen Gefäßversorgungsbezirken.
A. cerebri media = schwarz; A. cerebri anterior = gepunktet; A. cerebri
posterior = hell

Die örtliche Deckung der Schablone mit der Meßanordnung wird in
einfacher Weise dadurch erreicht, daß der seitliche Blattfilmwechsler eine zuordnende Verbindung mit dem Halterungsblock der
Meßsonden aufweist. Eine solche Verbindung wird durch ein am
Kollimatorblock befindliches Lichtvisier erzielt, dessen Licht-
diagramm auf eine Markierung am seitlichen Blattfilmwechsler
fokussiert ist (Abb. 1). Die von uns gewählte Meßanordnung ermöglicht eine genaue, an der Lage der Meßfelder auf dem seitlichen Röntgenbild des Schädels kontrollierbare Einstellung des
Kopfes (Abb. 5a). Diese gewährleistet eine Zuordnung der regionalen Durchblutungswerte nicht nur zu dem auf dem Röntgenbild
dargestellten Meßfeld, sondern darüber hinaus zu einem nach Größe
und Form umschriebenen Hirnareal mit definiertem Gefäßversorgungsbezirk. In der Tabelle 1 sind die Beziehungen von Meßfeld, Hirnregion und lokaler Gefäßversorung wiedergegeben. Die Ermittlung
dieser Beziehungen erfolgte an einem Gehirnmodell, in dem die
Meßräume durch Ausstanzen meßgeometrisch entsprechender Substanz-

zylinder dargestellt werden. Die Abb. 5a veranschaulicht die
Lage der Meßfelder auf der Seiten- und Medianansicht des Gehirns.
Die Buchstaben entsprechen den in der Tabelle 1 angegebenen Ge-
fäßversorgungsbezirken.

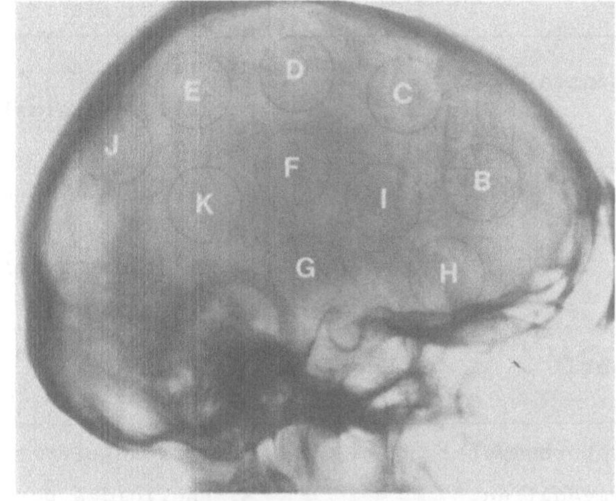

Abb. 5a. Darstellung der
Meßfelder (Schablone) auf
dem seitlichen Röntgenbild
des Schädels

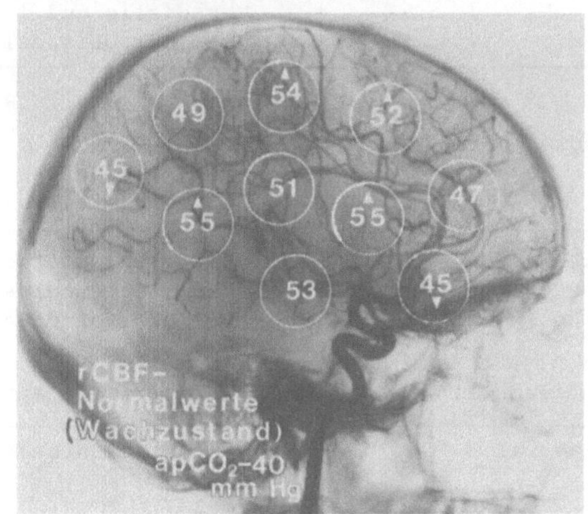

Abb. 5b. Projektion der
Meßfelder auf das seitliche
Carotisangiogramm. Die Zahlen in den Meßfeldern geben
die Normalwerte der mittleren Gesamtdurchblutung
(ml/100g/min) im Wachzu-
stand in dem betreffenden
Areal wieder (rCBF-Berechnung nach der stochastischen
Analyse mit mathematischer
Extrapolation der 10-min-
Werte nach ∞)

B. Durchführung der Methode

Zur Messung der regionalen Hirndurchblutung wird der Patient
bei uns wie zur Carotisangiographie auf einem entsprechenden
Untersuchungstisch mit dem Kopf auf dem AOT-Wechsler gelagert.
Die Untersuchung kann sowohl in oberflächlicher Allgemeinnarkose
wie im Wachzustand durchgeführt werden. Nach Punktion der Halsschlagader und Überprüfung der exakten Nadellage in der A. carotis interna wird die genaue meßgeometrische Einstellung des
Kopfes vorgenommen und radiologisch anhand der Lage der Meßfeldschablone auf dem seitlichen Röntgenbild des Schädels kontrolliert. In die liegende Punktionskanüle oder in den von der A.

Tabelle 1. Zuordnung der Hirnareale und arteriellen Gefäßversorgungsbezirke

Meßfeld (Abb. 4a u. b, Abb. 5a u. b)			Arterieller Gefäßversorgungsbezirk	Gefäßkennzeichnung (Abb. 4)
Frontal	B	M.	A. orbitofrontalis	2
		A.	A. frontopolaris	3
Präzentral	C	M.	A. praecentralis, A. centralis	3
		A.	A. callosomarginalis	4
Zentral	D	M.	A. parietalis anterior und posterior	4
		A.	A. callosomarginalis	4
Parietal	E	M.	A. gyri-angularis	5
		A.	A. frontalis posterior	5
Parieto-temporal Stammganglien	F	M.	A. gyri-angularis	5
		P.	A. chorioidea posterior medialis und lateralis. A. corporis callosi dorsalis	1^{0*}
Temporal vorn	G	M.	A. temporalis anterior und media	7
		P.	Aa. temporales anteriores der A. occipitalis lateralis	7
Frontobasal	H	M.	Aa. thalamostriatae, Aa. lentriculostriatae, A. orbitofrontalis	1 u. 1^{+*}
Stammganglien		A.	A. striatae anteriores	$1*$
Präzentral	I	M.	A. praecentralis, Aa. striatae	$1*$
Stammganglien		A.	A. striatae anteriores	1
Occipital	J	M.	A. temporalis posterior	6
		P.	A. occipitalis media	9
Temporal Mitte	K	M.	A. temporalis media und posterior	8
		P.	A. occipitalis lateralis	8

M. = Gefäße der A. cerebri media.
A. = Gefäße der A. cerebri anterior.
P. = Gefäße der A. cerebri posterior.
* = Gefäße in Abb. 4 nicht eingezeichnet.

zu den Meßfeldern der regionalen Hirndurchblutung

Hirnregion

Latero-dorsale Anteile des Gyrus frontalis medius

Frontalpol

Gyrus praecentralis (außer Mantelkante)

Mediale und dorsale Abschnitte des Gyrus frontalis. Obere Abschnitte des Gyrus praecentralis. Gyrus cinguli

---

Gyrus postcentralis (außer Mantelkante). Lobulus parietalis superior

Mediale und dorsale Abschnitte des Gyrus frontalis superior. Obere Abschnitte des Gyrus postcentralis. Gyrus cinguli

---

Gyrus angularis. Gyrus marginalis. (Lobulus parietalis inferior)

Praecuneus. Medialer Anteil des Lobulus parietalis superior

Gyrus supramarginalis. (Fuß des Gyrus postcentralis.) Gyrus longus insulae

Dorsolateraler Thalamuskern

Gyrus temporalis superior (vorderer und mittlerer Anteil)

Vordere latero-basale Anteile des Schläfenlappens

Pars triangularis des Gyrus frontalis inferior. Stammganglien. (Oberer und mittlerer Anteil des Nucleus caudatus, mittlere Anteile der Capsula interna und externa, des Claustrum und Putamen, laterales Pallidum, ventro-lateraler Thalamus

Stammganglien: Paraventriculäre hypothalamische Kerne

Fuß des Gyrus praecentralis. Gyri breves insulae. Stammganglien: Versorgungsgebiet s. Meßfeld H

Stammganglien: Paraventriculäre hypothalamische Kerne. Balkenbasis. Ventroorales Caudatum. Kopf des Nucleus caudatus, Putamen

---

Hintere Anteile der Gyri teporales superior, medius und inferior

Cuneus, Gyri occipitales

Gyrus temporalis superior, medius und inferior

Gyrus occipito-temporalis

carotis communis in die A. carotis interna hochgeschobenen Katheter werden 2 - 3 mCi Xenon-133, gelöst in 1 ml körperwarmer physiologischer Kochsalzlösung, rasch in die A. carotis interna injiziert. Die Clearance des Isotops wird regional mit den seitlich am Kopf des Patienten angelegten Szintillationszählern über einen Zeitraum von 10 min gemessen. In der Regel wird der regionale cerebrale Blutfluß (rCBF) bei ein und demselben Patienten zweimal hintereinander im Abstand von ungefähr 15 min bestimmt. Die erste Messung dient der Ermittlung der "Ruhedurchblutung". Mit der zweiten Messung wird die Reaktionsfähigkeit der Gehirngefäße überprüft, entweder durch Testung der Autoregulation oder ihrer CO_2-Ansprechbarkeit. Die Überprüfung der Autoregulation der cerebralen Gefäße erfolgt durch kurzdauernde, pharmakologisch induzierte Anhebung des Blutdruckes. Bei intakter Autoregulation hat ein Blutdruckanstieg eine Änderung der Gehirndurchblutung nicht zur Folge. Ist die Autoregulation der Hirngefäße jedoch gestört oder aufgehoben, zeigt die Hirndurchblutung ein mehr oder weniger ausgeprägtes druckpassives Verhalten. Die CO_2-Ansprechbarkeit wird überprüft, indem die arterielle Kohlensäurespannung entweder durch passive Hyperventilation oder durch Beatmung mit einem 5%igen Kohlensäuregemisch verändert wird. Anstelle der Überprüfung der Reaktionsfähigkeit der Gehirngefäße kann mit der zweiten rCBF-Messung auch der Einfluß der Pharmaka (z.B. vasoaktiver Substanzen, Narkosemittel, Röntgenkontrastmittel etc.) auf den Hirnkreislauf untersucht werden.

Unmittelbar vor jeder Isotopeninjektion sowie im Abstand von 3 und 5 min nach erfolgter Injektion werden aus der Arteria carotis interna Blutproben für die Bestimmung des arteriellen pCO_2, pO_2 und pH entnommen. Die Blutgasanalyse erfolgt mit dem Säure-Basen-Meßgerät (Radiometer, Copenhagen) nach der Methode von ASTRUP unter Verwendung direkter CO_2- und O_2-Elektroden (337, 569).

Bei Durchführung der Untersuchungen in N a r k o s e erhielten die erwachsenen Patienten als Prämedikation 30 min vor Einleitung der Narkose 0,5 mg Atropin-Sulfat i.m. Die Narkose wurde mit Propanidid in einer Dosierung von 5 mg/kg Körpergewicht und einer Injektionsgeschwindigkeit von 30 - 45 sec eingeleitet. Unter 50 mg Succinylbischolinchlorid wurden die Patienten intubiert und kontrolliert maschinell im halboffenen System beatmet. Zur weitgehenden Verhinderung der Rückatmung von Xenon-133 wurde das Ambu-E-Ventil benutzt (618). Die Fortführung der Narkose erfolgte mit einem N_2O/O_2-Gemisch (6 + 4 Liter) unter Zusatz von 0,1 - 0,4 Vol.% Halothan. Die Relaxation wurde mit einer 0,2%igen Succinyl-Dauertropfinfusion aufrecht erhalten. Während der Narkose haben wir außer dem peripheren arteriellen Blutdruck und der Pulsfrequenz die endexspiratorische CO_2-Konzentration mit dem Uras-M überwacht. Die Beatmungsfrequenz und der Beatmungsdruck wurden auf einen Uras-Wert von 5,2 - 5,6 Vol.% korrigiert. Die exakte Überwachung des arteriellen pCO_2 und pO_2 erfolgte in gleicher Weise wie bei der Hirndurchblutungsmessung im Wachzustand.

Die Carotisangiographie wurde unter konstanten, standardisierten Bedingungen durchgeführt. Verwandt wurde der Hochdruck-Arteriographie-Apparat nach HETTLER mit einer Injektionszeit von 1,5 sec und einem Injektionsdruck von 1,5 atü. Als Kontrastmittel wurden das auf Körpertemperatur von 37° erwärmte Methylglucamin-Diatrizoat (Angiografin oder Urografin) 76%) in einer Menge von 12 ml benutzt.

C. Rechnerische Auswertung der cerebralen Clearance-Kurven

Biophysikalische Vorbemerkungen

Das Prinzip der Hirndurchblutungsmessung entspricht dem aller
Indikator-Verdünnungsmethoden. Der Durchgang des radioaktiven
Gases Xenon-133 durch das Gehirn wird mit Szintillationszählern
verfolgt, die außen am Kopf angebracht sind. Wenn das in O,9%
NaCl-Lösung befindliche Isotop als ein Bolus rasch in die Arteria
carotis interna injiziert wird, erreicht man jeweils einen
e i n z i g e n Durchgang der Tracer-Substanz, der die Voraussetzung für die quantitative Messung der regionalen Hirndurchblutung darstellt. Das mit dem Blut in das Gehirn getragene
Xenon-133 breitet sich auf Grund seiner hohen Diffusionsgeschwin-
digkeit dort augenblicklich im Gewebe aus. Entsprechend dem Verteilungskoeffizienten für Xenon im Blut und Hirngewebe (λ) bildet
sich nach Sättigung der Gewebe ein Diffusionsgleichgewicht. Das
aus dem Gehirn herausfließende Blut führt einen Teil Xenon mit,
das beim Durchgang durch die Lungenalveolen ausgeschieden und
abgeatmet wird. Das zum Gehirn zurückfließende Blut ist bei Verwendung eines rückatmungsfreien Ventils nahezu frei von Xenon.
Demzufolge setzt ein Einstrom von Xenon aus dem Hirngewebe in
das Blut ein. Durch die Wiederholung dieses Auswaschvorganges
ist nach 15 - 20 min das Isotop nahezu vollständig aus dem Körper
eliminiert.

Berechnungsverfahren

Für die rechnerische Auswertung dieses Auswaschvorganges sind
zwei prinzipiell unterschiedliche Methoden entwickelt worden.

1. Stochastische Analyse (Abb. 6)

Die von ZIERLER und MEIER (653, 655, 423) angegebene s t o -
c h a s t i s c h e A n a l y s e berechnet die mittlere regionale Hirndurchblutung nach dem Fickschen Prinzip aus dem
Quotienten der maximalen Impulsrate über dem Integral der Kur-
venfläche nach der Formel:

$$rCBF = \lambda \cdot \frac{H}{F} \cdot 100 \ (ml/100 \ g/min),$$

wobei der Ausdruck rCBF die Abkürzung für regional cerebral
blood flow, λ der Blut/Gewebe-Verteilungskoeffizient für Xenon-
133, H der Anfangsgipfel der resultierenden Clearance-Kurve und
F die Fläche unter der sich ergebenen Kurve bedeuten.

2. 2-Funktionen-Analyse (Abb. 7a u. b)

Die von INGVAR (286), LASSEN (373) und HØEDT-RASMUSSEN (265-267)
entwickelte 2-Funktionen-Analyse geht bei der Berechnung der
regionalen Hirndurchblutung von der Tatsache aus, daß im Gehirn
normalerweise zwei sehr unterschiedliche Durchblutungsgrößen
nachweisbar sind: eine schnelle Komponente, die vornehmlich der

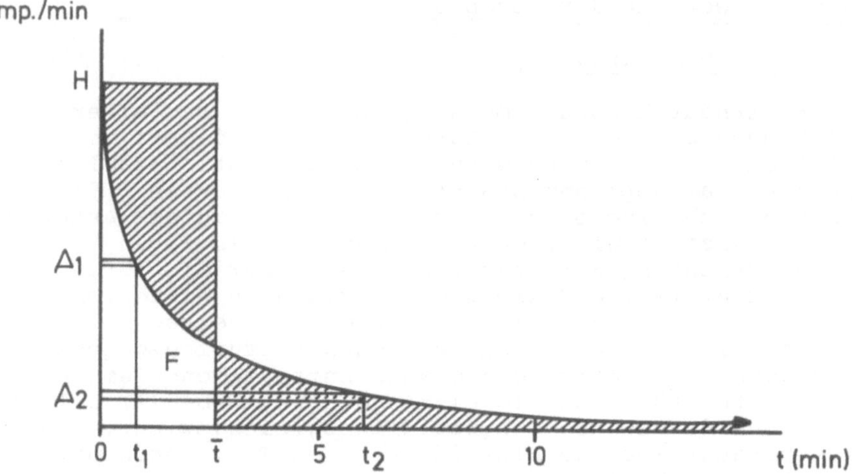

Abb. 6. Cerebrale Clearance-Kurve zur Veranschaulichung der Durchgangszeiten t_1 und t_2 zweier kleiner Anteile Δ_1 und Δ_2 vom Gesamt-Itotopen-Bolus mit unterschiedlicher Auswaschgeschwindigkeit. $\bar{t}$ = mittlere Durchgangszeit. Die beiden schraffierten Felder sind flächengleich

Durchblutung der Hirnrinde und der Stammganglienkerne entspricht, und eine langsame Komponente, die der Durchblutung der weißen Substanz zuzuordnen ist (60, 65). Die cerebralen Clearance-Kurven, die unter Normalbedingungen einer Biexponentialfunktion entsprechen, können graphisch und mathematisch in ihre beiden Komponenten zerlegt werden. Für eine getrennte Berechnung der regionalen Hirndurchblutung in der grauen und weißen Substanz müssen zwei Bedingungen erfüllt sein:

1. Die Zusammensetzung der Hirndurchblutungsgrößen aus nur zwei in quantitativer Hinsicht wesentlichen Komponenten,

2. die Aufrechterhaltung eines Diffusionsgleichgewichts zwischen Gewebe und ausströmendem venösem Blut in jedem der zwei Hirnsubstanzanteile.

Die unter 1. angeführte Annahme konnte durch getrennte Bestimmungen der Hirndurchblutung von grauer und weißer Substanz mit lokalen Wärmeleitsonden und der Polarographie gestützt werden (13, 96). Zu 2. ist anzumerken, daß die Diffusion von Xenon-133 im Gewebe mit hoher Geschwindigkeit erfolgt, so daß während des gesamten Clearance-Vorgangs die unter 2. angegebene Bedingung erfüllt ist (65). Die aus den zwei Kompartimenten zusammengesetzte mittlere regionale Gesamtdurchblutung (f) ist gegeben durch die Gleichung:

$$f = Wg \cdot fg + Ww \cdot fw,$$

wobei Wg und Ww die relativen Gewichte der beiden Gewebe (Wg + Ww = 1) bedeuten. fg (Durchblutung der grauen Substanz) und fw (Durchblutung der weißen Substanz) lassen sich berechnen, da die Verteilungskoeffizienten λg und λw der grauen und weißen

Substanz für Xenon-133 bekannt sind und die Werte für t_1 und t_2 direkt aus der Clearance-Kurve bestimmt werden können.

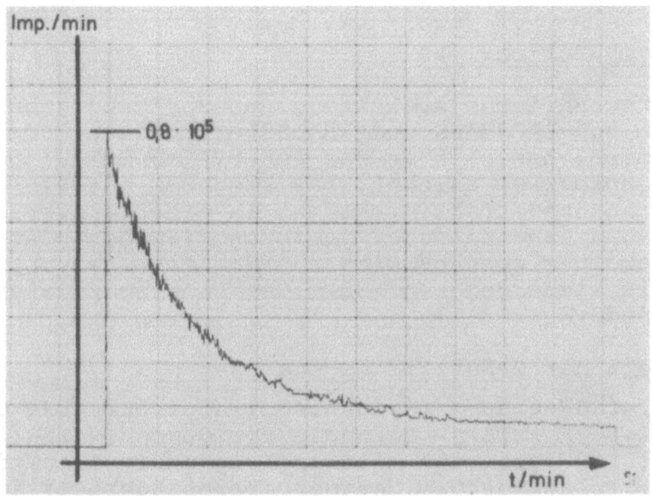

Abb. 7a. Lineare Clearance-Kurve eines Meßfeldes in der mittleren Temporal-region. 46jähriger Patient. rCBF = 50 ml/100 g/min

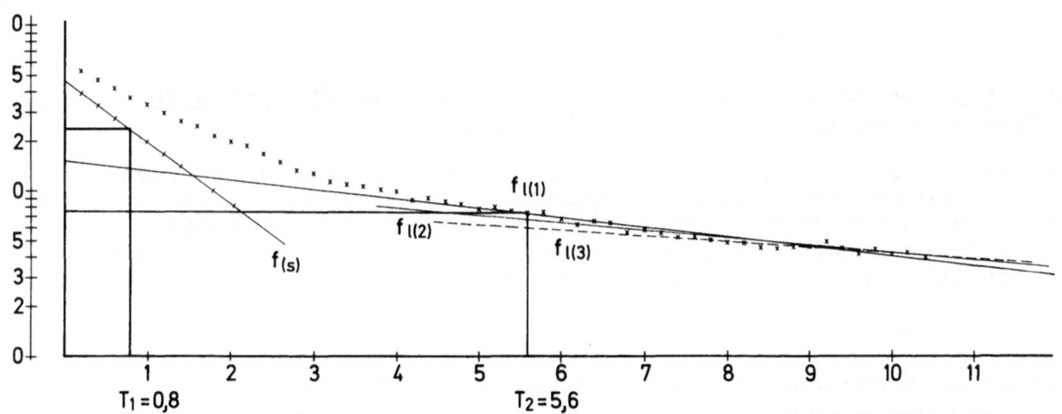

Abb. 7b. Semilogarithmische Übertragung derselben Clearance-Kurve. Die Abbildung gibt die graphische Zerlegung der Kurve in zwei Komponenten für einen langsamen (f_1) und einen schnellen (f_s) Blutfluß wieder. Aus ihr ist die Schwierigkeit, die Tangente für den langsamen Blutfluß zeichnerisch exakt anzulegen, unmittelbar ablesbar ($f_{1\,(1,2,3)}$).

T_1 = Mittlere Durchgangszeit für den schnellen Blutfluß, ermittelt durch Subtraktion des langsamen Flußwertes vom Gesamtflußwert. T_2 = Mittlere Durchgangszeit für den langsamen Blutfluß

Die detaillierten mathematischen Ableitungen für die Berechnung
der regionalen Hirndurchblutung nach der stochastischen Analyse
und nach der 2-Funktionen-Analyse finden sich bei HØEDT-RASMUSSEN
(260, 261, 265), INGVAR und Mitarb. (285), LASSEN und Mitarb.
(363, 365, 373, 376), MEIER (423) und ZIERLER (653, 655).

3. Computer-Analyse

Die rechnerische Auswertung unserer Meßergebnisse wurde nach
einem von BACHMANN und KRAUSE erstellten Computer-Programm vorgenommen, das sich an das von SVEINSDOTTIR (595) entwickelte
Rechenprogramm anlehnt. Das Programm enthält beide beschriebenen
Berechnungsverfahren. Es ist in einer universellen Sprache abge-
faßt und kann an jeder größeren Siemens- oder IBM-Rechenanlage
ausgewertet werden. Eine ausführliche Beschreibung ist an anderer
Stelle wiedergegeben (35). Das Programm liefert für jede Meßsonde
folgende Werte:

a) Nach der 2-Funktionen-Analyse:

   1. rCBF grau = regionale Hirndurchblutung der grauen Substanz.
   2. rCBF weiß = regionale Hirndurchblutung der weißen Substanz.
   3. rCBF gesamt = mittlere regionale Gesamtdurchblutung.
   4. Relatives Gewicht der grauen Substanz im Meßareal.
   5. Relatives Gewicht der weißen Substanz im Meßareal.

b) Nach der stochastischen Analyse:

   6. rCBF 10 min = mittlere regionale Hirndurchblutung für eine
      Clearanceperiode von 10 min.
   7. rCBF unendlich = mittlere regionale Hirndurchblutung,
      zeitlich extrapoliert nach unendlich.

Korrekturfaktoren für die mathematische Bestimmung der Hirndurchblutungswerte im Elektronenrechner

In Tabelle 2 sind diejenigen Parameter aufgeführt, die für die
Ermittlung der Hirndurchblutungsgrößen von Bedeutung sind. Von
der exakten Bestimmung und Berücksichtigung dieser Faktoren bei
der rechnerischen Auswertung hängt in hohem Maße die Genauigkeit
der ermittelten Durchblutungswerte ab.

Tabelle 2. Korrekturfaktoren für die Bestimmung der rCBF-Werte

---

1. Der Anfangsgipfel der Clearance-Kurve (F_{max})
2. Radioaktive Hintergrundaktitvität
3. Cerebrale Rezirkulation von Xenon-133
4. Radioaktive Restaktivität von Xenon-133 im Gehirn
5. Blut-Hirngewebe-Verteilungskoeffizient von Xenon-133 (λ)
6. Hämoglobingehalt des Blutes
7. CO_2-Gehalt im arteriellen Blut
8. O_2-Gehalt im arteriellen Blut

Der <u>Anfangsgipfel der Clearance-Kurve</u> (F_{max}) wird mit den von
uns benutzten linearen Mittelwertmessern mit einer Zeitkonstante
von 0,4 sec genau erfaßt. Die exakte Bestimmung der initialen
Höhe der Auswaschkurve wird problematisch, wenn am Anfang der
Kurve kurze Spitzen unterschiedlicher Höhe beobachtet werden,
für deren Entstehung verschiedene Möglichkeiten diskutiert worden
sind (118, 274, 276). Sehr hohe Aktivitätsspitzen, die die Summe
zweier nachfolgender Integrationswerte um das 5- bis 10-fache
übersteigen, sind auf den Durchgang des radioaktiven Isotops
durch größere arterielle Gefäße im Meßfeld zurückzuführen
(Abb. 3, Sonde 4). Solche Aktivitätsspitzen am Anfang der Kurve
müssen bei der Bestimmung der Gehirngewebsdurchblutung vor der
Berechnung eliminiert werden, da sie die Meßergebnisse in erheb-
lichem Ausmaß verfälschen. Die Verwerfung dieser gefäßbedingten
Aktivitätsspitzen erfolgt bei uns über das Rechenprogramm, welches diese selbsttätig ausliest. Die Auslesekriterien und das
Verfahren zur Bestimmung des Maximums bei der Auswertung über
den Lochstreifenstanzer sind ausführlich an anderer Stelle mitgeteilt (35).

Die **H i n t e r g r u n d a k t i v i t ä t** wird mittels eines
Impulszählers für jede Meßsonde vor jeder Clearance bestimmt.
Sie schwankt zwischen 50 und 250 Impulsen/min und wird durch
einfache Subtraktion vom Anfangsgipfel der Clearance-Kurve eliminiert.

Eine vollständige Verhinderung der cerebralen **R e z i r k u -
l a t i o n   v o n   X e n o n - 1 3 3** ist nicht möglich, da
ein kleiner Anteil des radioaktiven Gases nach Erreichen des
Diffusionsgleichgewichtes mit der Alveolarluft in den Lungen-
capillaren verbleibt. Experimentell wurde das Ausmaß der Rezirkulation von HØEDT-RASMUSSEN und Mitarb. (267) durch eine rasche
i.v.-Injektion der gleichen Isotopendosis ermittelt, die auch
bei der intraarteriellen Applikation zur Anwendung kam. Da das
intravenös verabfolgte Isotop erst nach ungefähr 1 min im cerebralen Bereich seine maximale Höhe erreicht, wird der Anfangsgipfel der Clearance-Kurve durch die Rezirkulation nicht beeinträchtigt. Die Form der Clearance-Kurve jedoch wird durch die
Rezirkulation verfälscht. Durch den Faktor (r), der nach HØEDT-
RASMUSSEN mit der Formel

$$r\,(t) = \frac{\text{Rezirkulations-Aktivität (t)}}{\text{maximale Impulsrate}}$$

bestimmt wird, lassen sich die berechneten rCBF-Werte für den
Anteil der Rezirkulation korrigieren. Dieser Korrekturfaktor
wurde in das von uns benutzte Computer-Programm aufgenommen.

Die aus einer vorangegangenen Untersuchung im Gehirn noch vorhandene Radioaktivität (**R e s t - A k t i v i t ä t**) verfälscht
die Ergebnisse der nachfolgenden Messung in nicht zu vernachläs-
sigendem Ausmaß, wenn diese im zeitlichen Abstand von weniger
als 25 min nach Beginn der ersten Clearance vorgenommen wird.
Die üblichen Zeitintervalle zwischen zwei Clearance-Perioden
betragen nur 12 - 15 min. Die Korrektur für die Rest-Aktivität
erfolgt selbsttätig im Computerprogramm durch Subtraktion der
Rest-Aktivität von der initialen maximalen Impulsrate (H) und

durch Subtraktion des aus der Formel

$$\frac{\text{Restaktivität} \cdot (T_{1/2})\, l}{0,693}$$

ermittelten Betrages von der nach ∞ extrapolierten Fläche (F)
unter der Clearance-Kurve der 1. rCBF-Messung, wobei $(T_{1/2})\, l$
die Halbwertzeit des langsamen Strömungstyps der 2. Clearance-
Kurve darstellt und die Zahl 0,693 den Umwandlungsfaktor des
natürlichen Logarithmus (ln) in den dekadischen bedeutet.

Der Blut-Gewebe-Verteilungskoeffizient (λ) für Xenon-133 im
Hirngewebe wurde von VEALL und MALLETT für die graue und weiße
Substanz sowie für Hirnhomogenat getrennt bestimmt (22). Die
λ-Werte betragen bei 37° und einem Hgb-Wert von 15,0 = 0,8
1,50 und 1,08 für das menschliche Gehirngewebe. Der r e g i o -
n a l e L a m d a - W e r t variiert mit dem Verhältnis von
grauer und weißer Substanz im Meßfeld, da die Löslichkeit von
Xenon-133 in der weißen Substanz nahezu zweimal höher ist als
in der grauen Substanz. Die Zwei-Funktionen-Analyse erlaubt
über die örtliche Bestimmung der Verhältnisse von grauer und
weißer Substanz den genauen lokalen λ-Wert zu berechnen. Für
die Bestimmung der regionalen Hirndurchblutung nach der stochastischen Analyse wird ein angenommenes ($\bar{\lambda}$) berechnet, wobei ein
Gewichtsverhältnis graue Substanz / weiße Substanz von 6:4 zugrunde gelegt wird. Der Blut-Gewebe-Verteilungskoeffizient ist
abhängig vom Hämoglobinwert (267, 444). Die Veränderung von λ
in Abhängigkeit vom Hbg wird entsprechend den Untersuchungen
von HØEDT-RASMUSSEN (260, 267) nach der Formel

$$^{133}\text{Xe}\lambda_{(50)}\quad \frac{0,774}{\dfrac{Hb}{34} + 0,487\left(1 - \dfrac{Hb}{34}\right)}$$

berechnet, wobei $\lambda_{(50)}$ die relative Löslichkeit von Xenon-133
im Blut bei einem Hämatokrit von 0,5 bedeutet.

Der K o h l e n s ä u r e p a r t i a l d r u c k (pCO_2) im Blut
und Gewebe stellt für die Größe der Hirndurchblutung einen der
wichtigsten Parameter dar, der bei der Berechnung der örtlichen
cerebralen Durchblutungswerte zu berücksichtigen ist. Für unsere
Untersuchungen war die Ermittlung eines Korrekturfaktors von Bedeutung, der den Einfluß des CO_2-Partialdrucks im arteriellen
Blut auf die Hirndurchblutung berücksichtigt und bei Vergleichsuntersuchungen eine Umrechnung der bei verschiedenen Kohlensäure-
drucken ermittelten cerebralen Durchblutungswerte auf einen ein-
heitlichen CO_2-Wert gestattet. Das allgemeine Wirkungsprinzip
der Kohlensäure auf die Gehirndurchblutung, wobei eine Steigerung
des CO_2-Partialdrucks mit einer Zunahme und eine Verminderung des
Co_2-Partialdrucks mit einer Abnahme der Hirndurchblutung einhergehen, wurde von ALEXANDER und Mitarb. (24), HARPER und Mitarb.
(234, 235), REIVICH und Mitarb. (509) und SCHNEIDER und Mitarb.
(543) für klinisch experimentelle Untersuchungsbedingungen er-
arbeitet, die den unsrigen weitgehend entsprechen (s.S. 59).

ALEXANDER und Mitarb. (24) führten ihre Untersuchungen über die Abhängigkeit von CBF und $apCO_2$ bei Normalpersonen in Allgmeinnarkose durch. Die Autoren fanden zwischen dem arteriellen CO_2-Gehalt und der Hirndurchblutung für CO_2-Partialdrucke in einem Bereich von 20 - 50 mm Hg eine nahezu lineare Abhängigkeit, wobei der für einen arteriellen pCO_2-Wert von 40 mm Hg korrigierte CBF-Wert nach der Formel

$$CBF_{korr.} = \frac{CBF}{1 + 0{,}025 \cdot (apCO_2 - 40)}$$

berechnet wird. REIVICH und Mitarb. (509), die ihre Untersuchungen bei Affen in leichter Allgemeinnarkose durchführten, ermittelten in einem $apCO_2$-Bereich von 20 - 60 mm Hg ebenfalls eine annähernd lineare Beziehung. Innerhalb dieses Bereichs entsprach die Zunahme des arteriellen Kohlensäuredrucks um 1 mm Hg einer Steigerung des CBF um 2,2% seines Wertes bei 40 mm Hg. Da REIVICH die CO_2-Veränderungen im Vergleich zum Ruhewert durch Veränderung der Atmung und des Einatumungsgemisches herbeiführte, sind seine Werte für rasch aufeinander folgende Hirndurchblutungsmessungen mit unterschiedlichen arteriellen CO_2-Partialdrucken uneingeschränkt anwendbar. Die zuvor von anderen Autoren (474, 628) geäußerte Annahme, daß erst CO_2-Partialdruckveränderungen von mehr als 4 mm Hg eine Durchblutungsveränderung zur Folge haben, konnte klinisch experimentell nicht bestätigt werden. Nach ALEXANDER und Mitarb. (24), REIVICH und Mitarb. (509), HARPER und Mitarb. (235) und SCHNEIDER und Mitarb. (543) variiert die Hirndurchblutung schwellenlos mit großer Empfindlichkeit mit dem arteriellen Kohlensäuredruck. Auf Grund der Abhängigkeit von CBF und $apCO_2$ ist für vergleichende Untersuchungen eine Korrektur der Durchblutungswerte auf einen pCO_2-Standardwert von 40 mm Hg anzustreben, da selbst bei CO_2-Partialdrucken im Normbereich von 36 - 44 mm Hg die korrigierten CBF-Werte vom gemessenen CBF-Wert bis zu 10% abweichen und entsprechend die Vergleichsmeßresultate verfälschen können. In dem von uns verwandten Rechenprogramm wird die CO_2-Korrektur der CBF-Werte gemäß der von Alexander und Mitarb. entwickelten und oben angegebenen Formel vorgenommen. Als aktueller pCO_2-Wert einer Clearance-Periode wird dabei von uns der arithmetische Mittelwert aus 3 im Abstand von jeweils 3 min bestimmten $apCO_2$-Werten benutzt.

Die Korrektur der CBF-Werte erfährt eine Einschränkung durch die Tatsache, daß der CO_2-Gehalt regional nicht bestimmt werden kann und regionale CO_2-Änderungen unabhängig von dem in der Arteria carotis interna bestimmten pCO_2-Wert eintreten können. Auf Grund dieser Gegebenheiten ist die Bestimmung eines universalgültigen CO_2-Korrekturfaktors nicht möglich. Dieser Mangel kann klinisch experimentell mit Hilfe von Funktionsuntersuchungen, bei denen der arterielle pCO_2-Wert willkürlich verändert wird, behoben werden. Dabei wird eine durch örtliche Unterschiede von pCO_2, pH und Bicarbonat im Gehirngewebe bedingte ungleiche Ansprechbarkeit der Gehirngefäße auf Veränderungen des arteriellen pCO_2 auch dann aufgedeckt, wenn diese unter Ruhebedingungen auf Grund der Autoregulation der Hirngefäße Unterschiede in der örtlichen cerebralen Durchblutung nicht erkennen lassen.

Diskussion der Methode

<u>A. Meßgeometrie</u>

<u>1. Kollimation</u>

Für die klinische Messung der örtlichen Hirndurchblutung nach
der intraarteriellen Isotopen-Clearance-Methode wurden bisher
ausschließlich Meßanordnungen benutzt, bei denen die Szintillationszähler

    a) mit einem z y l i n d r i s c h e n Kollimator versehen,
    b) p a r a l l e l z u e i n a n d e r und
    c) s e n k r e c h t zur s a g i t t a l e n Ebene

angebracht sind (Abb. 8b u. c). Eine Angleichung der Kollimator-
achsen senkrecht zur Krümmung der Hirnoberfläche ist nur andeu-
tungsweise benutzt worden. Angaben zur Meßgeometrie dieser Apparaturen sind in den Veröffentlichungen, die sich mit der Bestimmung der regionalen Hirndurchblutung beim Menschen am intakten
Schädel befassen, nur spärlich zu finden. Die wenigen Mitteilungen (70, 269, 373, 375, 381, 418, 419, 478, 480, 505, 506, 516,
582, 633) sind mit der Meßanordnung und dem mechanischen Aufbau
des Kollimatorblocks nicht exakt zu vereinbaren. Eine Analyse
der Meßgeometrie für die herkömmlichen 8- und 16-Detektor-Meß-
plätze zeigt, daß sich die Meßareale in den strahlungsgeometri-
schen Meßräumen bei der 8-Detektor-Apparatur ungefähr in 2,5 cm
und beim 16-Detektor-Meßplatz in 1,5 cm Tiefe überlagern (Abb. 8b
und c). Da der Abstand zwischen dem der Kopfoberfläche anliegen-
den Kollimator und der Hirnoberfläche ungefähr 1,0 - 1,2 cm beträgt, bedingt durch die in diesem Zwischenraum befindlichen
Gewebe (Kopfschwarte, knöchernes Schädeldach, Hirnhäute), liegt
bei diesen Meßanordnungen eine Überlappung der Meßfelder bereits
in den oberflächennahen Hirnschichten vor (Abb. 8b und c). Daraus
folgt, daß bei Verwendung von Apparaturen mit herkömmlicher Meß-
charakteristik eine Überlappung der Meßareale nahezu in ihrer
gesamten Ausdehnung von der Hirnoberfläche bis zur Medianfläche
der Großhirnhemisphäre eintritt. Angaben, nach denen diese Meß-
feldüberlagerungen erst in "tieferen Gewebeschichten" eintreten
sollen (70, 269, 373, 381, 418, 478, 480, 505, 516, 582), sind
mit den tatsächlichen Meßfeldgegebenheiten nicht zu vereinbaren.

PAULSON und Mitarb. (480) und HØEDT-RASMUSSEN und Mitarb.
(269) haben die Meßräume in Form eines Kegels dargestellt,
der vom Mittelpunkt der Kristalloberfläche und der Kollimatoröffnung begrenzt wird. Diese Meßfelddarstellungen wurden später
auch von anderen Autoren (70, 318, 540) übernommen. Die Angabe,
daß aus diesen Meßräumen 65% bzw. 90% der vom zugehörigen
Szintillationszähler registrierten γ-Strahlung stamme, ent-

Abb. 8a. Darstellung der Meßfelder von drei benachbarten Szintillationszählern in einem stark schematisierten Horizontalschnitt durch den Gehirnschädel. Die Meßräume sind annähernd zylindrisch geformt und überlagern sich in der der Meßsonde zugewandten Hirnhälfte nicht. Weitgehende Ausblendung der Strahlung aus dem geometrischen Halbschattenbereich (H) durch kegelstumpfförmige Kollimatoren (c) mit eingebauten Septen (b)

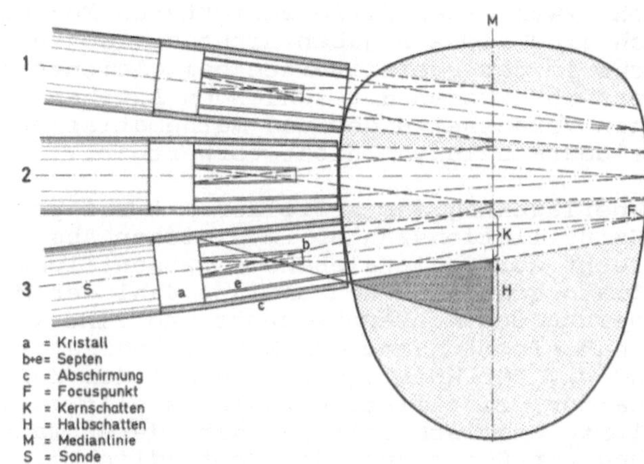

Abb. 8b. Anordnung derselben, mit zylindrischen Kollimatoren versehenen Szintillationszählern parallel zueinander und senkrecht zur Sagittalebene. Die Halbschattenlinien H zeigen hier die erheblichen Meßfeldüberschneidungen benachbarter Sonden. L = Linie, die den Beginn der Überlappung benachbarter Halbschattenbereiche kennzeichnet. N = Linie, die den Beginn der Überlagerung von Halb- und Kernschattenbereichen benachbarter Sonden darstellt

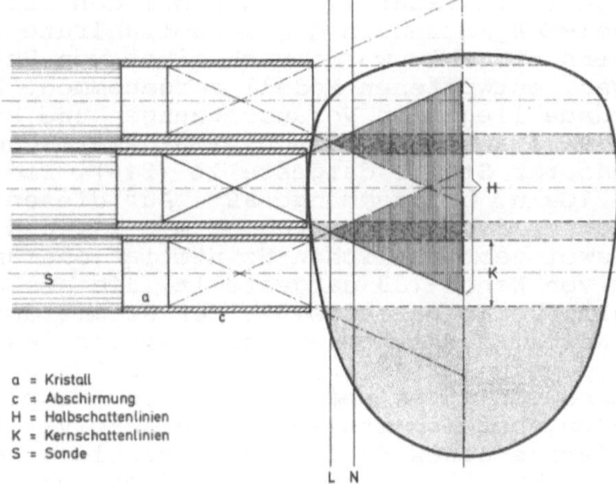

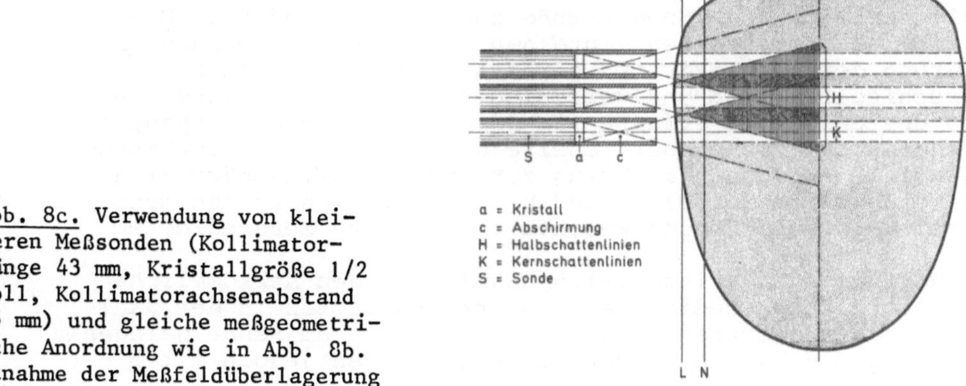

Abb. 8c. Verwendung von kleineren Meßsonden (Kollimatorlänge 43 mm, Kristallgröße 1/2 Zoll, Kollimatorachsenabstand 25 mm) und gleiche meßgeometrische Anordnung wie in Abb. 8b. Zunahme der Meßfeldüberlagerung

spricht zwar einer differenzierteren Meßfeldbetrachtung,
jedoch sind diese Angaben nicht nur wegen des großen Wider-
spruchs in den Prozentwerten bei gleicher Meßfelddarstellung,
sondern auch wegen der fehlenden Angaben über die biophysikalischen Voraussetzungen und mathematischen Ableitungen solcher
Meßfelddarstellungen nicht verwertbar.

Die Überlagerung der Meßfelder ist bei paralleler Anordnung
der Szintillationszähler im gleichen Abstand zueinander und
senkrecht zur Sagittalebene im wesentlichen abhängig vom
Kollimatorachsenabstand und der Zahl der Meßsonden. Eine Verkleinerung des Achsenabstandes und eine Vergrößerung der Sonden-
zahl hat eine Zunahme der Meßfeldüberlagerung zur Folge (Abb.
8b und c). Der Überlagerungsanteil der Meßfelder zweier benachbarter Szintillationszähler stellt geometrisch eine kom-
plizierte Kegelschnittfigur dar, deren mathematische Formu-
lierung zur Berechnung der Empfindlichkeit für γ-Strahlung
aus diesem Bereich nur näherungsweise möglich ist. Die B e -
r e c h n u n g des aus dem Überlagerungsbereich stammenden
Radioaktivitätsanteiles, der bei den herkömmlichen Multide-
tektor-Meßplätzen in die Gesamtzählrate eines Szintillationszählers eingeht, wurde nach einem von Präg, Siemens AG, Erlangen, entworfenen Modell vorgenommen. Die den Berechnungen
zugrunde liegenden Voraussetzungen und Meßgrößen sind in
Abb. 9 veranschaulicht. Die mathematischen Ableitungen sind
an anderer Stelle dargestellt (246). Die Ergebnisse sind in
Abb. 10a u. b zusammengefaßt. Auf diesen graphischen Darstellungen sind die relativen E m p f i n d l i c h k e i t e n
der zwei gebräuchlichen Szintillationszähler für die γ-Strah-
lung von Xenon-133 dargestellt, die aus dem Überlagerungsbereich benachbarter Meßfelder stammt und zwar in Abhängigkeit
vom Kollimator-Achsenabstand und der Gewebeschichttiefe. Den
Abbildungen ist zu entnehmen, daß für einen Kollimator-Achsenabstand von 25 mm beim 16-Detektor-Meßplatz der aus dem Überlagerungsbereich stammende Radioaktivitätsanteil an der Gesamt-
impulsrate eines Szintillationszählers annähernd 30% beträgt
(Abb. 10b). Für den 8-Detektor-Meßplatz mit einem Kollimatorachsenabstand von 40 mm beträgt der Radioaktivitätsanteil aus
der Überlagerungszone 20% (Abb. 10a). Bei Verkleinerung der
Kollimatorachsenabstände untereinander nimmt der Überlagerungsanteil erheblich zu (Abb. 10a u. b).

Bei den herkömmlichen Meßanordnungen überlagern sich die Meßareale der einzelnen Sonden außerdem unterschiedlich: Die
Meßvolumina, die von den einzelnen Sonden erfaßt werden, sind
auf Grund der komplizierten hirnanatomischen Gegebenheiten
unterschiedlich groß und verschieden geformt. Die randständig
angeordneten Sonden erfassen in der Stirn- und Hinterhaupts-
region und im Bereich der Scheitelhöhe durch ihre zunehmende
tangentiale Anordnung im Bezug zur Großhirnhemisphäre a) nur
noch Teile eines Meßfeldes und b) im Vergleich zu den mehr
zentral gelegenen Sonden wesentlich kleinere Meßareale.

Die Anordnung der Szintillationszähler in den herkömmlichen
Kollimatorblöcken bedingt eine starke Variation in der Zahl
der sich überlagernden Meßareale, wobei die am Rande gelegenen
Sonden mit 2 - 3, die in der Mitte gelegenen jedoch mit 5 - 6

benachbarten Sonden in den Meßfeldern interferieren. Eine
rechnerische Elimination der dadurch bedingten regionalen
Meßfeldverfälschungen ist wegen der unterschiedlichen Inter-
ferenz praktisch nicht durchführbar.

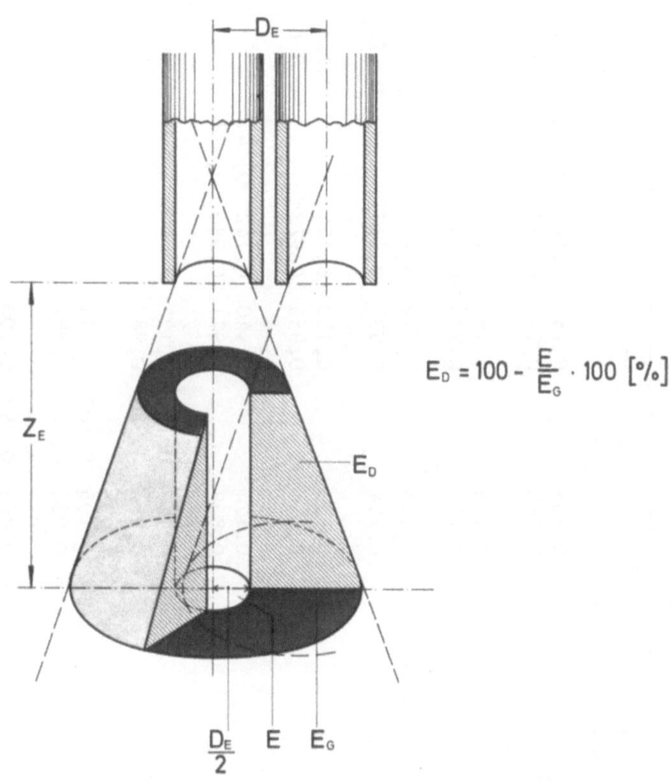

Abb. 9. Darstellung der Meßgrößen für die Berechnung der Ausbeuteanteile
verschiedener Meßvolumina bei Einlochkollimatoren.
Zeichenerklärung: D_E = Abstand der Kollimatorachsenabstände; Z_E = Gewebe-
schichttiefe; E = Radioaktive Ausbeute aus dem idealen Meßvolumen; E_D =
Radioaktive Ausbeute aus dem außerhalb des idealen Meßvolumens gelegenen
Überlagerungsfeld; E_G = Radioaktive Ausbeute aus dem Gesamtmeßvolumen

Die bei den bisher gebräuchlichen Einrichtungen zur Bestimmung
der örtlichen Hirndurchblutung geschilderten Überlagerungspro-
bleme sind bei dem von uns entwickelten 10-Detektor-Meßplatz aus-
geschaltet. Durch die spezielle Kollimierung mit sphärisch-geo-
metrischer Anordnung der Meßsonden im Kollimatorblock und weit-
gehender Ausblendung der radioaktiven Strahlung aus dem geometrischen Halbschattenbereich ist eine überlagerungsfreie Messung
in 10 auf eine Großhirnhemisphäre nach hirn- und gefäßanatomi-
schen Gesichtspunkten verteilten Meßfeldern mit strenger örtlicher Meßfeldbegrenzung möglich (Abb. 4 u. 8a).

Tabelle 3. Berechnung der Ausbeute radioaktiver Strahlung aus den Volumina benachbarter, sich überlagernder Meßfelder von Einlochkollimatoren. Kollimator 43 mm, Durchmesser 11,0 mm

Z_E	E_G	R_E	5	5,5	6	7,5	10	12,5	15	20	22,5	25	30	35 cm
100 mm	0,1848	E	0,578				0,138		0,167	0,177		0,179	0,178	0,179
		E/E_G %	0,313				0,748		0,903	0,958		0,971	0,966	0,970
90 mm	0,1773	E	0,576				0,136		0,163	0,171		0,173	0,171	
		E/E_G %	0,324				0,770		0,920	0,967		0,973	0,965	
80 mm	0,1683	E	0,571				0,133		0,158	0,164		0,167	0,162	
		E/E_G %	0,339				0,794		0,937	0,975		0,975	0,964	
70 mm	0,1577	E	0,564				0,130		0,150	0,154		0,154		
		E/E_G %	0,357				0,824		0,955	0,978		0,976		
60 mm	0,1451	E	0,551				0,124		0,140	0,142	0,141			
		E/E_G %	0,380				0,859		0,971	0,980	0,978			
50 mm	0,1300	E	0,532				0,116	0,124	0,127					
		E/E_G %	0,408				0,897	0,959	0,982					
40 mm	0,1'122	E	0,500			0,898	0,105	0,109	0,111					
		E/E_G %	0,446			0,800	0,936	0,976	0,987					
30 mm	0,9096	E	0,450	0,545		0,788	0,882	0,893	0,900					
		E/E_G %	0,495	0,599		0,867	0,970	0,981	0,989					
20 mm	0,6571	E	0,370	0,448		0,616	0,648	0,644						
		E/E_G %	0,564	0,682		0,937	0,986	0,981						
10 mm	0,3569	E	0,236	0,286		0,350	0,353							
		E/E_G %	0,663	0,802		0,982	0,990							
0,1 mm	0,3883	E	0,316	0,382	0,394									
		E/E_G %	0,813	0,984	0,101									

Tabelle 3 (Fortsetzung). Kollimator 80 mm, Durchmesser 25 mm

Z_E	E_G	R_E	10	12,5	13	14	15	17,5	20	22,5	25	27,5	30	35	40	45	50 cm
100 mm	0,1424	E	0,474				0,972		0,121		0,131		0,136	0,138	0,138	0,139	0,138
		$E/E_G\%$	0,333				0,682		0,852		0,923		0,953	0,969	0,968	0,975	0,970
90 mm	0,1366	E	0,468				0,959		0,118		0,127		0,131	0,132	0,132		
		$E/E_G\%$	0,342				0,701		0,870		0,935		0,962	0,972	0,969		
80 mm	0,1297	E	0,460				0,939		0,115		0,123		0,125	0,126			
		$E/E_G\%$	0,355				0,724		0,890		0,947		0,969	0,974			
70 mm	0,1215	E	0,449				0,912		0,110		0,116		0,118	0,118			
		$E/E_G\%$	0,369				0,750		0,911		0,961		0,974	0,974			
60 mm	0,1118	E	0,433				0,873		0,104		0,108		0,109				
		$E/E_G\%$	0,387				0,781		0,935		0,971		0,977				
50 mm	0,9983	E		0,648	0,695	0,771	0,828	0,918	0,962	0,981	0,989	0,989					
		$E/E_G\%$		0,649	0,696	0,772	0,829	0,920	0,964	0,983	0,990	0,990					
40 mm	0,8618	E		0,593			0,750	0,819	0,846	0,853	0,855	0,854					
		$E/E_G\%$		0,689			0,871	0,950	0,981	0,989	0,992	0,991					
30 mm	0,6992	E		0,515			0,640	0,681	0,693	0,691							
		$E/E_G\%$		0,736			0,916	0,975	0,991	0,988							
20 mm	0,5055	E		0,403			0,487	0,498	0,499	0,498							
		$E/E_G\%$		0,797			0,963	0,985	0,987	0,986							
10 mm	0,2748	E		0,240			0,269	0,267									
		$E/E_G\%$		0,874			0,979	0,974									

Z_E = Gewebeschichttiefe. E = Radioaktive Ausbeute aus dem idealen Meßvolumen. E_G = Radioaktive Ausbeute aus dem Gesamtmeßvolumen. E/E_G = E_D = Radioaktive Ausbeute aus dem außerhalb des idealen Meßvolumens gelegenen Überlagerungsfeld. R_E = Radius aus verschiedenen um das ideale Meßvolumen gelegten schalenförmigen Meßräume.

32

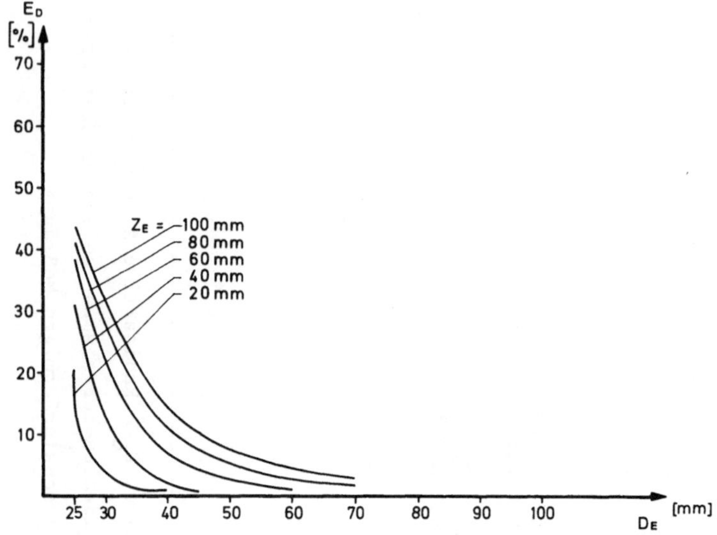

Abb. 10a. Darstellung der relativen Empfindlichkeit (E$_D$) eines Szintillationszählers für die γ-Strahlung von Xenon-133, resultierend aus dem Überlagerungsbereich benachbarter Sonden in Abhängigkeit von deren Abstand D$_E$ und der Gewebeschichttiefe (Z$_E$). (Kollimatorlänge 80 mm, Kollimatordurchmesser 25 mm, Kristallgröße 1°)

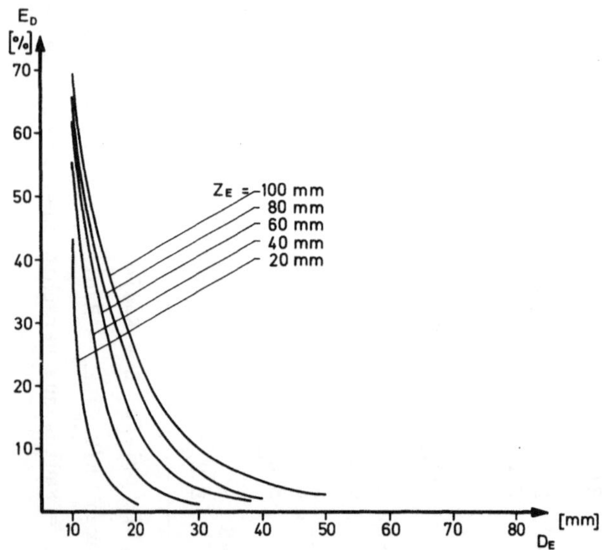

Abb. 10b. Darstellung der relativen Empfindlichkeit (E$_D$) eines Szintillationszählers für die γ-Strahlung von Xenon-133, resultierend aus dem Überlagerungsbereich benachbarter Sonden in Abhängigkeit von deren Abstand D$_E$ und der Gewebeschichttiefe (Z$_E$). (Kollimatorlänge 43 mm, Kollimatordurchmesser 11,5 mm, Kristallgröße 1/2°)

2. Meßfeldtiefe

Die von einem Meßfeld erreichte Gewebeschichttiefe kann mit Hilfe der Empfindlichkeitskurven des zugeordneten Szintillationszählers veranschaulicht werden. Die Isodosenlinien geben Aufschluß über den prozentualen Anteil, mit dem die verschiedenen Gewebeschichten in die Zählrate einer Meßsonde eingehen (Abb. 11 a-c). Die von anderen Autoren (329) mit Hilfe einer Punktquelle in Wasser dargestellten Isodosenlinien von Xenon-133 für Szintillationszähler mit einem Kristall- und Kollimatordurchmesser von 25 bzw. 11,5 mm und einer Kollimatorlänge von 80 bzw. 43 mm entsprechen in ihrer Form nicht den von uns experimentell mit einer Linienquelle in Wasser ermittelten Empfindlichkeitskurven. Die Halbschattenbereiche dieser Szintillationszähler (Abb. 8b u. c) bedingen eine wesentliche Verbreiterung der Isodosenlinien als bei den genannten Autoren angegeben. Die tatsächlichen Formen der Kollimatorkeulen, die in Wasser experimentell mit einer Linienquelle ermittelt wurden, sind in Abb. 11 a-c wiedergegeben.

Die in Abb. 11c dargestellten Isodosenlinien wurden mit der Original-Meßsonde am 16-Detektor-Meßplatz der Fa. Meditronic, Kopenhagen, ermittelt. Die ungewöhnliche Form der Kollimatorkeule und ihre starke Verbreiterung über den strahlengeometrischen Halbschattenbereich hinaus, insbesondere in den kollimatornahen Gewebeschichten bis ungefähr 4 cm, ist durch die ungenügende Abschirmung des Kristalls im Szintillationszähler bedingt. Sie beruht auf der Materialbeschaffenheit des Kollimators, der nicht aus Blei, sondern aus Messing mit einer Wandstärke von 5 mm mit vorgesetztem Bleiring an der Kollimatoröffnung besteht. Bei Anordnung der Gesamtheit der Szintillationszähler in einem bleiabgeschirmten Kollimatorblock mit relativ dichter Lagerung der Meßsonden zueinander ist zu vermuten, daß sich die von außerhalb des geometrischen Meßfeldes einfallende γ-Strahlung verringert. Eine vollständige Elimination ist jedoch bei der geschilderten Meßanordnung nicht zu erreichen. Die Größe des von außerhalb des strahlengeometrisch bestimmten Halbschattenbereichs in die Zählrate der Sonde eingehenden Anteils an radioaktiver Strahlung ist unbekannt und läßt in Bezug auf die Regionalität der Durchblutungswerte eine stärkere Relativierung vermuten.

Die Meßfeldtiefe ist bei gegebenem Isotop (Xenon-133) und gleicher Aktivitätsmenge abhängig von der Eigenabsorption im Gehirngewebe, vom mechanischen Aufbau des Szintillationszählers und vom Durchmesser und Volumen des verwendeten NaJ (T)-Kristalls. Ein Maß für die Eigenabsorption stellt die Halbwertschicht dar, die für den Szintillationszähler unseres Meßplatzes klinisch-experimentell auf 4,2 cm und mathematisch unter Zugrundelegung einer Flächenquelle auf 4 cm bestimmt wurde. Die Halbwertschicht für Szintillationszähler mit zylindrischen Kollimatoren beträgt bei Kollimatorabmessungen von 80 mm/25 mm = 3,5 cm und 43 mm/ 11,5 mm = 2,5 cm. Zur Abnahme der Meßfeldtiefe in Abhängigkeit vom Kristalldurchmesser ist anzumerken, daß bei sonst gleichen Meßanordnungen eine Abnahme der Registierwahrscheinlichkeit für ein Gammaquant um mehr als 50% bei Verkleinerung des Kristalls um die Hälfte eintritt. Entsprechend weist die Kollimatorkeule für einen Kristall mit einem Durchmesser von 11,5 mm eine Einbuße

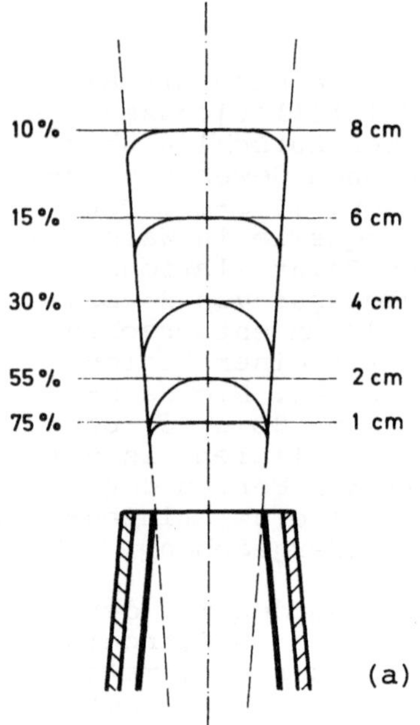

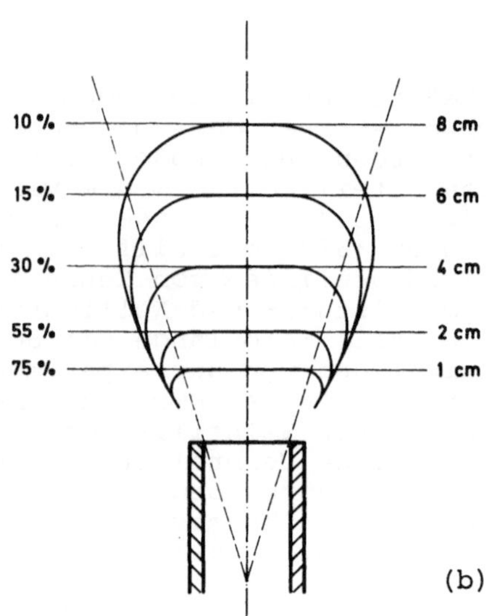

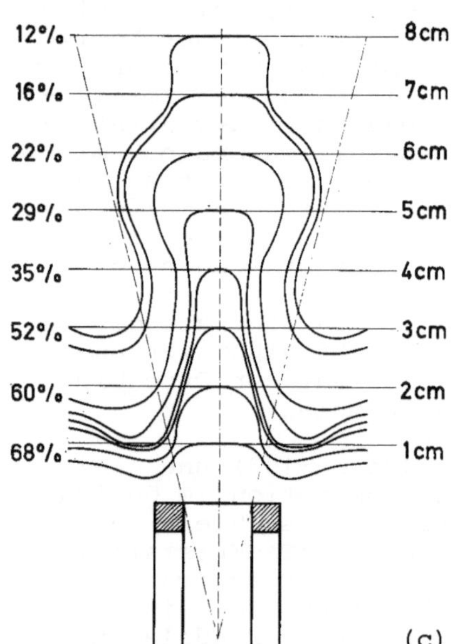

Abb. 11 a-c. Darstellung der Isodosenlinien von Xenon-133 mit einer Linienquelle in Wasser. (a) Für einen Kollimator mit Ausblendung der Strahlung aus dem geometrischen Halbschattenbereich (eigener Meßplatz). (b) Für einen zylindrischen Kollimator mit einer Länge von 80 mm und einem Kristalldurchmesser von 25 mm (herkömmlicher 8-Detektor-Meßplatz). (c) Für einen zylindrischen Kollimator mit einer Länge von 43 mm und einem Kollimator- und Kristalldurchmesser von 11,5 mm (herkömmlicher 16-Detektor-Meßplatz)

an Meßtiefenwirkung mit einer Halbwertschicht von 2,5 cm aus. Die Verkleinerung der Meßsonde wirkt sich demnach in dreifacher Hinsicht negativ aus. Sie führt zu einer Zunahme der Meßfeldüberlagerung (vgl. Abschn. Diskussion der Methode, A, 1), zu einer Verkleinerung des Meßfeldes und zu einer Abnahme der Meßfeldtiefe.

3. Zuordnungsprinzip

Die bei unserer Meßanordnung verwirklichte, genaue Zuordnung der
mit den einzelnen Szintillationszählern gemessenen Impulsraten
und der daraus berechneten regionalen Hirndurchblutungswerte zu
einem bestimmten Hirnareal mit definiertem Gefäßversorgungsbezirk
ist mit den herkömmlichen Meßapparaturen nicht zu erreichen
(Tabelle 1).

Bisher war es nur möglich, die Lage der einzelnen Detektoren im
Verhältnis zum Schädel, die von Fall zu Fall variiert, festzu-
legen. Dabei wurde die Position von drei beliebigen Szintillationszählern am Schädel des Patienten mit kleinen Bleimarkierun-
gen gekennzeichnet. Anschließend fertigte man eine seitliche
Röntgenaufnahme des Schädels an. Die auf dieser Aufnahme sicht-
baren Bleipunkte dienten als Hinweis für die Lage der drei mar-
kierten Detektoren. Da die Position sämtlicher Detektoren im
Verhältnis zueinander auf Grund ihrer Anordnung im Kollimatorblock bekannt ist, konnte von diesen drei Punkten eine Lageskizze
aller Meßsonden angefertigt werden. Die Aufzeichnung der Meßareale auf die seitliche Röntgenleeraufnahme des Schädels oder auf
Situationsskizzen vom seitlichen Schädel erfolgte gewöhnlich
durch einen Kreis in der Größe des Kollimatoröffnungs- oder
Kollimatordurchmessers (70, 72-74, 209, 210, 263, 269, 270, 375,
377, 379, 381, 476, 478, 479, 482, 504-506, 575, 580-582, 636).
Diese Meßfelddarstellungen geben jedoch in Größe und Form nicht
die tatsächlichen Begrenzungen der Meßareale wieder. Bei den
herkömmlichen Meßanordnungen sind die Meßfelder kegelstumpf-
förmig begrenzt; sie nehmen von der Hirnoberfläche zur Medianfläche, entsprechend dem Kollimatoröffnungswinkel, kontinuierlich
an Größe zu. Die Basisfläche des Kegelstumpfes, die der Medianfläche zugewandt ist, ist bei den gebräuchlichen 8- bzw. 16-
Detektor-Meßplätzen nahezu sieben- bzw. vierzehnmal größer als
die Deckfläche, die sich an der Hirnoberfläche befindet. Die
Kollimatorblockkonstruktion eines Teiles der herkömmlichen Meßplätze, bei der die Gesamtheit der Meßsondenöffnungen in einer
Ebene parallel zur Sagittalebene angeordnet ist, bedingt auf
Grund der Krümmungsfläche des Kopfes weitere Unterschiede in der
Meßfeldgröße durch den unterschiedlichen Abstand der Meßsonden
im Bezug zum Kopf des Patienten.

Im Gegensatz dazu werden die Meßareale bei unserer Meßanordnung
auf dem seitlichen Röntgenbild des Schädels oder dem seitlichen
Angiogramm in ihrer tatsächlichen Größe abgebildet. Da die Meßräume von der Hirnoberfläche bis zur Medianfläche annähernd
zylindrisch geformt sind, können die Begrenzungsflächen dieser
Meßfelder auf der Medianseite einer Großhirnhemisphäre in Form
und Größe eines Kreises mit einem Durchmesser von 25 mm wiedergegeben werden. Wenn die Projektion der Meßfelder auf das seitliche Röntgenbild zum Zeitpunkt der Angiographie vorgenommen
wird, kann wegen des kurzen zeitlichen Abstandes zwischen Angiographie und Hirndurchblutungsmessung eine sehr genaue regionale
Korrelation von Durchblutungswerten und morphologischem Gefäßbild
vorgenommen werden (Abb. 5b). Die genaue Ausrichtung des Kopfes
im Bezug zur Meßfeldschablone auf dem seitlichen Röntgenbild des
Schädels (Abb. 5a) gestattet darüberhinaus in engen Grenzen eine
Zuordnung der örtlichen Hirndurchblutungswerte zu definierten
Hirngewebsarealen (Abb. 4, Tabelle 1, S. 16).

B. Berechnungsverfahren

Die Berechnung der örtlichen Hirndurchblutung erfolgt bei uns
sowohl nach der von MEIER (423), ZIERLER (653, 655) und HØEDT-
RASMUSSEN (260, 261, 267) angegebenen stochastischen Analyse als
auch nach der von INGVAR (286), LASSEN (373) und HØEDT-RASMUSSEN
(265-267) entwickelten 2-Funktionen-Analyse. Mit der gleichzeitigen mathematischen Auswertung der regionalen cerebralen Clearance-
Werte nach zwei vom Ansatz her sehr unterschiedlichen Berechnungsverfahren wird

1. ein Höchstmaß an Informationen über die Durchblutung in einem
   umschriebenen Gehirnareal erreicht (s. S. 19 u. 22) und

2. eine intraindividuelle Kontrolle der Durchblutungswerte pro
   Meßsonde möglich, da der nach der 2-Funktionen-Analyse ermittelte Wert für die "regionale mittlere Gesamtdurchblutung"
   dem "10 min-Wert" bei der stochastischen Berechnung unmittelbar vergleichbar ist.

Diese von uns angewandten Berechnungsverfahren erlauben die Be-
stimmung der regionalen mittleren Durchblutungswerte für die
verschiedenen Hirnsubstanzanteile über eine Meßzeit von 10 min.
Dadurch ist die Gewähr gegeben, daß sich etwaige kurzdauernde
Zirkulationsänderungen, die unabhängig von der zu untersuchenden
Reaktion auftreten, nicht wesentlich auf die mittleren regionalen
Durchblutungserte auswirken können.

Die gleichzeitige Berechnung der örtlichen Hirndurchblutungswerte
nach der stochastischen Analyse und 2-Funktionen-Analyse ist bei
den bisherigen klinischen Untersuchungen nur relativ selten zur
Anwendung gekommen: HØEDT-RASMUSSEN (260), INGVAR und Mitarb.
(289, 299), LASSEN und Mitarb. (373), McHENRY und Mitarb. (419)
und WILKINSON und Mitarb. (634, 635). Die Mehrzahl der Autoren
beschränkte sich bei der mathematischen Auswertung der cerebralen
Isotopen-Clearance auf einfachere Berechnungsverfahren. Bei einem
Teil erfolgte die Berechnung nur nach der stochastischen Analyse
über eine Meßzeit von 10 min ($rCBF_{10}$-Wert): AGNOLI und Mitarb.
(17,19), BOYSEN und Mitarb. (60a, 60b, 61), CHRISTENSEN und Mitarb. (83,84), FIESCHI und Mitarb. (144, 146), GOLDBERG und Mitarb. (187), McHENRY und Mitarb. (418, 420), OECONOMOS und Mitarb.
(457, 459), ZINGESSER (656, 657). Ein anderer Teil bediente sich
der 1967 von HØEDT-RASMUSSEN (269) und 1969 von HUTTEN und BROCK
(275) entwickelten stark vereinfachten Näherungsverfahren, dem
"initial-slope-index" (I.S.I.) und dem "two-minute-flow-index"
(T.M.F.I.): AGNOLI und Mitarb. (22), BOYSEN und Mitarb. (64a),
BROCK und Mitarb. (73,74), HADJIDIMOS und Mitarb. (211, 212),
HØEDT-RASMUSSEN und Mitarb. (260), LASSEN und Mitarb. (379),
LADEGAARD-PEDERSEN und Mitarb. (355), OECONOMOS und Mitarb. (458),
OLESEN und Mitarb. (466), PAULSON (478-480, 482), PISTOLESE und
Mitarb. (490, 491), REES und Mitarb. (504), SIMARD und Mitarb.
(570), SKINHØJ und Mitarb. (575, 582) und WILKINSON und Mitarb.
(633, 636).

Bei dem von HØEDT-RASMUSSEN (269) und PAULSON (480) angegebenen "initial-slope-index" (I.S.I.) wird die Neigung (D) der
logarithmisch ausgeschriebenen Clearance-Kurve in Prozent
einer Dekade pro min als Maß für die örtliche Hirndurchblutung

benutzt. Sie errechnet sich nach der Formel

$$rCBF_{initial} = 2,3 \times \lambda_g \times D_{initial} \quad (ml/100 \ g/min),$$

wobei die Zahl 2,3 den Umrechnungsfaktor vom natürlichen zum dekadischen Logarithmus und λ_g den Blut-Gewebe-Verteilungs-koeffizienten von Xenon-133 für die graue Substanz darstellen. Das Berechnungsverfahren gründet sich auf die Annahme, daß unter Normalbedingungen die Clearance-Kurve in den ersten 2 min monoexponentiell verläuft und weitgehend von der Durchblutung der grauen Substanz bestimmt wird. Da der λ_g-Wert für die graue Substanz bei einem Hb-Wert von 15 g% = 0,87 beträgt, vereinfacht sich die Formel zu

$$rCBF_{initial} = 2 \ D_{initial} \quad (ml/100 \ g/min),$$

weil gilt:

$$0,87 \times 2,3 = 2,0.$$

In der praktischen Auswertung wird der Wert für D direkt aus der logarithmisch ausgeschriebenen Clearance-Kurve manuell graphisch ermittelt, wobei vereinbarungsgemäß die ersten 15 sec der Clearance unberücksichtigt bleiben. Der I.S.I. stellt für die cerebralen Durchblutungswerte, die sich im Normbereich bewegen, ein annehmbares Näherungsverfahren dar, die den nach der stochastischen Analyse berechneten $rCBF_{10}$-Werten in engen Grenzen vergleichbar sind (147, 598). Bei verlangsamter Hirndurchblutung werden die rCBF-Werte im Durchschnitt um 10% zu niedrig und bei beschleunigter Durchblutung im Durchschnitt um 15% zu hoch mit jeweils großer Streubreite ermittelt (73, 147). Abgesehen von diesen Ungenauigkeiten bei der Berechnung der rCBF-Werte nach der "initial-slope-Methode" erweist sich die Ungültigkeit der Annahme einer monoexponentiellen Clearance-Kurve unter p a t h o l o g i s c h e n Bedingungen, bei denen stets bi- und multiexponentielle Clearance-Kurven vorliegen, als ein weiterer Nachteil dieses Auswertverfahrens (73, 147, 275, 598). Eine visuelle Kontrolle der semilogarithmisch ausgeschriebenen Clearance-Kurven ist dabei zur Vermeidung gröberer Fehlberechnungen unerläßlich. Außerdem ist anzumerken, daß das Anlagen der Tangente an die Clearance-Kurve graphisch manuell erfolgt, die auch bei sorg-fältigem Arbeiten Ungenauigkeiten auch hierbei nicht sicher auszuschließen vermag.

Wenn die Clearance-Kurve unter pathologischen Verhältnissen in den ersten 2 min nicht mono-, sondern bi- und multiexpo-nentiell verläuft, wurde zur Berechnung der örtlichen Hirn-durchblutungswerte von HØEDT-RASMUSSEN (269) und PAULSON (480) statt des I.S.I. ein "second-minute-slope-index" (S.M.S.I.) angegeben. Dieser Wert wird im Prinzip auf dieselbe Weise wie der I.S.I. ermittelt, wobei unter Vernachlässigung des Kurvenabfalls in der 1. Clearance-Minute nur die Steigung der Tangente berücksichtigt wird, die während der 2. Clearance-Minute an die Kurve angelegt wird. Der S.M.F.I. ist mit den gleichen Nachteilen belastet wie der I.S.I. und bedarf daher

keiner besonderen Besprechung. Im Gegensatz zum S.M.F.I.
haben HUTTEN und BROCK (275) einen "two-minutes-flow-index"
(T.M.F.I.) entwickelt, durch den die rechnerischen Ungenauigkeiten des I.S.I. eliminiert und auch bi-exponentielle
Kurvenverläufe in den ersten 2 min der Clearance-Periode
berechnet werden können. Abgesehen davon ist jedoch auch der
T.M.F.I. mit den gleichen Nachteilen belastet wie der I.S.I.
und S.M.F.I.

Zusammengefaßt stellen I.S.I., S.M.F.I. und T.M.F.I. für die
Berechnung der örtlichen Hirndurchblutung vereinfachte Näherungsverfahren dar, die mit theoretischen oder biophysikalischen Gesetzmäßigkeiten nicht begründbar sind. Ihre Entwicklung ist
erstens aus dem Wunsch zu verstehen, die Meßzeit der cerebralen
Clearance von 10 - 15 min auf 2 min zu verkürzen. Für neuro-
psychologische Untersuchungen sind wegen der raschen Änderung
der cerebralen Funktionsabläufe, die mit einer entsprechenden
Änderung der cerebralen Durchblutung gekoppelt sein sollen, kurze
rCBF-Meßzeiten geeigneter, als die üblichen Clearance-Perioden.
Über die Reproduzierbarkeit der I.S.I.-, S.M.F.I.- und T.M.F.I.-
Werte können auf Grund der Auswaschdauer der cerebralen Xenon-
133-Clearance von 15 - 25 min Untersuchungen nicht durchgeführt
werden, so daß ein Vergleich der mit diesen Berechnungsverfahren
ermittelten örtlichen Durchblutungswerte bei mehreren aufeinander
folgenden Messungen mit verwertbarer Genauigkeit nicht möglich ist.

Zweitens stellt die Beschränkung der Meßzeit auf die ersten
2 min der Clearance-Periode mit graphisch manueller Auswertung
der Kurven eine Notlösung dar, die sich entweder aus dem Mangel
an einem leistungsfähigen Computer-Programm zur Berechnung der
örtlichen Hirndurchblutungswerte mit entsprechender Auswertmög-
lichkeit über eine elektronische Datenverarbeitungsanlage erklärt
oder aus Gründen der Kosten- und Zeitersparnis erzwungen wird.
Drittens bedeutet die ausschließliche Berechnung der örtlichen
Hirndurchblutungswerte nach den hier angegebenen vereinfachten
Verfahren im Vergleich zu den umfassenden Auswertmethoden nach
der stochastischen Analyse und 2-Funktionen-Analyse einen großen,
klinisch nachteilig sich auswirkenden Informationsverlust.

Ergebnisse

A. Normalwerte der örtlichen Hirndurchblutung

1. Eigene Untersuchungsergebnisse

Die Bestimmung der Normalwerte für die regionale Hirndurchblutung
erfolgte in 10 über eine Großhirnhemisphäre nach hirn- und gefäß-
anatomischen Gesichtspunkten ausgewählten und annähernd gleichmäßig verteilten Meßfeldern, entsprechend den Darstellungen in
Abb. 5a und der Tabelle 1 (Meßareale B-K). Die Untersuchungen
wurden in leichter Allgemeinnarkose bei 22 Patienten beiderlei
Geschlechts im Alter von 20 - 62 Jahren durchgeführt. In die
Gruppe der "Normalpersonen" wurden nur solche Patienten einbe-
zogen, die nachfolgende Bedingungen erfüllten:

1. Normaler klinisch-internistischer Untersuchungsbefund. EKG,
   Blutdruckverhältnisse und Lungenfunktion regelrecht.

2. Regelrechter klinisch-neurologischer Untersuchungsbefund. In
   der Krankheitsvorgeschichte keine Hinweise auf stattgehabte
   neurologische Erkrankungen. Die Patienten wurden wegen Klagen
   über Kopfschmerzen, Kopfdruck, subjektiv empfundenen Schwin-
   delerscheinungen, angeblichem Nachlassen der geistigen Leistungsfähigkeit oder des Gedächtnisses, Antriebsstörungen etc.
   zum Ausschluß einer hirnorganischen Erkrankung (Hirntumor,
   hirnatrophischer Prozeß, Gefäßmißbildungen etc.) der Klinik
   überwiesen. In der überwiegenden Mehrzahl handelte es sich um
   Neurosen.

3. Normales EEG und PEG.

4. Morphologisch normale Gefäßverhältnisse bei der beidseitig
   durchgeführten Carotis-Serien-Angiographie. Normale cerebrale
   Zirkulationszeiten.

Die Untersuchungsergebnisse sind in den Tabellen 4, 5 und 6 und
den Abb. 12 a-d wiedergegeben. Die statistischen Berechnungen
wurden von der Abteilung für elektronische Datenverarbeitung
(EDV), Bereich Forschung Chemie der Degussa AG., Frankfurt (Main)
durchgeführt[2]. Die Prüfung auf Normalverteilung erfolgte nach
dem Kolmogoroff-Smirnow-Anpassungstest in der Modifikation nach
LILLIEFORSS (1967). Die für die statistischen Auswertungen angewandten Tests sind bei den jeweiligen Tabellen angegeben.

---

[2]Herrn Dr. BACHMANN, Herrn Ing. KRAUSE und Herrn SCHOTT sei an dieser Stelle
für die Unterstützung bei den statistischen Auswertungen und für die Durchführung der Berechnungen sehr herzlich gedankt.

Tabelle 4. Normalwerte der regionalen Hirndurchblutung beim Menschen in All-Patienten. $apCO_2$-Werte korrigiert auf 40 mm Hg. Gepaarter T-Test

Fall-Nr.		1	2	3	4	5	6	7	8	9	10	11
Mittel-	a)	104,8	115,4	122,5	98,4	91,1	76,7	107,6	98,3	93,6	129,6	95,8
werte	b)	32,2	24,4	22,5	22,4	23,7	30,8	25,9	22,1	24,9	23,1	22,8
	c)	65,0	64,6	74,6	60,6	56,2	59,6	68,9	49,0	51,5	66,5	59,6
	d)	52,7	55,4	61,2	50,8	50,7	51,8	64,2	50,4	42,9	58,0	59,7
Stand.-	a)	22,6	13,3	20,2	7,8	12,1	28,6	93,3	6,7	10,4	10,6	22,6
Abw.	b)	2,5	1,6	3,1	3,7	3,6	4,1	2,0	2,8	2,8	5,0	5,4
	c)	12,2	6,2	10,9	8,3	8,3	5,6	6,7	7,5	2,7	12,1	18,3
	d)	8,2	6,8	9.1	12,3	6,7	3,6	8,3	3,2	2,3	6,4	15,7
Streuung	a)	9,6	5,8	9,1	3,3	5,5	14,0	3,9	3,2	5,6	5,2	11,0
der	b)	1,2	0,7	1,5	1,7	1,8	2,2	0,9	1,5	1,6	2,7	3,2
Mittel-	c)	5,2	2,6	4,9	4,1	3,7	2,7	2,8	4,1	1,4	5,9	9,0
werte	d)	3,4	2,9	4,1	6,6	3,0	2,1	3,5	3,8	1,4	3,4	7,1
Alter		47	54	58	45	51	49	57	61	67	48	31
Aktuel.PO_2		183	100	120	83	147	132	76	85	76	105	115
Aktuel.pCO_2		40	34	41	40	47	28	40	44	35	48	37
RR syst.		125	190	160	140	140	120		130	140	130	120
diast.		80	110	100	90	90	80		90	90	90	75
Puls		95	80	70	80	84	70		85	80	85	70
Geschlecht		w	m	m	m	w	m	m	w	m	m	m

a) Durchblutung der grauen Substanz. b) Durchblutung der weißen Substanz.
d) Mittlere regionale Gesamtdurchblutung (stochastische Analyse - rCBF∞).

In der Tabelle 4 sind die für jeden Patienten aus jeweils 10 Regionen berechneten Mittelwerte der cerebralen Durchblutung (ml/100 g/min) mit Angabe der Standardabweichungen aufgeführt. Die Berechnungen erfolgten getrennt für die Durchblutung der grauen Substanz = a), der weißen Substanz = b), sowie für die mittlere Gesamtdurchblutung nach der 2-Funktionen-Analyse = c) und der stochastischen Analyse = d). Die mittleren Durchschnittswerte der cerebralen Gesamtdurchblutung betragen für die verschiedenen Hirnsubstanzanteile:

$$rCBF_{grau} = 106,5 \ ml/100 \ g/min, \ S.D. \ 20,6$$

$$rCBF_{weiß} = 24,4 \ ml/100 \ g/min, \ S.D. \ 4,5$$

$$rCBF_{gesamt} \ (2\text{-}Comp.\text{-}A.) = 63,1 \ ml/100 \ g/min, \ S.D. \ 12,9$$

$$rCBF_{stochast.} = 56,5 \ ml/100 \ g/min, \ S.D. \ 11,5$$

Die Mittelwerte betrugen für das Lebensalter 47,4 Jahre, für den arteriellen CO_2- bzw. O_2-Gehalt = 38,8 bzw. 113,2 mm Hg, für den

gemeinnarkose (ml/100 g/min). Gesamtmittelwerte aus jeweils 10 Regionen eines

12	13	14	15	16	17	18	19	20	21	22	Ges.-Mittelw.
124,6	106,6	102,6	75,6	91,7	113,3	114,4	120,8	93,0	127,6	96,8	106,5
29,1	19,4	27,9	22,8	26,4	23,5	26,1	24,3	29,1	25,2	17,7	24,4
80,2	51,0	69,6	59,6	52,0	51,7	70,4	78,8	73,3	66,9	54,9	63,1
75,1	48,0	66,4	53,0	51,1	48,6	61,1	69,1	68,4	66,6	50,1	56,5
5,8	12,0	9,8	10,8	25,7	14,1	23,0	17,3	10,3	13,8	6,6	20,6
3,5	2,6	2,6	3,1	5,4	4,6	2,1	4,6	2,8	4,4	2,9	4,5
6,3	6,9	8,7	8,1	8,3	16,4	10,0	12,3	4,0	16,7	5,6	12,9
6,2	5,6	10,4	9,0	7,8	8,5	10,2	14,5	5,1	8,6	7,6	11,5
2,5	7,2	5,2	5,7	12,6	8,4	11,2	8,5	4,6	5,7	2,8	9,8
1,6	1,3	1,7	1,8	3,2	2,5	1,4	2,5	1,5	2,1	1,4	1,4
2,7	3,1	5,2	4,3	4,4	8,0	6,0	6,6	1,9	7,1	2,3	5,4
2,6	2,7	6,2	4,4	3,8	4,1	5,4	7,7	2,5	3,6	3,2	4,1
41	62	43	68	58	25	20	56	30	35	51	47,4
77	97	111	105	119	65	212	118	114	116	140	113,3
40	34	39	29	34	47	33	40	38	38	45	38,8
150	120	115	120	120	105	120	115	135	120	150	131,2
90	80	70	140	80	110	80	80	90	80	100	85,2
80	70	70	80	75	90	80	80	70	80	90	78,1
m	m	m	w	w	w	m	w	m	m	w	

c) Mittlere regionale Gesamtdurchblutung (2-Funktionen-Analyse - rCBF 10 min).

Blutdruck 131,2 mm Hg systolisch bzw. 85,2 mm Hg diastolisch und
für die Herzfrequenz 76 Schläge/min.

In der Tabelle 5 sind von demselben Patientenkollektiv die Normalwerte der örtlichen Hirndurchblutung, bezogen auf 10 Regionen einer
Großhirnhemisphäre, getrennt für die verschiedenen Hirnsubstanzanteile, dargestellt. Der Tabelle ist zu entnehmen, daß die Werte
für die Durchblutung der grauen Substanz (a) und für die mittlere
Gesamtdurchblutung (c und d) im Vergleich zueinander in mehrere
Regionen deutliche Unterschiede aufweisen, während für die Durchblutung der weißen Substanz (b) nur in zwei Regionen (frontal und
fronto-basal) leichte Abweichungen von den Werten der übrigen Regionen vorliegen. Die Tabelle 5a gibt die statistisch berechneten
interregionären Durchblutungsunterschiede wieder. Die Tabelle 5b
enthält die zugehörigen T-Testgrößen. Aus Tabelle 5a geht hervor,
daß die Durchblutungswerte in der Frontal-, Fronto-Basal- und
Occipital-Region (Meßfelder B, H, J) für mehrere oder alle Hirnsubstanzanteile im Vergleich zu den übrigen Hirnregionen statistisch signifikant niedriger liegen. Eine Ausnahme davon bilden
die Durchblutungswerte in der Parietal-Region, die von denen in
der Occipital-Region nicht signifikant verschieden sind. Beim
Vergleich der übrigen Hirnregionen untereinander liegen die

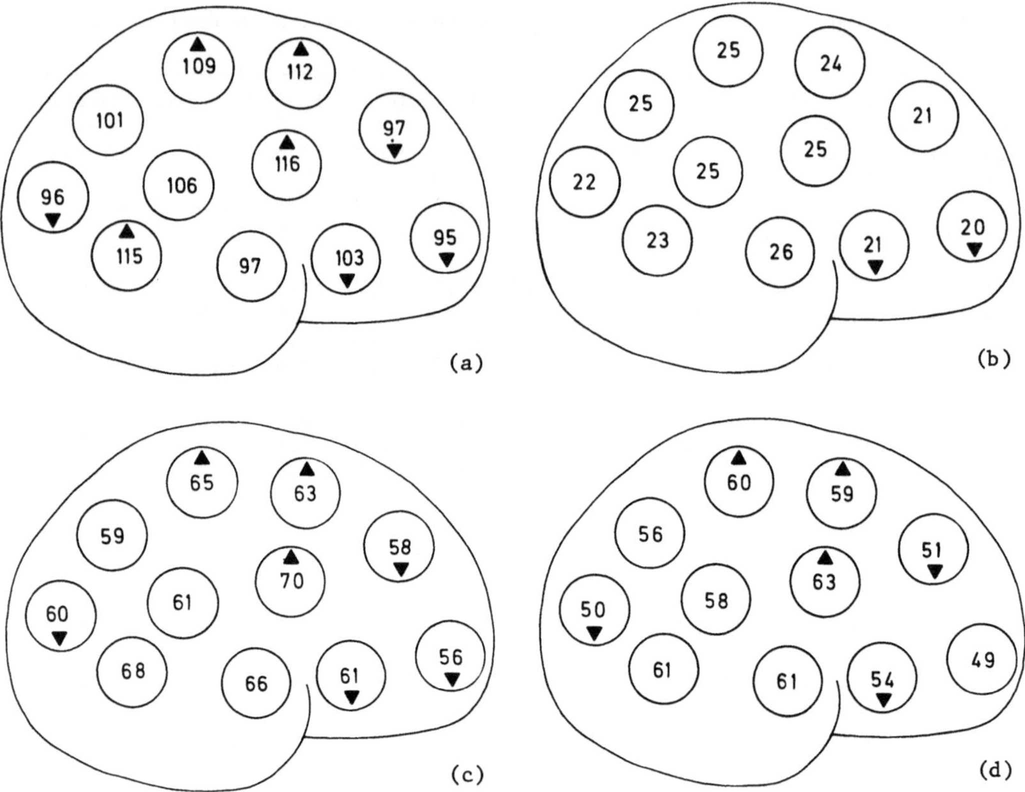

Abb. 12 a–d. Normalwerte der regionalen Hirndurchblutung. (a) Durchblutung der grauen Substanz. (b) Durchblutung der weißen Substanz. (c) Mittlere regionale Gesamtdurchblutung (2-Funktionen-Analyse). (d) Mittlere regionale Gesamtdurchblutung (stochastische Analyse). Die Dreiecksmarkierungen in den Meßfeldern symbolisieren statistisch signifikante interregionäre Durchblutungsunterschiede, wobei die Dreiecke mit nach oben gerichteter Spitze im Vergleich zu den nicht bezeichneten Meßfeldern oder den mit nach unten gerichteter Spitze signifikant höhere Durchblutungswerte und die mit nach unten gerichteter Spitze signifikant niedrigere Durchblutungswerte aufweisen (s. Tabelle 5)

Durchblutungswerte in der Präzentral-Region (Meßfeld I) und Temporo-Basal-Region (Meßfeld K) statistisch signifikant höher als in der Parietal-Region (Meßfeld E). Die höchsten Durchblutungswerte weisen die Präzentral- (Meßfeld C), Zentral- (Meßfeld D) und Temporo-Basal-Region (Meßfeld K) auf, gefolgt von der mittleren und vorderen Temporal-Region (Meßfeld F und G) und der Inselregion (Meßfeld I) mit nur gering niedrigeren Durchblutungswerten. Zwischen diesen Meßfeldern lassen sich statistisch gesicherte Durchblutungsunterschiede nicht feststellen. Abb. 12 enthält eine Übersicht über die Verteilungsmuster der cerebralen Durchblutungswerte.

Tabelle 5a. Normalwerte der örtlichen Hirndurchblutung beim Menschen, bezogen auf 10 Regionen einer Großhirnhemisphäre (ml/100 g/min). Meßfelder B - k: s. Abb. 4 und Tabelle 1, S. 16. Regionale Gesamtmittelwerte von 22 Patienten (T-Test. $apCO_2$-Werte korrigiert auf 40 mm Hg)

Regionen	M	Hirn-substanz-anteile	CBF Mittelwert	Standard-abweichung	Streuung der Mittelwerte
1		a)	97,8	17,2	4,1
Frontal	B	b)	21,4	4,7	1,1
		c)	58,6	15,7	3,7
		d)	51,1	10,1	2,3
2		a)	112,6	23,0	5,4
Präzentral	C	b)	24,0	4,6	1,0
		c)	63,0	14,9	3,4
		d)	59,1	10,0	2,3
3		a)	109,3	14,6	3,5
Zentral	D	b)	25,4	5,1	1,2
		c)	65,7	11,3	2,8
		d)	60,0	8,4	2,0
4		a)	101,7	21,1	5,1
Parietal	E	b)	25,1	3,0	0,7
		c)	59,2	11,8	2,8
		d)	56,0	10,5	2,6
5		a)	106,9	19,6	4,3
Parieto-Temporal	F	b)	24,8	4,3	0,9
Corpus callosum		c)	61,8	9,5	2,1
Stammganglien		d)	58,3	9,3	2,1
6		a)	97,3	23,0	4,7
Temporal vorn	G	b)	26,0	3,5	0,8
Stammganglien		c)	66,0	13,2	3,1
		d)	61,3	15,1	3,8
7		a)	103,1	18,1	5,7
Fronto-Basal	H	b)	21,1	2,9	0,9
Stammganglien		c)	61,0	12,7	4,0
		d)	54,3	11,2	3,5
8		a)	115,9	17,7	4,0
Präzentral	I	b)	25,1	4,9	1,1
Corpus callosum		c)	70,0	11,3	2,7
(Stammganglien)		d)	63,3	10,8	2,6
9		a)	96,7	18,9	5,1
Occipital	J	b)	22,7	4,7	1,5
		c)	60,5	13,6	4,1
		d)	50,2	12,8	3,3
10		a)	115,8	17,8	4,4
Temporo-Basal	K	b)	23,3	3,7	0,9
Hirnstamm		c)	68,0	10,8	2,7
		d)	61,3	10,8	2,7

a) = Graue Substanz. b) = Weiße Substanz. c) 2-Funktionen-Analyse. d) = Stochastische Analyse. CBF = Hirndurchblutung (ml/100 g/min). M = Meßareale.

Tabelle 5b. Interregionäre Durchblutungsunterschiede (Ergebnisse des T-Tests.

Regionen		Hirn-substanz-anteile	Differenzen					
			2 Präzentral	S	3 Zentral	S	4 Parietal	S
1 Frontal	B	a)	17,71	*	13,90	*	−4,61	
		b)	−3,50	*	−5,38	*	−5,08	**
		c)	−5,29		−8,47		−0,72	
		d)	−9,55	*	−10,55	**	−5,86	
2 Präzentral	C	a)			3,80		13,10	
		b)			−1,88		−1,58	
		c)			−3,18		4,57	
		d)			0,99		3,69	
3 Zentral	D	a)					9,29	
		b)					0,29	
		c)					7,75	
		d)					4,69	
4 Parietal	E	a)						
		b)						
		c)						
		d)						
5 Parieto-temporal Corpus callosum Stammganglien	F	a)					6,38	
		b)					−0,39	
		c)					3,22	
		d)					2,65	
6 Temporal vorn Stammganglien	G	a)					−5,10	
		b)					1,14	
		c)					8,16	
		d)					6,37	
7 Fronto-basal Stammganglien	H	a)						
		b)						
		c)						
		d)						
8 Präzentral Corpus callosum (Stammganglien)	I	a)					17,15	*
		b)					−0,16	
		c)					12,99	**
		d)					8,80	*
9 Occipital	J	a)						
		b)						
		c)						
		d)						
10 Temporo-basal Hirnstamm	K	a)						
		b)						
		c)						
		d)						

a) = Graue Substanz. b) = Weiße Substanz. c) = 2-Funktionen-Analyse.
* = 5% Irrtumswahrscheinlichkeit. ** = 1% Irrtumswahrscheinlichkeit.

Differenzen der Mittelwerte und ihre Signifikanzen)

| Differenzen | | | | | | | | | | | |
5 Parieto-temporal Corp.call. Stammgangl.	S	6 Temporal vorn Stammgangl.	S	7 Fronto-basal Stammgangl.	S	8 Präzentral Corp.call. (Stammgang.)	S	9 Occipital	S	10 Temporo-basal Hirnstamm	S
-10,99		0,49		-6,31		-21,76	**	1,29		-21,98	**
-4,69	**	-6,23	***	0,40		-4,92	*	-1,80		-2,68	
-3,95		-8,88		-2,86		-13,72	**	-2,30		-11,35	**
-8,51	*	-12,23	*	-3,71		-14,67	***	1,18		-12,29	**
6,71		18,20	*	11,40		-4,05		19,00	*	-4,27	
-1,19		-2,73		3,90	*	-1,42		1,70		0,81	
1,34		-3,59		2,43		-8,42		2,99		-6,05	
1,04		-2,68		5,84	*	-5,11		10,74	*	-2,74	
2,91		14,39	*	7,59		-7,86		15,20		-8,08	
0,69		-0,85		5,78		0,46		3,58		2,69	
4,52		-0,41		5,61		-5,24		6,17		-2,87	
2,04		-1,68		6,84		-4,11		11,74	**	-1,74	
				-1,70				5,90		-17,37	*
				5,48	**			3,28		2,40	
				-2,14				-1,57		-10,62	*
				2,15				7,05		-6,43	
				4,68		-10,77		12,29		-10,99	
				5,09	**	-0,23		2,89		2,00	
				1,08		-9,77	*	1,64		-7,40	*
				4,80		-6.15		9,70	*	-3,78	
-11,48				-6,80		-22,26	**	0,80		-22,48	**
1,54				6,63	***	1,31		4,43	*	3,54	*
4,93				6,02		-4,83		6,58		-2,46	
3,72				8,52		-2,43		13,42	*	-0,06	
										-15,67	*
										-3,08	
										-8,48	
										-8,58	
				15,45	*			23,06	**	-0,21	
				5,32	*			3,12		2,23	
				10,85	*			11,41	*	2,36	
				10,95	*			15,85	**	2,37	
				-7,60						-23,28	**
				2,20						-0,88	
				-0,56						-9,05	
				-4,90						-13,48	**

d) = Stochastische Analyse. S = Signifikanzen.
*** = 0,1% Irrtumswahrscheinlichkeit.

Tabelle 6. Normalwerte der Hirndurchblutung nach der intraarteriellen Isotopen-

Autor	Fall-zahl	Meß-son-den-zahl	Patien-tengut	Prämedi-kation	Injektions-kontrolle d. Isotops i.d. A.carot.int.	Isotop	Berech-nung CBF	$apCO_2$ korr. 40 mm Hg
LASSEN u.Mitarb. (1963)	6	2	Teilweise hirnorg. nicht gesund	Teilweise 0,3 g Pheno-barbital	Keine	Kr-85	gra-phisch ·manuell	
INGVAR u. Mitarb. (1965)	7	4	Gesunde Frei-willige	Keine	NaCl-Lösung	Xe-133	Rechen-programm EDV	Ø
FIESCHI u.Mitarb. (1966)	10	4	ZNS nicht gesund	Keine	Farbstoff-injektion	Kr-85	Rechen-programm EDV	+
HØEDT-RASMUSSEN (1967)	9	1	ZNS fragl. gesund	Keine Angaben	Farbstoff-injektion	Xe-133 und Kr-85	gra-phisch manuell	+
McHENRY u.Mitarb. (1969)	5	8	ZNS nicht gesund	Keine Angaben	Angio-graphie	Xe-133	Rechen-programm EDV	Ø
ZINGESSER u.Mitarb. (1969)	10	4	Gesunde Frei-willige	"Mäßige Sedation", keine ge-nauen Ang.	Angio-graphie	Xe-133	gra-phisch manuell	Ø
WILKINSON u.Mitarb. (1969)	10	16	Hirnorg. Kranke	Prometha-zin-Hy-drochlorid Codein-phosphat	Angio-graphie	Xe-133	gra-phisch manuell	Ø

Normalwerte der Hirndurchblutung nach der Kety-Schmidt-Methode unter Verwen-

Autor	Fallzahl
KETY u. SCHMIDT (1948)	14
BERNSMEIER u. SIEMONS (1955)	12
LASSEN u. MUNCK (1955)	20
LASSEN u. Mitarb. (1969)	11

Clearance-Methode beim Menschen im Wachzustand (Literaturübersicht)

Hirnregion	2-Funktionen-Analyse						Stochastische Analyse			
	F_{grau}	S.D.	$F_{weiß}$	S.D.	$F_{ges.}$	S.D.	$F_{10 min.}$	S.D.	F_∞	S.D.
Durchschnitts-mittelwert	–	–	–	–	–	–	60,0	13,0	–	–
Präzentral	83,6	10,8	21,3	2,3	–	–	50,5	5,0	45,0	6,9
Zentral	83,3	8,4	21,2	2,9	–	–	51,7	6,2	45,9	6,8
Postzentral	81,8	10,5	19,7	2,9	–	–	48,4	4,4	42,7	4,5
Temporal	70,2	8,6	21,7	2,5	–	–	48,7	6,3	45,0	6,9
Durchschnitts-mittelwert	80,5	14,8	21,1	3,2	–	–	50,2	7,2	45,0	7,6
Frontal	74,7	15,6	19,5	2,1	43,9	6,4	41,9*	6,5	41,9	6,5
Temporal	78,1	23,7	21,3	2,8	44,1	6,2	43,6*	6,2	43,6	6,2
Parietal	81,4	15,4	21,7	2,7	46,1	6,1	41,5*	6,2	41,5	6,2
Durchschnitts-mittelwert	78,2	18,3	20,8	2,7	44,7	6,2	42,3*	4,1	42,3	4,1
Durchschnitts-mittelwert	80,7	5,7	23,2	4,2	–	–	50,5	7,7	46,5	7,5
Durchscnitts-mittelwert	77,0	5,6	21,9	1,2	51,6	3,2	54,4	2,4	48,7	4,0
Präfrontal	–	–	–	–	–	–	52,5	9,7	–	–
Postzentral	–	–	–	–	–	–	58,6	7,9	–	–
Parietal	–	–	–	–	–	–	53,9	7,9	–	–
Temporo-occipital	–	–	–	–	–	–	48,9	8,5	–	–
Durchschnitts-mittelwert	86,6	17,1	21,7	3,7	50,9	9,3	–	–	–	–
dung von N_2O oder Krypton										
Mittlere Gesamthirn-durchblutung	–	–	–	–	–	–	54,0	12,0	–	–
Mittlere Gesamthirn-durchblutung	–	–	–	–	–	–	58,0	6,6	–	–
Mittlere Gesamthirn-durchblutung	–	–	–	–	–	–	52,0	9,0	–	–
Mittlere Gesamthirn-durchblutung	–	–	–	–	–	–	50,4	4,9	–	–

* = $F_{15 min}$

48

<u>Diskussion</u>

Normalwerte für die Hirndurchblutung des Menschen wurden nach
der intraarteriellen Isotopen-Clearance-Methode bisher nur von
wenigen Autoren an einer jeweils kleinen Fallzahl ermittelt:
LASSEN und Mitarb. (1963), INGVAR und Mitarb. (1965), FIESCHI
und Mitarb. (1966), HØEDT-RASMUSSEN (1967), McHENRY und Mitarb.
(1969), ZINGESSER und Mitarb. (1969) und WILKINSON und Mitarb.
(1969). Die Untersuchungsbedingungen und Meßergebnisse dieser
Autoren sind in Tabelle 6 zusammengestellt. Zum Vergleich sind
auch die von KETY und SCHMIDT (330), BERNSMEIER und SIEMONS (43),
LASSEN und MUNCK (369) und LASSEN und Mitarb. (371) ermittelten
Normalwerte für die mittlere Gesamthirndurchblutung nach der
Kety-Schmidt- Methode unter Verwendung von N_2O oder Krypton aufgeführt.

Die klinisch-experimentellen Arbeiten zur Bestimmung von Normalwerten nach der intraarteriellen Isotopen-Clearance galten in
erster Linie der Ermittlung von Durchschnitts-Mittelwerten für
die Durchblutung der grauen Substanz, der weißen Substanz und
der Gesamtsubstanzanteile einer Großhirnhemisphäre (140, 260,
289, 373, 418, 633, 657). Nach den Angaben dieser Autoren liegen
die Durchschnitts-Mittelwerte in ml/100 g/min für die Durchblutung der grauen Substanz zwischen 78,2 und 86,6, für die Durchblutung der weißen Substanz zwischen 20,8 und 23,2 sowie für die
Gesamtdurchblutung einer Großhirnhemisphäre zwischen 44,7 und
51,6 (2-Funktionen-Analyse) bzw. zwischen 42,3 und 48,7 (stochastische Analyse mit zeitlicher Extrapolation der berechneten
Werte nach ∞). Ein Vergleich dieser Durchschnitts-Mittelwerte
mit den von uns bestimmten Durchblutungswerten (Tabelle 4) zeigt
für alle Hirnsubstanzanteile in der eigenen Untersuchungsreihe
um 10 - 15% höhere Meßergebnisse. Diese Differenz ist auf Unterschiede in der Untersuchungsmethode zurückzuführen, wobei erstens
die Durchführung der Untersuchung in Allgemeinnarkose und zweitens die von uns angewandte spezielle Meßanordnung mit hirnanatomisch definierten, sich gegenseitig nicht überlagernden Meßarealen diese Unterschiede erklären. Der Einfluß der Allgemeinnarkose und der Carotisserienangiographie auf die Hirndurchblutung sind in Kapitel Ergebnisse, B und C (S. 65) dargestellt.

Systematische Untersuchungen über die Größe der Hirndurchblutung
in anatomisch definierten und gegeneinander scharf begrenzten
Arealen einer Großhirnhemisphäre sind bisher nicht durchgeführt
worden. Die gebräuchlichen Meßplätze mit 8 und mehr Detektoren
lassen wegen der Überlagerung der Meßfelder und aus Mangel an
einem festen Zuordnungsprinzip von Durchblutungswerten und Gehirnarealen eine regionale Differenzierung der cerebralen Durchblutung nur bedingt zu. Dementsprechend zeigen die von mehreren
Autoren mit Multi-Detektormeßplätzen ermittelten Durchblutungswerte bei Normalkollektiven keine statistisch signifikanten
interregionären Unterschiede (140, 260, ·373, 418). Als Normalwerte werden von diesen Autoren die aus der Gesamtzahl der örtlichen Meßwerte für die verschiedenen Hirnsubstanzanteile berechneten durchschnittlichen Mittelwerte verwendet.

Ansätze für eine darüber hinausgehende zusätzliche regionale
Differenzierung der cerebralen Durchblutungswerte finden sich

bei INGVAR und Mitarb. (260), ZINGESSER und Mitarb. (657) und
WILKINSON und Mitarb. (633). INGVAR und Mitarb. und ZINGESSER
und Mitarb. haben unter Verwendung von 4 Meßsonden (Kristalldurchmesser 25 mm, Kollimatorlänge 80 mm) simultan in 4 relativ
weit voneinander entfernt liegenden Regionen einer Großhirnhemisphäre die Durchblutung für die verschiedenen Hirnsubstanzanteile bestimmt. Die Regionen wurden von INGVAR und Mitarb.
mit "temporal, präzentral, zentral und postzentral" und von
ZINGESSER mit "präfrontal, postfrontal, parietal und temporo-
occipital" bezeichnet, ohne jedoch die Meßfelder in den genannten
Regionen nach Lage, Größe und Form sowie in Bezug zu bestimmten
Hirnstrukturen genauer zu definieren. Trotz dieser Ungenauigkeiten in der Meßfeldangabe und den im Vergleich zu unseren Meßarealen um ein Vielfaches größeren Meßvolumina konnten beide
Autoren deutliche Durchblutungsunterschiede zwischen der Post-
frontal- und Temporo-Occipital-Region einerseits (ZINGESSER und
Mitarb.) sowie der Präzentral-, Zentral- Postzentral- und Temporal-Region andererseits (INGVAR und Mitarb.) feststellen.

WILKINSON und Mitarb. haben bei Verwendung von 16 Szintillationszählern zunächst die Gesamtmittelwerte für die Durchblutung der
verschiedenen Hirnsubstanzanteile einer Großhirnhemisphäre bestimmt und anschließend die regionalen Durchblutungswerte in
Prozent des Gesamtmittelwertes angegeben. Eine Zuordnung der
Durchblutungswerte zu definierten Hirnregionen mit der Genauigkeit,
die bei unserem Meßplatz erzielt wird, war auf Grund der benutzten herkömmlichen Meßanordnung nicht möglich. Immerhin fanden
sie für die graue Substanz der Präzentral-Region im Vergleich
zu den übrigen Hirnregionen signifikant höhere Durchblutungswerte
sowie für die vordere Temporal-Region im Vergleich zu den übrigen
Hirnarealen signifikant niedrigere CBF-Werte.

Die von WILKINSON und Mitarb. ermittelten regionalen Durchblutungsunterschiede wurden mit speziell konstruierten Meßsonden
erzielt, mit denen eine Verringerung der Meßfeldüberlagerung an
den herkömmlichen Meßplätzen erreicht wird. Mit dieser Meßanordnung fanden die Autoren außer den regionalen CBF-Unterschieden
in ihrem Normalkollektiv auch beim Vergleich der Durchschnitts-
Mittelwerte für die Durchblutung der grauen und weißen Substanz
große i n t e r i n d i v i d u e l l e Unterschiede. Die
Durchblutungswerte schwankten für die graue Substanz zwischen
113,0 und 61,8 und für die weiße Substanz zwischen 28,7 und
18,0 ml/100 g/min. Eine Korrelation dieser Variabilität mit dem
Lebensalter oder irgend einem klinischen Parameter bestand nicht.

Die Angaben von INGVAR und Mitarb., ZINGESSER und Mitarb. und
WILKINSON und Mitarb. werden in Bezug auf die interregionären und
interindividuellen cerebralen Durchblutungsunterschiede durch
unsere Untersuchungsergebnisse bestätigt. Durch systematische
Untersuchungen konnte darüber hinaus für 10 hirnanatomisch definierte und sich gegenseitig nicht überlagernde Areale einer
Großhirnhemisphäre eine statistisch gesicherte Verteilung der
Normalwerte aufgestellt werden. Den für Normalpersonen ermittelten interregionären Durchblutungsunterschieden ist bei der vergleichenden Beurteilung mit cerebralen Zirkulationsstörungen
der Vorzug vor den durchschnittlichen Gesamtmittelwerten zu geben.

<u>Aufrechterhaltung konstanter Untersuchungsbedingungen</u>

<u>Hirndurchblutungsmessungen in Allgemeinnarkose und im Wachzustand</u>

Bisher sind klinische Messungen der örtlichen Hirndurchblutung
nach der intraarteriellen Isotopen-Clearance-Methode in der Regel
nur im W a c h z u s t a n d des Patienten durchgeführt worden
(17-19, 97-102, 117, 137, 140, 142-146, 259-263, 269, 270, 279-
283, 289, 291-294, 302, 373-375, 379, 418, 419, 475-484, 504-
506, 579, 581, 582, 598, 633-636, 656, 657). Über entsprechende
Untersuchungen in A l l g e m e i n n a r k o s e sind nur
wenige Mitteilungen erschienen. Dabei handelt es sich entweder
um Studien über den Einfluß von Narkosemitteln auf die Hirndurchblutung (82, 84, 311, 380), über Hirndurchblutungsmessungen während der Operation an den zuführenden extrakraniellen Hirngefäßen
(22, 60-64, 85, 308, 355, 490, 491) und Gehirnoperationen (72,
74, 312, 211, 212, 469-471) oder um Untersuchungen, die man bei
bewußtseinsgestörten oder sonst nicht kooperativen Patienten
notgedrungen in Narkose vornehmen mußte (48, 74, 209). Systematische klinisch-experimentelle Arbeiten über das Verhalten der
örtlichen Hirndurchblutung in Allgemeinnarkose liegen bisher
nicht vor (vgl. Kapitel Ergebnisse, B, S. 65).

Wir haben der Bestimmung der rCBF-Normalwerte in leichter Allgemeinnarkose vor dem Wachzustand den Vorzug gegeben, da die Einhaltung konstanter Untersuchungsbedingungen im Wachzustand in
mehrfacher Hinsicht auf Schwierigkeiten stößt.

Es ist bekannt, daß Emotionen (Angst, Aufregungen etc.) und
geistige Tätigkeiten sich auf die cerebrale Durchblutung auswirken können (214, 292, 294, 322). Bei Mehrfachmessungen der
regionalen Hirndurchblutung im Wachzustand kann durch unterschiedliche Emotionslagen die Zirkulation verändert werden, was
zur Fehlinterpretation der Meßergebnisse führen kann.

Die für eine umfassende Beurteilung der regionalen Hirndurchblutung notwendigen F u n k t i o n s u n t e r s u c h u n -
g e n, mit denen die Reaktionsfähigkeit der Gehirngefäße auf
Veränderungen der arteriellen CO_2-Spannung und des Blutdrucks
getestet werden, können das Allgemeinbefinden des Patienten in
erheblicher Weise beeinträchtigen, so daß diese im Wachzustand
nur wenige Minuten und oft gar nicht toleriert werden. Darüber
hinaus ist die Aufrechterhaltung eines konstanten arteriellen
CO_2-Partialdruckes im Blut durch aktive Hyperventilation (eigen-
tätige Mehratmung des Patienten) oder Einatmung eines 5 - 8%igen
CO_2-Luftgemisches über eine Atemmaske über eine Meßzeit von
10 min nicht möglich.

Im Gegensatz zu den Untersuchungen im Wachzustand gewährleistet
die Bestimmung der örtlichen Hirndurchblutung in A l l g e -
m e i n n a r k o s e die Einhaltung konstanter, standardisier-
ter Untersuchungsbedingungen. Bei einer dem diagnostischen Ein-
griff angepaßten leichten Allgemeinnarkose (vgl. Kapitel Diskussion der Methode, B, S. 36) können die für die Hirndurchblutung wichtigen Größen von Herz, Kreislauf und Atmung auf
einem den individuellen Durchschnittswerten des Wachzustandes
entsprechenden Niveau eingestellt, fortlaufend überwacht, kon-

trolliert und über den für die Untersuchung notwendigen Zeitraum
(bis zu 1 Std) k o n s t a n t gehalten werden. Gleichzeitig
lassen sich dabei jedoch alle Einflüsse von der psychischen Seite
des Patienten her ausschalten. Durch maschinelle, kontrollierte
Beatmung des Patienten werden außerdem optimale Bedingungen für
die Durchführung von Funktionsuntersuchungen geschaffen, die
während der gesamten Meßzeit konstante arterielle Kohlensäure-
und Sauerstoff-Partialdrucke gewährleisten. Ein solches "steady-
state" bietet auch für die Beurteilung der Wirksamkeit von Pharmaka auf die regionale Hirndurchblutung günstigere Voraussetzungen, wenn eine gegenseitige Beeinflussung von dem zu prüfenden
Medikament mit den angewandten Narkosemitteln ausgeschlossen
werden kann.

Für die bei unserer Meßanordnung angestrebte genaue Zuordnung
der regionalen Durchblutungswerte zu einem kleinen umschriebenen
Hirnareal mit definiertem arteriellem Gefäßversorgungsbezirk ist
eine unveränderte Kopfstellung und damit zwangsläufig verbunden
auch eine weitgehend unveränderte Körperhaltung während der Hirndurchblutungsmessung eine notwendige Voraussetzung. Da je nach
Zahl der aufeinander folgenden Messungen für die Untersuchung
ein Zeitraum von 15 - 45 min benötigt wird, ist diese Bedingung
nur in Vollnarkose mit Muskelrelaxierung des Patienten zu erreichen.

Prämedikation

Schließlich muß die m e d i k a m e n t ö s e V o r b e -
h a n d l u n g der Patienten bei der Hirndurchblutungsmessung
Berücksichtigung finden, da der größte Teil der Sedativa auch
in niedriger Dosierung bereits selbst einen meßbaren Einfluß auf
die Hirndurchblutung ausübt (45, 48, 107, 194, 335, 502). Bei
der Messung der örtlichen cerebralen Durchblutung in der von
uns angegebenen Allgemeinnarkose wird, abgesehen von der Verabreichung von 0,5 mg Atropin-Sulfat i.m. 30 min vor Einleitung
der Narkose, auf jede Prämedikation verzichtet. Im Gegensatz
dazu ist bei der Durchführung der Hirndurchblutungsmessung im
Wachzustand zur Ruhigstellung des Patienten oft eine sedierende
Prämedikation nicht zu umgehen, deren Einfluß auf die Hirndurchblutung entweder unbekannt ist oder nicht genügend berücksichtigt
wird. Im Schrifttum über die klinische Messung der örtlichen
Hirndurchblutung finden sich nur in wenigen Mitteilungen Angaben
über die zur Prämedikation angewandten Pharmaka (73, 74, 269,
299, 373). Bei der überwiegenden Mehrzahl der bisher erschienenen
Arbeiten zur Messung der örtlichen Hirndurchblutung beim Menschen
im Wachzustand finden sich, mit wenigen Ausnahmen, in denen eine
Prämedikation ausdrücklich verneint wird, über die Art und Dosis
der angewandten prämedizierenden Medikamente keine Angaben, so
daß die mitgeteilten Durchblutungswerte mit Vorbehalt zu verwerten
sind.

2. Reproduzierbarkeit der Untersuchungsergebnisse

Um die Reproduzierbarkeit der mit der intraarteriellen Isotopen-
Clearance ermittelten Untersuchungsergebnisse zu prüfen, wurden

bei 11 Patienten 2 Durchblutungsmessungen unter gleichen Untersuchungsbedingungen im Abstand von 15 min durchgeführt. In die Untersuchungsserie wurden nur solche Patienten aufgenommen, deren Blutdruck und Herzfrequenz während der 2 Durchblutungsmessungen konstant blieben und deren arterielles pCO_2 zwischen 2 Messungen um höchstens 2 mm Hg differierte. Die Ergebnisse sind in Tabelle 7 wiedergegeben. Aufgeführt sind die bei einem Patienten jeweils aus 10 Regionen errechneten Durchschnittsmittelwerte für die graue Substanz (a), die weiße Substanz (b), die mittlere Gesamthirndurchblutung nach der 2-Funktionen-Analyse (c) und nach der stochastischen Analyse (d). Der mittlere Gesamtdurchschnittswert für die Durchblutung der grauen Substanz betrug für die erste Messung 119,51 und für die zweite Messung 116,74 ml/100 g/min mit einer Standardabweichung der Differenzen von 6,42 und einem Variationskoeffizienten von 5,43%. Der mittlere Gesamtdurchschnittswert für die Durchblutung der weißen Substanz betrug in der ersten Messung 26,11 und in der zweiten Messung 24,51 ml/ 100 g/min mit einer Standardabweichung von 1,90 und einem Variationskoeffizienten von 7,51%. Die Durchschnittswerte für die mittlere Gesamthirndurchblutung nach der 2-Funktionen-Analyse betrugen bei der ersten Messung 63,65 und nach der zweiten Messung 61,93 ml/100 g/min mit einer Standardabweichung der Differenzen von 3,12 und einem Variationskoeffizienten von 4,97%. Nach der stochastischen Analyse ergaben sich für die erste Messung ein Durchblutungswert von 55,87 und für die zweite Messung ein Durchblutungswert von 57,74 ml/100 g/min mit einer Standardabweichung der Differenzen von 2,12 und einem Variationskoeffizienten von 3,83%. Der Tabelle 7 ist zu entnehmen, daß zwischen den Durchschnittsmittelwerten der ersten und zweiten Messung in allen Hirnsubstanzanteilen statistisch signifikante Unterschiede nicht bestehen.

Diskussion

Untersuchungen über die Reproduzierbarkeit der intraarteriellen Isotopen-Clearance-Methode wurden von LASSEN und Mitarb. (373), HØEDT-RASMUSSEN (260), McHENRY und Mitarb. (418) und WILKINSON und Mitarb. (633) durchgeführt.

LASSEN und Mitarb. (1963) nahmen bei 19 Patienten Wiederholungsmessungen im Abstand von jeweils 10 min vor. Sie fanden im Vergleich zur ersten Messung bei der zweiten Messung eine Abnahme der mittleren Gehirndurchblutung ($CBF_{10\ min}$-Werte) im Durchschnitt um 7%. Dieser Unterschied war statistisch nicht signifikant.

HØEDT-RASMUSSEN (1967) führte bei 8 Patienten zwei aufeinanderfolgende Messungen im Abstand von 15 min durch. Die aus der Differenz der ersten und zweiten Messung resultierende Meßungenauigkeit betrug für die Durchblutung der grauen Substanz ± 7%, für die Durchblutung der weißen Substanz ± 11% und für die mittlere Gesamtdurchblutung ± 5%. Keiner der CBF-Mittelwerte aus der zweiten Messung unterschied sich signifikant von dem der ersten Messung.

MW = Mittelwert. 1 = 1. Messung. 2 = 2. Messung. S.D. = Standardabweichung. ▶
* = Standardabweichung der Differenz zwischen MW 1 und MW 2. V = Variationskoeffizient. RR = ort. Mitteldruck.

Tabelle 7. Reproduzierbarkeit der cerebralen Durchblutungswerte bei 2 im Abstand von 15 min aufeinander folgenden Messungen. (T-Test. CBF = ml/100 g/ min. $apCO_2$-Werte korrigiert auf 40 mm Hg.)

Fall Nr.	Hirnsub- stanz- anteile	CBF MW 1	S.D. 1	CBF MW 2	S.D. 2	MW 1 - MW 2	Aktuell $apCO_2/pO_2$		RR	
							1	2	1	2
1	a)	89,50	9,41	98,00	7,78	+8,50				
	b)	11,37	1,50	13,12	2,85	+1,75	42	39	93	97
	c)	30,25	4,33	33,62	5,97	+3,37	110	117		
	d)	23,00	3,20	25,00	4,92	+2,00				
2	a)	103,87	12,80	104,37	16,82	+0,50				
	b)	29,00	2,92	29,87	4,61	+0,87	40	40	107	105
	c)	58,12	7,16	60,37	7,00	+2,25	83	109		
	d)	48,25	5,89	50,37	5,95	+2,12				
3	a)	98,55	9,70	99,88	7,63	+1,33				
	b)	23,22	4,46	19,66	4,63	-3,55	39	37	120	120
	c)	51,33	10,88	47,22	12,27	-4,11	93	103		
	d)	45,00	12,18	42,22	12,84	-2,77				
4	a)	116,50	5,89	117,83	10,43	+1,33				
	b)	22,16	4,02	19,66	3,01	-2,50	40,5	41,5	93	95
	c)	72,50	3,98	69,16	4,49	-3,33	119	111		
	d)	70,16	1,60	68,33	1,36	-1,83				
5	a)	86,50	5,78	76,37	5,20	-10,12				
	b)	17,00	3,85	13,00	3,29	-4,00	38,5	41	106	104
	c)	47,00	10,73	42,25	9,28	-4,75	128	135		
	d)	39,37	10,72	37,12	9,97	-2,25				
6	a)	160,71	9,26	158,14	14,71	-2,57				
	b)	30,28	3,59	32,00	5,83	+1,71	40	39	104	102
	c)	88,42	9,57	87,71	10,62	-0,71	160	155		
	d)	74,85	6,25	76,57	10,08	+1,71				
7	a)	141,12	22,31	135,00	12,45	-6,12				
	b)	18,00	3,50	18,62	3,42	+0,62	44	40,5	90	90
	c)	57,75	13,45	54,50	10,48	-3,25	128	115		
	d)	43,50	11,47	42,50	9,31	-1,00				
8	a)	154,75	24,88	129,62	13,96	-25,12				
	b)	24,12	4,01	26,50	4,40	+2,37	38,5	36	105	108
	c)	69,37	15,95	66,37	13,25	-3,00	111	109		
	d)	60,00	17,66	60,12	15,37	+0,12				
9	a)	114,80	34,73	110,00	28,64	-4,80				
	b)	31,20	11,43	25,80	8,04	-5,40	38	40	93	95
	c)	78,80	19,99	68,20	22,48	-10,60	97	83		
	d)	70,60	23,28	62,40	21.80	-8,20				
10	a)	109,33	12,45	104,00	15,07	-5,33				
	b)	37,00	4,04	38,33	5,00	+1,33	39	38	93	107
	c)	71,83	4,75	70,83	6,88	-1,00	105	106		
	d)	65,00	6,32	64,50	7,76	+0,50				
11	a)	139,00	15,70	139,33	17,37	+0,33				
	b)	43,83	24,94	43,00	25,64	-0,83	37,5	39	110	107
	c)	84,83	14,40	81,00	12,08	-3,83	85	96		
	d)	74,83	15,61	73,00	17,42	-1,83				
Gesamt- mittel- werte	a)	119,51	5,98	116,74	6,42	* V=5,43%				
	b)	26,11	2,15	24,51	1,90	7,51%				
	c)	63,65	3,44	61,93	3,12	4,97%				
	d)	55,87	2,51	54,74	2,12	3,83%				

McHENRY und Mitarb. (1969) berechneten auf Grund von Zweifach-
Messungen mit einem zeitlichen Intervall von 10 min bei 10 Patienten einen Meßfehler von 12,12% für' die Durchblutung der
grauen Substanz, von 13,5% für die der weißen Substanz, von
6,3% für die mittlere Gesamtdurchblutung nach der 2-Funktionen-
Analyse und von 3,6% nach der stochastischen Analyse.

WILKINSON und Mitarb. (1969), die bei Patienten ihres Normalkol-
lektivs im Abstand von 30 min zwei Messungen durchführten, geben
als Meßfehler für die Durchblutung der grauen Substanz 5,3%, für
die Durchblutung der weißen Substanz 5,1% und für die mittlere
Gesamtdurchblutung nach der 2-Funktionen-Analyse 4,6% an.

FIESCHI und Mitarb. (147) geben für die mittlere Gesamthirndurchblutung einen Meßfehler von ± 6,9 ml/100 g/min an. Bezogen
auf einen angenommenen Normalwert von 50 ml entspricht dieser
Wert einem Prozentsatz von 13,8.

Die Meßungenauigkeit bei der intraarteriellen Isotopen-Clearance-
Methode wurde von den Autoren übereinstimmend aus der Standardabweichung der Differenz zweier aufeinanderfolgender Hirndurchblutungsmessungen bestimmt. Als Maß für den Meßfehler dient der
aus der Standardabweichung der Differenz berechnete Variationskoeffizient. Die Prozentwerte für den Meßfehler der eigenen Untersuchungsreihe liegen größenordnungsmäßig im Bereich der bisher
veröffentlichten Meßfehlerberechnungen. Nach diesen liegt der
Meßfehler für die Durchblutung der grauen Substanz zwischen 5,3
und 12,2%, für die Durchblutung der weißen Substanz zwischen 5,1
und 13,6% und für die mittlere Gesamtdurchblutung zwischen 4,6
und 13,8%.

3. Die Berechnung der relativen Gewichte für die graue und weiße Substanz

Die 2-Funktionen-Analyse gestattet über die Bestimmung der Hirndurchblutung hinaus nach den von LASSEN und Mitarb. (373) und
HØEDT-RASMUSSEN und Mitarb. (265, 260) angegebenen mathematischen
Ableitungen die Berechnung der relativen Gewichte für die graue
und weiße Substanz. Das Gewichtsverhältnis der beiden Hirnsubstanzanteile wurde in der eigenen Untersuchungsserie bei 20 Normalpersonen in 10 Hirnarealen (entsprechend den Meßfelddarstellungen in Abb. 5a, Meßareale B - K) r e g i o n a l bestimmt.
Die Ergebnisse sind in der Tabelle 8 wiedergegeben. Die Werte
für das relative Gewicht der grauen Substanz schwanken in den
angegebenen Meßfeldern zwischen 0,44 und 0,55. Die höchsten Werte
finden sich in den Meßarealen, die die Stammganglien erfassen
(Meßfelder G und K). Mit einer Irrtumswahrscheinlichkeit zwischen
0,1 und 5% ist der Wert für das relative Gewicht der grauen Substanz in diesen Meßfeldern signifikant von den relativen Gewichts-
werten der übrigen Meßfelder unterschieden. Die niedrigsten Werte
liegen in den Hirnregionen vor, die durch das Corpus callosum und
die Corona radiata gelegt sind, entsprechend den Meßfeldern F,
H und I. Die Werte dieser Meßfelder unterscheiden sich mit einer
Irrtumswahrscheinlichkeit von 0,1% signifikant von den relativen
Gewichten aller übrigen Meßareale. Die Frontal-, Präzentral-,

Tabelle 8. Vergleich der Mittelwerte der relativen Gewichte für die graue
Substanz bei 2 im Abstand von 15 min aufeinanderfolgenden Messungen pro
Patient in jeweils 10 verschiedenen Regionen. (Einseitiger T-Test. T-Wert
95% = 1,76; 99% = 2,62; 99,9% = 3,79.)

Fall Nr.	Messung	Relatives Gewicht Mittelwert	Mittelwert 1 – Mittelwert 2	Standard- abweichg.	Prüf- größe	F-Test- größe	%
1	1 2	11 13	2,3	4,8 4,3	0,96	1,24	+20,67
2	1 2	28 28	0,1	8,9 10,4	-0,02	1,36	- 0,36
3	1 2	22 25	2,5	5,3 7,0	0,80	1,69	+10,92
4	1 2	76 74	2,2	5,5 6,9	-0,71	1,55	- 2,94
5	1 2	52 46	6,0	5,4 4,7	-2,35*	1,31	-11,45
6	1 2	42 47	4,4	4,2 7,1	1,52	2,84	+10,45
7	1 2	41 30	10,7	12,3 10,6	-1,86	1,34	-25,81
8	1 2	45 43	1,9	7,9 5,9	-0,56	1,78	- 4,37
9	1 2	34 30	4,7	7,0 6,2	-1,40	1,29	-13,46
10	1 2	49 47	1,3	4,7 5,0	-0,55	1,13	- 2,79
11	1 2	45 42	3,3	5,6 3,9	-1,34	2,01	- 7,18
12	1 2	55 52	2,3	6,4 5,5	-0,79	1,33	- 4,33
13	1 2	48 41	6,6	7,0 8,5	-1,70	1,44	-13,75
14	1 2	21 21	0,0	8,8 9,2	0,01	1,07	+ 0,09
15	1 2	38 35	2,9	11,3 10,3	-0,55	1,19	- 7,82
16	1 2	27 32	5,0	10,6 13,6	0,82	1,62	+18,29
17	1 2	38 34	3,8	6,9 7,7	-1,02	1,24	- 9,89
18	1 2	30 28	2,2	4,1 2,7	-1,27	2,30	- 7,24
19	1 2	54 56	1,6	5,8 4,5	0,63	1,69	+ 3,08
20	1 2	50 47	2,5	5,7 4,7	-0,98	1,46	- 5,11

% = Differenz der Mittelwerte in % des 1. Mittelwertes.
* = Irrtumswahrscheinlichkeit 5%.

Zentral-, Parietal- und Occipital-Region lassen in Bezug auf die
Verteilung der relativen Gewichte untereinander Unterschiede
nicht erkennen. Die regionale Verteilung der grauen Substanz in
10 Meßarealen einer Großhirnhemisphäre ist in Abb. 13 dargestellt.
Die deutlich ausgeprägten Unterschiede in der regionalen Verteilung der grauen Substanz konnte anatomisch bestätigt werden.
Postmortal wurden aus der rechten Hemisphäre eines formolfixier-
ten Normalgehirns mit einem Spezialschneidegerät Hirnsubstanz-
zylinder entnommen, die nach Form, Größe und Lage mit den zugehörigen Meßfeldern (Abb. 5a) nahezu identisch sind. Durch sorgfältige präparatorische Trennung und anschließende Gewichtsbestimmung der beiden Hirnsubstanzbestandteile wurde der Anteil
der grauen und weißen Substanz in jedem Meßareal anatomisch ermittelt. Zwischen den aus der regionalen Durchblutung berechneten
und den anatomisch bestimmten relativen Gewichten bestand weitgehende Übereinstimmung.

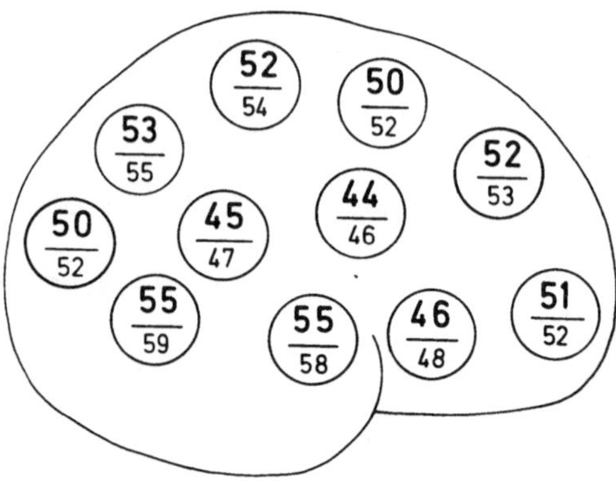

Abb. 13. Die regionale Verteilung
der grauen Substanz in 10 Meßarealen einer Großhirnhemisphäre.
Die Zahlen über dem Bruchstrich
stellen das aus den Durchblutungswerten berechnete relative Gewicht
für die graue Substanz dar. Die
Zahlen unter dem Bruchstrich geben
die anatomisch bestimmten Gewichtsanteile der grauen Substanz in den
jeweiligen Meßfeldern wieder

Die hohe Korrelation zwischen der anatomisch bestimmten und der
aus der Xenon-133-Clearance berechneten regionalen Verteilung der
grauen Substanz in 10 Meßfeldern einer Großhirnhemisphäre kann
als Beweis dafür angesehen werden, daß die aus der schnellen
Komponente der Clearance-Kurve berechneten Durchblutungswerte
mit hoher Wahrscheinlichkeit die Durchblutung der grauen Substanz
wiedergeben.

Um dem aus der schnellen Komponente der Clearance-Kurve bestimmten Wert für das relative Gewicht der grauen Substanz eine anatomische Bedeutung beimessen zu können, muß eine konstante regionale Verteilung der Gewichtsverhältnisse trotz starker Veränderung der Hirndurchblutung gewährleistet sein. Aus diesem
Grunde haben wir bei 20 Patienten das Verhalten der relativen
Gewichte der grauen Substanz bei zwei im Abstand von 15 min
aufeinanderfolgenden Hirndurchblutungsmessungen mit ausgeprägter
Differenz der Durchblutungswerte regional untersucht. Die Ergebnisse sind in Tabelle 8 zusammengefaßt. Aus Tabelle 8 geht hervor, daß trotz extremer regionaler Durchblutungsveränderung das
relative Gewicht für die graue Substanz sich nur geringfügig

ändert. Die Mittelwerte der relativen Gewichte für die graue
Substanz zeigen bei zwei im Abstand von 15 min aufeinanderfolgenden Durchblutungsmessungen mit starker Veränderung der Durchblutungswerte keine statistisch signifikanten Unterschiede
(Tabelle 8). Die Konstanz der Gewichtsverteilung trotz starker
cerebraler Durchblutungsveränderung ist eine weitere Stütze für
die Annahme, daß das relative Gewicht für die graue Substanz
einen anatomischen Parameter erfaßt.

Diskussion

Untersuchungen zur Bestimmung der Gewichtsverteilung von grauer
und weißer Substanz in einer Großhirnhemisphäre wurden nach der
intraarteriellen Isotopen-Clearance von INGVAR und Mitarb. (289),
HØEDT-RASMUSSEN und Mitarb. (260, 265), FIESCHI und Mitarb. (140),
McHENRY und Mitarb. (418) und WILKINSON und Mitarb. (633) durchgeführt. Bis auf INGVAR und Mitarb. und WILKINSON und Mitarb.
beschränkten sich die Autoren auf die Berechnung eines durchschnittlichen Hemisphären-Mittelwertes für den Gewichtsanteil
der grauen Substanz. Dieser beträgt nach den Angaben von McHENRY
und Mitarb. 54,0% und nach denen von FIESCHI und Mitarb. 43,0%.
HØEDT-RASMUSSEN und SKINHØJ (265) ermittelten bei 23 hirnorganisch gesunden Personen für das relative Gewicht der grauen Substanz einen Durchschnittsmittelwert von 48,8%. Durch Wiederholungsmessungen bei 8 Individuen stellten sie eine große Konstanz
der Gewichtsverteilung der Hirnsubstanzanteile in einer Großhirnhemisphäre trotz starker Veränderung der Hirndurchblutung fest.
Dieser Befund konnte durch die eigenen Untersuchungen bestätigt
und für die regionale Verteilung der grauen und weißen Substanz
in 10 Hirnarealen erweitert werden.

HØEDT-RASMUSSEN und SKINHØJ haben als erste auf die klinische
Bedeutung der Gewichtsbestimmung von grauer und weißer Substanz
aus den Hirndurchblutungswerten aufmerksam gemacht. Bei organischen Gehirnerkrankungen (Epilepsien, Arteriosklerose der Hirngefäße, Tumoren, hirnatrophischen Prozessen und Demenzen) fanden
sie das relative Gewicht für die graue Substanz im Vergleich zum
normalen Durchschnittsmittelwert von 48,8% auf Werte zwischen
33 und 43% vermindert.

Der von INGVAR und Mitarb. (289) bei 7 Normalpersonen berechnete
durchschnittliche Mittelwert für das relative Gewicht der grauen
Substanz betrug 49,2%. Von diesen Autoren wurde erstmals eine
örtliche Gewichtsverteilung in 4 mit "temporal", "präzentral",
"zentral" und "postzentral" gekennzeichneten Hirnregionen angegeben, wobei eine genaue Definition dieser Regionen durch Angabe
der Größe, Lage und Form der Meßfelder unterblieb. Die für die
vier angegebenen Regionen ermittelten Gewichtsanteile der grauen
Substanz zeigten mit Werten zwischen 47,3 und 51,9% deutliche
Unterschiede. Eine statistische Auswertung wurde nicht vorgenommen.

WILKINSON und Mitarb. (633) haben als Durchschnittsmittelwert
für das relative Gewicht der grauen Substanz einer Großhirnhemisphäre einen Prozentanteil von 45,5 errechnet. Die von ihnen

vorgenommene postmortale Sektion einer gesunden Großhirnhemisphäre mit Gewichtsbestimmung der präparatorisch getrennten
Hirnsubstanzanteile ergab für die graue Substanz einen Gewichtsanteil von 57%. Die Diskrepanz zwischen dem aus der Hirndurchblutung berechneten und dem anatomisch bestimmten Wert für das
relative Gewicht der grauen Substanz führten die Autoren auf
eine Fehlbestimmung des grauen Gewichtsanteils bei der Hirndurchblutungsmessung zurück. Bei den herkömmlichen Meßanordnungen (S. 26 - 35) wurden die medial gelegenen Anteile der grauen
Substanz einer Großhirnhemisphäre in den Meßfeldern nicht entsprechend ihrem anatomischen Gewichtsanteil erfaßt. Daraus re-
sultierte eine systematische Unterbestimmung des Grau-Wertes.

Durch postmortale Zerlegung einer Großhirnhemisphäre in kleine,
den Meßfeldern annähernd angepaßte Substanzblöcke haben WILKINSON
und Mitarb. ein regionales Verteilungsmuster für die graue und
weiße Substanz einer Großhirnhemisphäre angegeben. Der Vergleich
zwischen der anatomisch bestimmten regionalen Gewichtsverteilung
mit den aus den Durchblutungswerten berechneten relativen Gewichten zeigte für die Werte eine hohe Korrelation. Die Autoren
sahen darin eine Bestätigung für die Annahme, daß die schnelle
Komponente in der cerebralen Clearance mit der Durchblutung der
grauen Substanz und die langsame Komponente mit der Durchblutung
der weißen Substanz gleichgesetzt werden können.

Obwohl die Autoren auf Grund der von ihnen benutzten Meßanordnung genaue Angaben über Größe, Form und Lage ihrer Meßareale
in einer Großhirnhemisphäre nicht mitteilen konnten, entspricht
das von ihnen angegebene regionale Verteilungsmuster für die
relativen Gewichte im Prinzip dem von uns ermittelten Vertei-
lungstyp. In Übereinstimmung mit unseren Untersuchungsergebnissen
fanden sie die höchsten Werte für das relative Gewicht der grauen
Substanz in der Insel- und Temporal-Region und die niedrigsten
in den Meßfeldern, die das Corpus callosum und die Corona radiata
erfaßten.

4. Das Verhalten der Hirndurchblutung in Abhängigkeit vom arteriellen pCO_2

Untersuchungen über die Reaktionsfähigkeit der Gehirngefäße auf
Veränderungen des CO_2-Druckes im arteriellen Blut wurden bei
10 Patienten unseres Normalkollektives durchgeführt. Nach Einleitung der Narkose in der von uns beschriebenen Form (Kapitel
Methodik, B, S. 15) wurde über einen Zeitraum von 15 min das Ab-
klingen der Einwirkung von Propanidid auf die cerebrale Durchblutung und das Eintreten konstanter Untersuchungsbedingungen abge-
wartet. Die erste CBF-Messung erfolgte bei arteriellen CO_2-Drucken
zwischen 38 und 58 mm Hg. 10 min nach Beendigung der ersten Messung nahmen wir unter gleichen Untersuchungsbedingungen die zweite
CBF-Messung vor, wobei durch passive Hyperventilation der arterielle CO_2-Druck auf Werte zwischen 34 und 24 mm Hg gesenkt
wurde. Die Untersuchungsergebnisse sind in Tabelle 9 und in den
Abb. 14 a-c dargestellt. Eine Senkung des arteriellen CO_2-Druckes
von 46,3 auf 28,6 mm Hg bewirkt eine Abnahme der Durchblutung in
der grauen Substanz um 58,3%, in der weißen Substanz um 42,7%

und für die mittlere Gesamtdurchblutung des Gehirns um 62,3%
(2-Funktionen-Analyse) bzw. 61,2% (stochastische Analyse). In
Abb. 14 a-c sind die beobachteten Werte für die Durchblutung der
grauen Substanz, der weißen Substanz und der mittleren Gesamthirndurchblutung zum $apCO_2$-Wert in Beziehung gesetzt. Über einen
$apCO_2$-Bereich von 24 bis 56 mm Hg besteht zwischen der Hirndurchblutung und dem arteriellen CO_2-Druck ein lineares Verhältnis,
das durch die Gleichungen

$$CBF_{grau} = 4,31 \times apCO_2 - 81,40$$

$$CBF_{weiß} = 0,65 \times apCO_2 - 4,28$$

$$CBF_{stoch.} = 1,63 \times apCO_2 - 17,10$$

bestimmt wird. Die Linearität dieser Beziehungen ist statistisch
signifikant ($p < 0,01$). Entsprechend der unterschiedlichen Veränderung der Durchblutung sind die Steigungen der Geraden für
das Verhältnis $apCO_2 - CBF_{grau}$ (Abb. 14b) und der für das Verhältnis $apCO_2 - CBF_{weiß}$ (Abb. 14c) verschieden.

Diskussion

Quantitative Untersuchungen über das Verhalten der Hirndurchblutung in Abhängigkeit vom arteriellen pCO_2 wurden beim Menschen
im Wachzustand (77, 329, 331, 417, 474, 628) und unter verschiedenen Narkosebedingungen (23, 24, 417, 489, 640) durchgeführt.
Nach den Untersuchungen von KETY und SCHMIDT (329, 331), WASSER-
MANN und Mitarb. (628) und CANNON und Mitarb. (77) besteht für
das Verhältnis von arteriellem CO_2-Druck und Hirndurchblutung
bei Normalpersonen im Wachzustand eine logarithmische Beziehung,
wobei mit abnehmendem $apCO_2$ eine zunehmende Verringerung der
Durchblutungsabnahme verbunden ist.

ALEXANDER und Mitarb. (23, 24), die die Hirndurchblutung mit der
Krypton-85-Inhalationsmethode nach LASSEN und MUNCK bei gesunden
Personen bestimmten, fanden in Halothan-Narkose (1,2 Vol%) bei
passiver Hyperventilation im Bereich von 20 - 55 mm Hg ein lineares Verhältnis von $apCO_2$ und CBF. In ihren Untersuchungen vari-
ierte der arterielle CO_2-Druck zwischen 19 und 56 mm Hg und die
CBF-Werte zwischen 16 und 77 ml/100 g/min. Die Linearität für
die Beziehung zwischen $apCO_2$ und CBF in Halothan-Narkose sowie
der Steigungsgrad der diese Beziehung darstellenden Geraden stimmen mit den Ergebnissen der eigenen Untersuchungsserie in engen
Grenzen überein (Abb. 14a).

McHENRY und Mitarb. (417) haben den Einfluß des $apCO_2$ auf den
Hirnkreislauf bei Normalpersonen sowohl im Wachzustand als auch
in Thiopental-induzierter N_2O-Halothan-Narkose mit der Krypton-85-
Inhalationsmethode untersucht. Bei Senkung des arteriellen CO_2-
Druckes von 44,3 auf 26,6 mm Hg fielen die Durchschnitts-Gesamt-
mittelwerte der cerebralen Durchblutung im Wachzustand von 53,3
auf 38,1 ml/100 g/min ab, entsprechend einer prozentualen Verringerung um 28,5. In Narkose war während der Hyperventilation eine

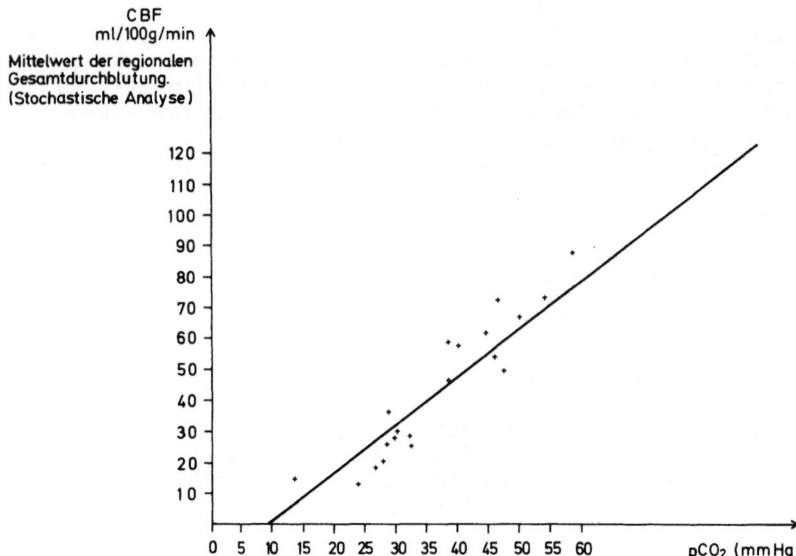

Abb. 14a. Die Hirndurchblutung als Funktion des arteriellen pCO_2 in N_2O-Halothan-Narkose

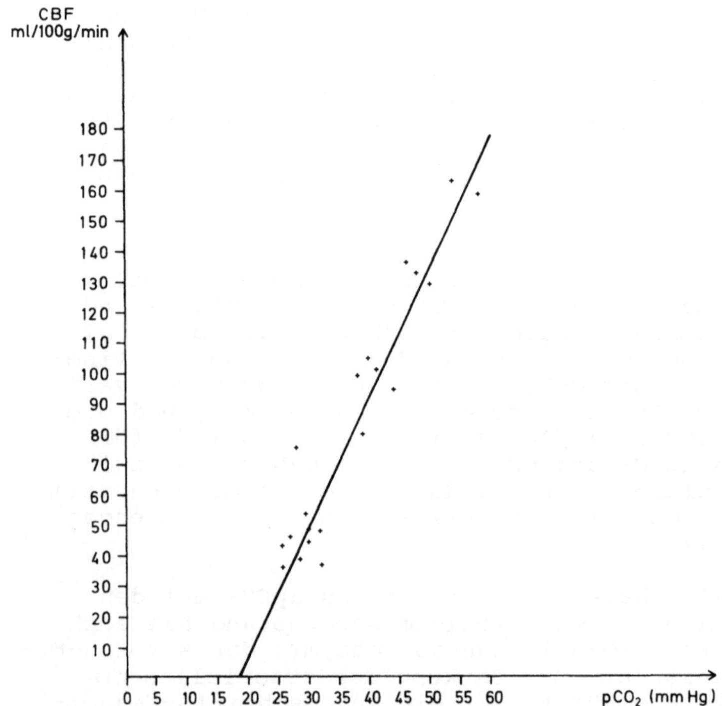

Abb. 14b. Die Durchblutung der grauen Gehirnsubstanz als Funktion des arteriellen pCO_2 in N_2O-Halothan-Narkose

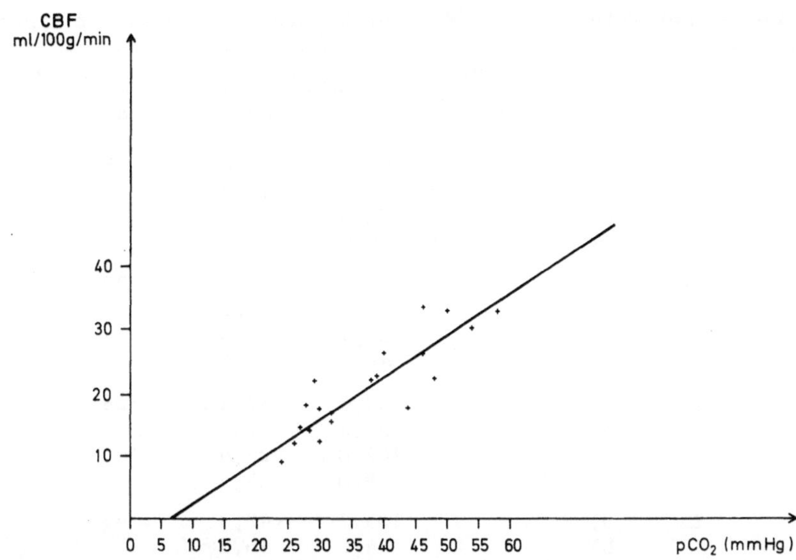

Abb. 14c. Die Durchblutung der weißen Gehirnsubstanz als Funktion des arteriellen pCO_2 in N_2O-Halothan-Narkose

wesentlich stärkere Abnahme der Hirndurchblutung zu beobachten. Bei Senkung des $apCO_2$ von 47,4 auf 22,7 mm Hg sank die Hirndurchblutung von 87,5 auf 40,8 ml/100 g/min, entsprechend einer Abnahme um 53,4%. Trotz der starken Reduktion des CBF in der Hypokapnie war der cerebrale Sauerstoffverbrauch im Vergleich zur Normokapnie weder im Wachzustand noch in Narkose verändert. Dieser Befund entspricht den Untersuchungsergebnissen von KETY und SCHMIDT (331), WASSERMANN und Mitarb. (628) und PATTERSON und Mitarb. (474) über den O_2-Verbrauch bei der durch Hyperventilation induzierten Hypokapnie von Normalpersonen im Wachzustand.

Die Untersuchungsergebnisse von McHENRY und Mitarb. stimmen in Bezug auf den cerebralen O_2-Verbrauch bei Hyperventilation in Narkose mit den Angaben von PIERCE und Mitarb. (482) und WOLLMAN und Mitarb. (640) überein. PIERCE und Mitarb. konnten bei gesunden Personen in tiefer Barbiturat-Narkose die Aufrechterhaltung der CO_2-Ansprechbarkeit der cerebralen Gefäße in einem $apCO_2$-Bereich von 17,5 - 43,8 mm Hg nachweisen. Das durch Hyperventilation erzielte Ausmaß der Hirndurchblutungssenkung war in Barbiturat-Narkose niedriger als in Halothan-Narkose. Dieser Unterschied ist auf die deutlich niedrigeren CBF-Ausgangswerte in tiefer Barbiturat-Narkose zurückzuführen. Über die genauen Beziehungen zwischen CBF und $apCO_2$ in Barbiturat-Narkose liegen Untersuchungen beim Menschen nicht vor. Tierexperimentell konnten REIVICH und Mitarb. (509) in leichter Pentobarbital-Anästhesie eine schwellenlose Abhängigkeit des CBF vom $apCO_2$ in einem Bereich von 5 - 418 mm Hg nachweisen. Bei arteriellen CO_2-Werten zwischen 15 und 60 mm Hg lag eine annähernd lineare Beziehung in der sonst ungleichmäßig sigmoid geformten Kurve vor. Auch die von NOELL und

Tabelle 9. Das Verhalten der Hirndurchblutung bei passiver Hyperventilation

Fall Nr.	Alter	Hirnsubstanz-anteile	CBF		$apCO_2$	
			A	HV	A	HV
1	26	a)	109,7	75,4	38	28
		b)	21,9	17,8		
		c)	65,8	42,3		
		d)	59,0	36,4		
2	21	a)	78,0	44,5	39	30
		b)	22,2	17,7		
		c)	52,1	30,0		
		d)	46,5	27,6		
3	42	a)	159,0	37,8	58	32
		b)	32,8	17,5		
		c)	107,0	26,6		
		d)	89,0	25,5		
4	25	a)	135,7	48,8	46	32
		b)	34,0	16,5		
		c)	84,2	28,4		
		d)	73,0	27,6		
5	56	a)	100,6	36,7	46	26
		b)	26,1	11,6		
		c)	60,7	16,0		
		d)	54,8	14,3		
6	41	a)	104,0	54,8	40	29
		b)	26,8	22,0		
		c)	64,6	33,2		
		d)	57,4	26,6		
7	65	a)	92,5	48,0	44	30
		b)	18,7	11,1		
		c)	66,0	32,0		
		d)	62,1	29,3		
8	54	a)	163,8	46,0	54	27
		b)	30,0	13,5		
		c)	83,5	21,0		
		d)	74,1	19,0		
9	63	a)	128,7	38,3	50	28
		b)	33,7	13,3		
		c)	78,0	22,3		
		d)	69,0	20,7		
10	32	a)	132,3	44,1	48	24
		b)	21,1	8,5		
		c)	62,5	13,8		
		d)	49,4	12,5		
Gesamt-mittel-werte	42,5	a)	120,3	47,4	46,3	28,6
		b)	26,9	14,9		
		c)	72,4	26,6		
		d)	63,4	23,9		

CBF = Hirndurchblutung (ml/100 g/min). Mittelwert aus jeweils 10 regionalen
RR = Blutdruck. a) Graue Substanz. b) = Weiße Substanz. c) 2-Funktionen-Analyse.

in N_2O-Halothan-Narkose

| apO$_2$ | | RR | | Abnahme des CBF in % |
A	HV	A syst./diast.	HV syst./diast.	
117	110	150/90	140/90	31,3
				18,7
				37,3
				38,3
141	143	120/70	120/70	43,3
				20,3
				42,4
				40,7
116	126	130/80	130/80	76,3
				46,7
				75,2
				71,4
92	86	110/70	105/70	64,1
				51,5
				66,3
				62,2
130	138	130/90	140/90	63,5
				55,6
				73,7
				74,0
131	114	150/90	140/90	47,4
				18,0
				48,6
				53,7
135	98	160/90	150/90	48,2
				40,7
				51,6
				52,8
114	109	160/90	160/90	71,8
				55,0
				74,9
				74,3
115	108	160/100	145/95	70,3
				60,6
				71,5
				70,0
162	158	120/80	125/80	66,7
				59,8
				81,9
				74,7
		135/85	135,5/84,5	58,3
				42,7
				62,3
				61,2

Einzelwerten pro Patient. A = Ausgangswert. HV = Hyperventilation.
d) = Stochastische Analyse.

SCHNEIDER (446) aus der arteriovenösen Sauerstoffdifferenz ermittelten Werte zeigten im Bereich von 15 - 60 mm Hg für das Verhältnis von $apCO_2$ und CBF eine sehr ähnliche, nahezu lineare Beziehung.

WILKINSON und BROWNE (635) fanden in Neuroleptanalgesie (Droperidol, Phenoperidine) nach Einleitung der Narkose mit Methohexitalnatrium und Fortführung derselben mit N_2O-Sauerstoff (2:1) unter Hyperventilation eine Abnahme der Durchblutung in der grauen Substanz um 41% und in der weißen Substanz um 28%, wenn der arterielle CO_2-Druck von 45 auf 29 mm Hg gesenkt wurde.

Über die gegenseitige Beeinflussung von arteriellem Kohlensäuredruck und Blutdruck bei der Regulation der Hirndurchblutung haben HARPER und Mitarb. (235) tierexperimentelle und CHRISTENSEN und Mitarb. (83) klinisch experimentelle Untersuchungen durchgeführt. HARPER fand bei normotonen Tieren in Thiopental-induzierter N_2O-O_2-Narkose eine normale Ansprechbarkeit der Hirngefäße auf Veränderungen des arteriellen CO_2-Druckes. Bei Tieren mit erniedrigtem Blutdruck war jedoch die cerebrale Gefäßansprechbarkeit auf CO_2 reduziert oder aufgehoben. Unter normokapnischen Bedingungen war die Autoregulation der Hirndurchblutung für Veränderungen des arteriellen Mitteldrucks in einem Bereich von 80 - 155 mm Hg erhalten. Im hyperkapnischen Zustand jedoch war die Autoregulation aufgehoben. Die Hirndurchblutung folgte passiv den Blutdruckänderungen.

CHRISTENSEN und Mitarb. (83) konnten in Halothan-Narkose (1,0 Vol%) bei 10 normotonen gesunden Individuen unter normokapnischen Bedingungen eine Zunahme der Hirndurchblutung um 27% im Vergleich zu den Durchblutungswerten im Wachzustand ermitteln. WOLLMAN und Mitarb. (638) fanden dagegen bei 6 normokapnischen Normalpersonen in Halothan-Narkose nur eine Zunahme um 14%. Diese Differenz ist auf das unterschiedliche Verhalten des Blutdruckes in den beiden Untersuchungsreihen zurückzuführen.

Gestützt wird diese Annahme durch die Beobachtungen von CHRISTENSEN und Mitarb. (83), die bei einem Blutdruckabfall in normokapnischer Halothan-Narkose eine Zunahme der Hirndurchblutung nur noch um 18% feststellten.

Die im Vergleich zu CHRISTENSEN und Mitarb. und WOLLMAN und Mitarb. von McHENRY und Mitarb. (417), ALEXANDER und Mitarb. (23, 24) und uns ermittelte stärkere Zunahme der Hirndurchblutung in Halothan-Narkose um 50 - 60% ist auf die beträchtliche Hyperkapnie mit durchschnittlichen $apCO_2$-Werten zwischen 46 und 48 mm Hg zurückzuführen. Bei Korrektur der Hyperkapnie nach der von REIVICH (509) angegebenen Beziehung (Zunahme des CBF um 3% pro mm Hg bei einem $paCO_2$-Anstieg oberhalb 40 mm Hg) stehen die Untersuchungsergebnisse über den Einfluß des $apCO_2$ auf die Hirndurchblutung in Halothan-Narkose von McHENRY, ALEXANDER und Mitarb., CHRISTENSEN und Mitarb., WOLLMAN und Mitarb. und die eigenen Untersuchungsergebnisse in guter Übereinstimmung.

Die Untersuchungen von CHRISTENSEN und Mitarb. über die Veränderung der Hirndurchblutung in Halothan-Narkose bei normotensiven, hyperkapnischen Patienten ergaben eine Zunahme der cerebralen

Durchblutung um 92% bei einem Anstieg des $apCO_2$ von 40 auf 63 mm
Hg. Entsprechende Untersuchungen bei normotensiven, hypokapnischen
Patienten wurden von den Autoren nicht durchgeführt. Bei hypotonen
normokapnischen Individuen war eine Abnahme des Blutdrucks um 46%
von einer Hirndurchblutungssenkung um 18% begleitet.

Zusammenfassend besteht nach den klinisch-experimentellen Untersuchungsergebnissen von ALEXANDER, WOLLMAN. CHRISTENSEN, McHENRY
und den eigenen Befunden für die Beziehung $apCO_2$ - CBF in N_2O-
Halothan-Narkose bei normotonen Blutdruckwerten ein lineares Verhältnis in einem arteriellen CO_2-Bereich von 20 - 60 mm Hg. Nach
CHRISTENSEN und Mitarb. (83) ist die lineare Beziehung zwischen
$apCO_2$ - CBF bei erniedrigten Blutdruckwerten nicht mehr uneingeschränkt gültig. Für die Kombinationen von Hypotonie mit Normo-,
Hypo- und Hyperkapnie ergaben sich zu dem unter normalen Blutdruck-
verhältnissen ermittelten Gesetzmäßigkeiten für das Verhältnis
CBF - $apCO_2$ deutliche Abweichungen. Systematische Untersuchungen
über die gegenseitige Beeinflussung von Hirndurchblutung und arteriellem Kohlensäuredruck in Halothan-Narkose bei erniedrigten
oder erhöhten Blutdruckwerten liegen bis jetzt nicht vor.

B. Der Einfluß der cerebralen Angiographie auf die regionale Hirndurchblutung

Da bei unserem Meßplatz die Möglichkeit einer unmittelbaren Verbindung von Hirndurchblutungsmessung und cerebraler Angiographie
gegeben ist, war die Kenntnis des Einflusses von Röntgenkontrast-
mitteln auf die regionale Hirndurchblutung und Kreislauffunktion
des Menschen erforderlich. Bei 33 kreislauf- und hirnorganisch
gesunden Patienten im Alter von 25 - 48 Jahren haben wir die
Veränderung der regionalen Hirndurchblutung nach Injektion von
Methylglucamin-Diatrizoat (Angiografin, Urografin 76%) bei der
Carotisserienangiographie in der von uns angewandten Form (Kapitel Methodik, S. 7) untersucht. Dabei fand sich nach Angiografin
bei Beginn der Durchblutungsmessung im zeitlichen Abstand von
1 - 3 min nach erfolgter Injektion des Kontrastmittels eine Zunahme des rCBF um 15,7% bzw. 7,8%. Urografin 76% rief bei Meßbeginn im zeitlichen Abstand von 3 min nach erfolgter Injektion
des Kontrastmittels einen rCBF-Anstieg von 23% hervor. Bei Meßbeginn im zeitlichen Abstand von 5 und 8 min nach der Injektion
war eine signifikante Differenz von der Ausgangslage nicht mehr
erkennbar. Veränderungen der Kreislaufparameter (Blutdruck, Pulsfrequenz) während der Angiographie wurden nicht beobachtet. Die
Untersuchungsergebnisse sind an anderer Stelle ausführlich beschrieben und diskutiert (246).

C. Das Verhalten der Hirndurchblutung unter dem Einfluß intra-venös applizierbarer Narkosemittel

Die quantitative Bestimmung der regionalen Hirndurchblutung in
Allgemeinnarkose besitzt, wie in Kapitel Ergebnisse, A., S. 50
- 54 ausführlich dargelegt, gegenüber der Untersuchung im Wachzustand Vorzüge. Voraussetzung für die CBF-Messungen in Allge-

meinanästhesie ist jedoch die Kenntnis der hirndurchblutungsver-
ändernden Wirkung der verschiedenen angewandten Narkosemittel.

Nur wenige Untersuchungen liegen über das Verhalten der Gehirndurchblutung beim Menschen unter dem Einfluß intravenös applizierbarer Narkotica vor. Abgesehen vom Thiopental, dessen Einwirkung auf den Hirnkreislauf mit der Stickoxydul-Methode wiederholt
bestimmt wurde (45, 112, 335, 361, 489, 585, 625), sind Untersuchungen über die Veränderung der cerebralen Durchblutung nach
Applikation von Propanidid, Methohexital und Ketamine beim Menschen bisher, mit einer Ausnahme (634), nicht durchgeführt worden.
Veröffentlichungen über entsprechende Untersuchungen mit der
intraarteriellen Isotopen-Clearance liegen über keines der genannten Narkotica vor.

Das Verhalten der Hirndurchblutung unter dem Einfluß von Thiopental-Natrium, Methohexital-Natrium, Propanidid und Ketamine
wurde von uns bei insgesamt 104 kreislauf- und hirnorganisch
gesunden Patienten im Alter zwischen 18 und 58 Jahren in oberflächlicher Stickoxydul-Halothan-Analgesie untersucht. Die in
N_2O/O_2-Halothan-Narkose ermittelten Normalwerte der örtlichen
Hirndurchblutung liegen um 15% über den entsprechenden Werten
im Wachzustand. Die Autoregulation und CO_2-Ansprechbarkeit der
Hirngefäße war in der geschilderten Basisnarkose erhalten. Die
einmalige intravenöse Injektion von Thiopental-Natrium (4 mg/kg),
Methohexital-Natrium (1 mg/kg), Propanidid (5 mg/kg) und Ketamine
(2 mg/kg) hat eine nach Schweregrad und Dauer unterschiedliche
Senkung der Hirndurchblutung zur Folge. Die durchschnittliche
Abnahme der cerebralen Durchblutung unter Thiopental-Natrium
beträgt beim Meßbeginn im zeitlichen Abstand von 30 sec, 5 min
und 10 min nach beendeter i.v. Injektion gleichbleibend annähernd
45%. Unter Methohexital-Natrium und Propanidid ist eine rasche
Abnahme des hirndurchblutungssenkenden Effektes von nahezu 45%
beim Meßbeginn im zeitlichen Abstand von 30 sec nach beendeter
i.v. Injektion über ungefähr 25% bei Meßbeginn nach 5 min und
0% bei Meßbeginn nach 10 min zu verzeichnen. Die geringste hirndurchblutungssenkende Wirkung besitzt Ketamine. Sie beträgt bei
Meßbeginn im zeitlichen Abstand von 30 sec nach beendeter i.v.
Injektion 28%, bei 5 min noch 15% und bei 10 min 0%. Die Untersuchungsergebnisse sind ausführlich an anderer Stelle dargestellt
und diskutiert (245, 250, 251).

D. Das Verhalten der Hirndurchblutung bei den cerebrovasculären Erkrankungen

I. Die Verschlußkrankheiten der Arteria carotis interna

Untersuchungen über das Verhalten der regionalen Hirndurchblutung
bei den Verschlußkrankheiten der A. carotis interna haben wir
bei 56 Patienten durchgeführt. Ursächlich lagen der Gefäßerkrankung zugrunde: Eine Stenose (n = 21), ein "Kinking" (n = 18),
ein einseitiger Verschluß (n = 11) sowie die Kombination von
einem Verschluß auf der einen mit einer Stenose auf der Gegenseite (n = 9).

Abweichend von dem in Kapitel Methodik, S. 15 - 18, beschriebenen Untersuchungsgang war bei diesen Patienten eine zweimalige
Punktion der Halsschlagader notwendig. Zur Erfassung des häufig
an der Carotisgabelung befindlichen Gefäßprozesses erfolgte die
angiographische Darstellung der extra- und intrakraniellen Hirngefäße über eine Punktion der A. carotis communis. Die Kopfein-
stellung des Patienten bei der Angiographie wurde entsprechend
den Erfordernissen der CBF-Messung vorgenommen. Die Darstellung
der Meßfelder auf dem seitlichen Communis-Angiogramm erübrigte
eine zweite Angiographie nach der Durchblutungsmessung. Für die
Injektion des Isotops bei der anschließenden Hirndurchblutungsmessung wurde bei unveränderter Kopfstellung des Patienten die
A. carotis interna hoch oberhalb der Carotisbifurkation punktiert.
Die einwandfreie Lage der Punktionsnadel in der inneren Halsschlagader haben wir nach Abschluß der Durchblutungsmessung
durch Kontrastmittelinjektion röntgenologisch überprüft.

Die in den nachfolgenden Kapiteln bei den Fallbeschreibungen
gezeigten Abbildungen stammen aus den über die A. carotis communis gewonnenen Angiographieserien. Sie veranschaulichen die
Gefäßerkrankung der Halsschlagader und das seitliche Hirngefäßbild mit den Meßfeldern der örtlichen Hirndurchblutung, in welche die Werte für die mittlere regionale Gesamtdurchblutung
(stochastische Analyse) eingetragen sind.

Die Auswertung der Untersuchungsergebnisse erfolgte nach verschiedenen Gesichtspunkten:

1. In den einzelnen Untersuchungsreihen (Carotisstenose, "Kinking", Carotisverschluß etc.) haben wir für jeden Patienten
   einen Vergleich der aus jeweils 10 Regionen berechneten
   Durchschnittsmittelwerte für die Durchblutung der grauen und
   weißen Substanz sowie für die Gesamtsubstanzdurchblutung mit
   den entsprechenden Durchschnittsmittelwerten eines N o r -
   m a l k o l l e k t i v s [3] durchgeführt.

2. Das Verhalten der Hirndurchblutung wurde darüber hinaus
   r e g i o n a l in 10 Meßarealen einer Großhirnhemisphäre
   für das jeweilige Patientenkollektiv im Vergleich zu den
   entsprechenden regionalen Durchblutungswerten eines Normal-
   kollektivs untersucht.

3. Bei den Patientenkollektiven mit gefäßchirurgischer Behandlung
   wurden außerdem prä-/postoperative Vergleichsuntersuchungen
   vorgenommen und die globale und regionale Veränderung des CBF
   sowohl intraindividuell als auch für das Gesamtkollektiv ermittelt.

---

[3]Für die Auswertung der Untersuchungsreihen mit cerebrovasculären Erkrankungen konnten die in Tabelle 4 und 5 angegebenen Normalwerte nicht benutzt
werden, da bei diesen Serien anfänglich ein anderes EDV-Programm eingesetzt
war, das systematisch höhere CBF-Werte lieferte. Um der Einheitlichkeit der
Auswertung willen wurde dieses Programm für die gesamte Untersuchungsserie
beibehalten. Die in Tabelle 11 und 12, 16 und 17, 20a und b, 23a und b und
29 benutzten Normalwerte können durch einfache Umrechnung mit den Faktoren
0,75 für die weiße Substanz und 0,833 für die graue Substanz und die Gehirngesamtsubstanz auf die in Tabelle 4 und 5 angegebenen Werte zurückgeführt
werden.

4. Zur Veranschaulichung der erheblichen interindividuellen Unterschiede in der globalen und/oder regionalen Beeinträchtigung der Hirndurchblutung bei den Verschlußkrankheiten der A. carotis interna haben wir aus jeder Untersuchungsserie 2 - 3 Einzeldarstellungen ausgewählt. Auf eine tabellarische Aufstellung der r e g i o n a l e n D u r c h b l u t u n g s ä n d e r u n g e n wurde bei den einzelnen Untersuchungsserien aus Gründen der Übersichtlichkeit verzichtet. Besser als jede Tabelle sind die Fallbeschreibungen geeignet, einen Eindruck von der Variabilität der Durchblutungsänderungen zu vermitteln.

1. Carotisstenose

Untersuchungen über den Einfluß einer Carotisstenose auf die Gehirndurchblutung haben wir bei 21 Patienten beiderlei Geschlechts im Alter zwischen 38 und 66 Jahren durchgeführt. Die klinischen Daten dieser Untersuchungsserie sind in Tabelle 10 zusammengestellt. Das durchschnittliche Lebensalter des Patientenkollektivs betrug 53,7 Jahre. Bei allen Patienten waren auf der Seite der Gefäßstenose ein- oder mehrmals cerebrale Ischämien aufgetreten, die neurologische Ausfallserscheinungen hinterlassen hatten. Zum Zeitpunkt der Hirndurchblutungsmessung war das Ausmaß des neurologischen Defizits gering. Keiner der Patienten war bettlägerig oder pflegebedürftig. Hirnwerkzeugstörungen stärkerer Ausprägung bestanden nicht. Intellektuelle oder hirnorganisch bedingte psychische Störungen lagen nicht vor.

Die morphologische Abklärung der cerebralen Gefäßverhältnisse erfolgte über eine beidseitige Carotisangiographie und über eine mindestens einseitige, in 10 von 21 Fällen auch doppelseitige Vertebralisangiographie. Außerdem wurden folgende Zusatzuntersuchungen vorgenommen: EEG, PEG, Hirnszintigramm und Liquoruntersuchungen. Die Patienten wurden darüber hinaus auch einer fachinternistischen Untersuchung unterzogen. Bei allen wurde ein EKG angefertigt, Röntgenuntersuchungen der Thoraxorgane und ausführliche Laboruntersuchungen wurden durchgeführt.

An Laborwerten wurden im einzelnen bestimmt: BSG, rotes und weißes Blutbild einschließlich Ausstrich, Gerinnungsstatus, Blutzucker, Leberstatus (Bilirubin, SGOT, SGPT, Serumelektrophorese), Serummineralien (Na, K, Ca, Chlorid), Serumcholesterin und Gesamtlipide, Urinstatus (Eiweiß, Zucker, Sediment) sowie Harnstoff und Kreatinin im Serum.

Bei den Patienten der Untersuchungsreihe mit der Carotisstenose lagen folgende internistische Begleiterkrankungen vor: Ein Bluthochdruck (n = 11), pathologische EKG-Veränderungen (n = 13), ein Diabetes mellitus (n = 5) sowie Serumcholesterin- und Gesamtlipiderhöhungen (n = 7). Klinisch manifeste Zeichen einer Herzinsuffizienz und ein dekompensierter Hypertonus fanden sich je in 2 Fällen.

Die Hirndurchblutungsmessungen erfolgten im zeitlichen Abstand von 8 - 63 Tagen nach dem Einsetzen der für die letzte cerebrale Ischämie maßgeblichen klinischen Symptomatik. Das durchschnittliche Zeitintervall betrug 28,0 Tage.

Die Ergebnisse der Hirndurchblutungsmessungen sind in den Tabellen 11 - 13 wiedergegeben.

In Tabelle 11 ist die aus jeweils 10 Regionen p r o   P a -
t i e n t ermittelte durchschnittliche Abnahme der cerebralen
Durchblutung in der grauen Substanz = a), in der weißen Substanz
= b) und in der Gehirngesamtsubstanz = c) und d) bei 12 Fällen
mit einer Carotisstenose wiedergegeben. Der Tabelle ist zu entnehmen, daß die prozentuale Abnahme der Durchblutung in allen
Hirnsubstanzanteilen nahezu gleichmäßig erfolgte. Sie betrug bei
5 Patienten (Fall-Nr. 1, 6, 9, 10 und 12) zwischen 45 und 65%,
bei 4 Patienten (Fall-Nr. 2, 4, 8 und 11) zwischen 25 und 40%
und bei 3 Patienten (Fall-Nr. 3, 5 und 7) weniger als 15%. Die
in Klammern angegebene Fall-Nr. ist mit der Numerierung in Tabelle 11 identisch. Die Senkung der Durchblutung erreichte, abgesehen von den 3 Patienten mit der geringsten Durchblutungsabnahme, in allen anderen Fällen mit einer Irrtumswahrscheinlichkeit von 0,1 - 1% statistische Signifikanz.

Die Tabelle 12 gibt von demselben Patientenkollektiv die durchschnittliche Abnahme des CBF in 8 R e g i o n e n wieder.
Aus der Tabelle geht hervor, daß die Abnahme der cerebralen
Durchblutung in allen Regionen und für alle Hirnsubstanzanteile,
von Einzelwertabweichungen abgesehen, durchschnittlich zwischen
30 und 45% betrug. Die Senkung der Hirndurchblutung erreichte
mit einer Irrtumswahrscheinlichkeit von 0,1 - 1% in allen Regionen statistische Signifikanz. Die erheblichen interindividuellen
Unterschiede dieser Patientengruppe treten beim kollektiven regionalen Vergleich der Durchblutungswerte nicht mehr hervor.
Die in der Frontal- und Temporo-Occipital-Region im Vergleich
zu den übrigen Hirnregionen durchschnittlich um 15 - 20% gerin-
geren CBF-Abnahmen könnten auf eine weniger starke Beeinträchtigung der Hirndurchblutung im Versorgungsgebiet der A. cerebri
anterior und posterior hinweisen. Die interregionären Unterschiede
sind in dieser Untersuchungsreihe jedoch statistisch nicht gesichert.

Tabelle 13 gibt die Veränderung der Hirndurchblutung bei 9 Patienten nach der Operation[4] einer Carotisstenose wieder. Die postoperative Reangiographie und Kontrolldurchblutungsmessung wurde
im zeitlichen Abstand von 14 - 38 Tagen (durchschnittliches Zeitintervall: 24,7 Tage) nach der Gefäßoperation vorgenommen. In
Tabelle 13 wurden die pro Patient aus jeweils 8 Regionen bestimmten prä- und postoperativen Durchschnittsmittelwerte der cerebralen Durchblutung für die graue Substanz = a), die weiße Substanz
= b) und die Gehirngesamtsubstanz = c) und d) miteinander verglichen. Die prozentuale Zunahme erfolgte, bezogen auf den einzelnen Patienten, in allen Hirnsubstanzanteilen gleichmäßig. Sie
betrug bei einem Patienten (Fall-Nr. 13) mehr als 100%, bei 4
Patienten (Fall-Nr. 16, 18, 19 und 20) 50 - 65%, bei 2 Patienten
(Fall-Nr. 17 und 21) 15 - 25% und in 2 Fällen (Fall-Nr. 14 und 15)
weniger als 15%. Bei keinem Patienten wurde postoperativ eine
Verschlechterung der cerebralen Durchblutung beobachtet.

Über die durchschnittliche postoperative Zunahme des CBF in 8
R e g i o n e n gibt bei demselben Patientenkollektiv die Tabelle 14 Aufschluß. Ihr ist zu entnehmen, daß die Zunahme der

---

[4] Die gefäßchirurgischen Operationen wurden von Herrn Prof. Dr. E. UNGEHEUER,
Direktor der Chirurgischen Klinik am Akademischen Krankenhaus Nordwest,
Frankfurt/Main und Mitarb. ausgeführt, denen für die gute interdisziplinäre
Zusammenarbeit an dieser Stelle gedankt sei.

Tabelle 10. Klinische Daten und Untersuchungsergebnisse des Patientenkollek-

Fall-Nr. Alter m/w	Neurologische Symptomatik	Angiographischer Befund	Zeitinterv. zw.klin. Symptomatik u.rCBF-Messg.
1 60 Jahre m	Seit 3 J. rezidivierende Schwindelanfälle. 6 Wochen vor Klinikaufnahme Bewußt-losigkeit mit Hinstürzen. Neurolog. Befund: Hypästhe-sie li. Gesichtshälfte, Cornealreflex li. abge-schwächt. Leichte Hemipa-rese re.	Carotisstenose li. am Abgang der A. carot. communis mit einer Gefäß-lumeneinengung um 70%. Hypoplasie der re. A. vertebr. Carotisangio-gramm re. = o.B.	16 Tage
2 62 Jahre m	Im Alter von 61 J. akute Hemiparese li. mit nur un-vollständiger Rückbildung. Seither 3mal Verschlecht. der Halbseitenschwäche. Neurolog. Befund: Armbetonte li.-seit. spast. Hemiparese. Hypästhesie der li. Gesichts-hälfte	Sanduhrstenose der A. carot. int. re. im Syphonabschnitt mit einer Gefäßlumeneinen-gung um 70%. Carotis-angiogramm li. = o.B. Vertebralis li. = o.B.	60 Tage
3 38 Jahre m	Akute Hemiparese li. 6 Wo. zuvor mehrfach rezidivier. Schwindel- u. Schwächezu-stände der li. Körperseite. Neurolog. Befund: Brachio-cephal betonte spast. Hemi-parese li. Unvollständige homonyme Hemianopsie nach li.	Stenose der A. carot. int. re. im dorsalen Syphonschenkel mit einer Gefäßlumeneinengung um 60%. Carotisangiogramm = o.B. Vertebralis = o.B.	42 Tage
4 66 Jahre m	4 Mon. vor Klinikaufnahme erstmals akute armbetonte li.-seit. Halbseitenschwäche mit weitgehender Rückbildg. 3 Wo. vor Aufnahme erneut flüchtige Hemihypästhesie li. Neurolog. Befund: Leichte brachiofacialbetonte Hemi-parese u. Hemihypästhesie li.	Carotissyphonstenose re. mit Einengung des Gefäßlumens um 60%. Carotisangiogramm li. = o.B. Vertebralis li. = o.B.	28 Tage
5 46 Jahre w	Seit 10 Wo. pulsierendes Strömungsgeräusch in der re. Halsseite. Seit dieser Zeit Kopfdruck u. Schwindelge-fühl bei körperl. Anstren-gung. Neurolog. Befund: Latente Hemiparese. Lt. Stenosegeräusch an der li. Halsaußenseite.	Schnürfurchenartige Einengung der A. carot. int. im Canalis caroti-cus re. mit einer Gefäß-lumeneinengung um 60% mit prästenotischer um-schriebener Gefäßerwei-terung. Carotisangio-gramm li. = o.B. Verte-bralis re. = o.B.	56 Tage

Zeichenerklärung s. S. 80 u. 81.

tivs Carotisstenose

EEG	Herzbefund klinisch, Röntgen und EKG	RR	Labor	S	E	L	Rö.
N	Diffuse Innen-schichthypoxie	re 160/120 li 220/120	N	∅	N	N	N
Zwischenwellenherd in der re. Temporo-Parietal-Region	Rechtsventricul. Erregungsausbrei-tungsstörung	130/80	Leichter Diabetes mellitus	N	N	N	N
Diskreter Zwischen-wellenherd re. zentro-temporal	N	130/80	N	∅	N	N	N
N	Li. präcordiale u. diaphragmale Erre-gungsrückbildungs-störung	180/100	N	∅	N	N	N
Vermehrung der Zwischenwellen über die gesamte re. Hirnhälfte	N	130/80	Hyperchol-esterinämie (400-460 mg%)	∅	N	N	N

Tabelle 10 (Fortsetzung)

Fall-Nr. Alter m/w	Neurologische Symptomatik	Angiographischer Befund	Zeitinterv. zw.klin. Symptomatik u.rCBF-Messg.
6 57 Jahre m	4mal rezidivierende Hemiparese li. in einem Zeitraum v. 6 Mo. vor Klinikaufnahme. Neurolog. Befund: Brachiofacialbetonte Hemiparese li.	Ausgeprägte Carotissyphonstenose re. mit einer Gefäßlumeneinengung um ca. 70%. Carotisangiogramm li. = o.B. Vertebralis re. = o.B.	10 Tage
7 55 Jahre m	8 Wo. vor Klinikaufnahme flüchtige Hemiparese re. mit allmählicher Rückbildung innerhalb von 8 Tagen. Neurolog. Befund: Latente Hemiparese re.	Stenose der A. carot. int. li. am Abgang aus der A. carot. communis mit einer Gefäßlumeneinengung um ca. 70%. Carotisangiogramm re. = o.B. Vertebralis li. = o.B.	58 Tage
8 64 Jahre m	3 Wo. vor Klinikaufnahme plötzlich Ungeschicklichkeit der re. Hand u. Wortfindungsstörungen. 1 Tag später leichte Schwäche im re. Arm. Neurolog. Befund: Brachiofacialbetonte spast. Hemiparese re. mit amnestischer Aphasie.	Carotisstenose li. mit Einengung des Gefäßlumens um 60%. Carotisangiogramm re. = o.B. Vertebralis re. = o.B.	8 Tage
9 64 Jahre w	3 Mon. vor Klinikaufnahme flüchtige Hemiparese li. 3 Wo. vor der Aufnahme erneut flüchtige Halbseitenschwäche li. Neurolog. Befund: Diskrete spast. Hemiparese li.	Hochgrad. Sanduhrstenose der re. A. carot. int. unmittelbar oberhalb der Carotisbifurkation mit einer Gefäßlumeneinengung um mehr als 80%. Stenose der re. A. vertebralis. Hypoplasie der li. A. vertebralis. Carotisangiogr. li. = o.B. Vertebralis re. = o.B.	63 Tage
10 41 Jahre m	7 Wo. vor Klinikaufnahme akute Halbseitenschwäche re. mit Sprachstörungen. 3 Wo. später erneute Verschlechterung der Hemiparese. Neurolog. Befund: Ausgeprägte brachiofacialbetonte re.-seit. spast. Hemiparese u. Hemihypästhesie.	Ausgeprägte Carotisstenose li. in Höhe der Teilungsstelle der A. carot. communis mit einer Gefäßlumeneinengung um mehr als 80%. Carotisangiogramm re. = Mediastenose. Leichte Stenose der li. A. vertebralis. Vertebralis re. = o.B.	42 Tage

EEG	Herzbefund klinisch, Röntgen und EKG	RR	Labor	S	E	L	Rö.
N	N	150/90	N	N	N	N	N
N	Mäßige Erregungsrückbildungsstörungen.	190/90	BSG: 33/65 Chron. Pyelonephritis. Urinstatus pathologisch.	N	N	N	N
Deltawellenherd li. zentro-parieto-temporal mit deutl. Rückbildung innerhalb von 4 Wo.	Links Herzhypertrophie. Erregungsrückbildungsstörungen präcord. u. diaphragmal. Rö.: Gering li. verbreitertes aortenkonfiguriertes Herz.	140/80	N	N	N	N	N
Leichte Allgemeinveränderung. Zwischenwellenherd über der re. vord. u. mittl. Hirnregion.	N	170/90		N	N	N	N
Zwischenwellenherd li. temporal.	Ausgeprägte diffuse Erregungsrückbildungsstörungen über dem gesamten Präcordium im Sinne einer myokardialen Hypoxie.	180/100	Hypercholesterinämie (340-360 mg%). Deutl. Gesamtlipiderhöhung um 1.800 mg%.	N	Ø	N	N

Tabelle 10 (Fortsetzung)

Fall-Nr. Alter m/w	Neurologische Symptomatik	Angiographischer Befund	Zeitinterv. zw. klin. Symptomatik u.rCBF-Messg.
11 60 Jahre m	10 Tg. vor Klinikaufnahme Taubheitsgefühl u. Ungeschicklichkeit in der re. Hand u. leichte aphasische Störungen. 3 Tg. vor der Klinikaufnahme flüchtige Hemiparese re. Neurolog. Befund: Leichte armbetonte re.-seit. Hemiparese u. Hemihypästhesie.	Sanduhrstenose der li. A. carot. int. mit einer Gefäßlumeneinengung um 80%. Carotisangiogramm re. = Leichte Stenose mit einer Gefäßlumeneinengung um 30%. Vertebralis bds. = o.B.	8 Tage
12 57 Jahre w	5 Wo. vor Klinikaufnahme erstmals flüchtige Halbseitenschwäche re. mit rascher Rückbildung. 10 Tg. später erneute Lähmung der re. Körperseite u. Sprachstörungen. Neurolog. Befund: Brachiofacialbetonte spast. Hemiparese re. u. diskrete aphasische Störungen.	Ausgeprägte Stenose der A. carot. int. li. mit einer Gefäßlumeneinengung um ca. 80%. Mäßige Internabgangsstenose re. Vertebralis bds. = o.B.	42 Tage
13 64 Jahre w	Seit 4 Mon. rezidivierende Schwindelzustände mit Gangunsicherheit u. einem Li.-Drall beim Gehen. Neurolog. Befund: Diskrete li.-seit. spast. Hemiparese u. Hemihypästhesie.	Hochgradige Sanduhrstenose der re. A. carot. int. am Abgang aus der A. carot. communis mit einer Gefäßlumeneinengung um mehr als 80%. Carotisangiogramm li. = o.B. Vertebralis re. = o.B. Desobliteration der re. A. carot. int. u. Erweiterung durch Venenpatch-Plastik. Postoperat. Reangiographie 18 Tg. nach OP: Gut gelungene Rekonstruktion des Gefäßlumens.	60 Tage
14 60 Jahre m	4 Tg. vor Klinikaufnahme 2mal flüchtige armbetonte Halbseitenschwäche re. Neurolog. Befund: Armbetonte re.-seit. spast. Hemiparese. Hemihypästhesie u. leichte motor.-sensor. Aphasie.	Hochgradige Sanduhrstenose d.re.A.carot.int. unmittelbar oberhalb ihres Abganges aus der A. carot. communis. A. carot. int. li.: Leichte Syphonstenose. Vertebralis bds. = o.B. Desobliteration der A. carot. int. re. Postop. Reangiographie 34 Tg. nach OP: Gut gelungene Rekonstruktion des Gefäßvolumens.	8 Tage

EEG	Herzbefund klinisch, Röntgen und EKG	RR	Labor	S	E	L	Rö.
Zwischenwellenherd in der li. Zentro-Parieto-Temporal-Region	N	140/80		P	N	N	N
Mittelschwere Allgemeinveränderung. Zwischen- u. Deltawellenherd über der li. Zentro-Parieto-Temporal-Region.	Leichte Erregungsrückbildungsstörungen li. präcordial.	150/90	Insulinpflichtiger Diabetes mellitus. Blutzuckerwerte zw. 170 u. 280 mg%.	Ø	Ø	Ø	N
Leichte Allgemeinveränderung mit herdverdächtiger Betonung von Zwischenwellen in der re. Präzentro-Temporal-Region.	Ausgeprägte Erregungsrückbildungsstörungen vom Typ der Innenschichtischämie.	180/90	Insulinpflichtiger Diabetes mellitus. Blutzuckerwerte zw. 150 u. 290 mg%. Hypercholesterinämie (380 mg%). Gesamtlipiderhöhung.	N	N	N	N
Zwischenwellenherd in der li. Zentro-Parieto-Temporal-Region.	N	140/80	Leichte hypochrome Anämie.	N	N	N	N

Tabelle 10 (Fortsetzung)

Fall-Nr. Alter m/w	Neurologische Symptomatik	Angiographischer Befund	Zeitinterv. zw. klin. Symptomatik u.rCBF-Messg.
15 58 Jahre m	8 Tg. vor der Klinikaufnahme plötzl. Halbseitenschwäche li. mit nachfolgender Gangunsicherheit u. rezidivierenden Schwindelattacken. Neurolog. Befund: Latente spast. Hemiparese li.	Erhebl. Stenose der A. carot. int. re. 1 cm oberhalb der Bifurkation. Kompletter Verschluß der li. A. carot. int. Desobliteration der A. carot. int. re. durch Venenpatch-Plastik. Postop. Reangiographie 28 Tg. nach OP: Gute Rekonstruktion des Gefäßlumens.	23 Tage
16 50 Jahre m	Vor 7 J. bei einem Herzinfarkt vorübergehende Sprachstörungen. 8 Tg. vor Klinikaufnahme morgens akute Hemiplegie re. mit aphasischen Störungen. Neurolog. Befund: Durchgehende Hemiplegie re. mit mäßiggradig ausgeprägter motor.-sensor. Aphasie.	Hochgrad. Sanduhrstenose der re. A. carot. int. unmittelbar oberhalb der Bifurkation. Kompl. Verschluß der li. A. carot. int. mit Doppelfüllung der li.-seit. Hirngefäßgruppen über die A. communicans anterior. Desobliteration der A. carot. int. re. mit Venenpatch-Plastik. Postop. Reangiographie 3 Wo. nach OP: Ausreichende Rekonstruktion der re.-seit. Sanduhrstenose mit einer verbliebenen Gefäßlumeneinengung in Höhe der Venenpatch-Plastik um ca. 30%.	12 Tage
17 58 Jahre m	Innerhalb 1 J. 2mal akute Hemiparese re. Neurolog. Befund: Spast. Hemiparese re. mit diskreten aphasischen Störungen.	Carotisstenose li. unmittelbarem Abgang aus der A. carot. communis mit einer Gefäßlumeneinengung um 60%. Ringförmige Stenose der A. carot. int. re. mit einer Gefäßlumeneinengung um 40%. Vertebralis re. = o.B. Desobliteration der A. carot. commun. li. u. des Anfangsteils der A. carot. int. re. mit Venenpatch-Plastik. Postop. Reangiographie 17 Tg. nach OP: Gut gelungene Rekonstruktion der A. carot. int.	63 Tage

EEG	Herzbefund klinisch, Röntgen und EKG	RR	Labor	S	E	L	Rö.
N	Deutl. Innenschicht-hypoxie li. präcor-dial u. diaphragmal	145/95		N	N	Ø	N
Zwischen- u. Delta-wellenherd über der gesamten li. Hirn-hälfte mit Maximum über der li. Parie-to-Temporal-Region.	Deutl. Erregungs-rückbildungsstörun-gen über dem gesam-ten Präcordium.	170/100		P	N	Ø	N
Diskreter Zwischen-wellenherd li. zentro-parietal.	N	150/90	Hypochol-esterinämie (320-340 mg%).	N	N	N	N

Tabelle 10 (Fortsetzung)

Fall-Nr. Alter m/w	Neurologische Symptomatik	Angiographischer Befund	Zeitinterv. zw. klin. Symptomatik u.rCBF-Messg.
18 59 Jahre m	8 Tg. vor Klinikaufnahme akute re.-seit. Hemiparese mit Wortfindungs- u. Wortverständnisstörungen. Neurolog. Befund: Beinbetonte leichte spast. Hemiparese re. Leichte motor.-sensor. Aphasie.	Hochgradige Sanduhrstenose der re. A. carot. int. unmittelbar oberhalb der Teilungsstelle der A. carot. commun. mit einer Gefäßlumeneinengung um mehr als 80%. Carotisangiogramm li. = o.B. Vertebralis li. = Keine Gefäßdarstellung (Aplasie?). Vertebralis re. = o.B. Desobliteration der re. A. carot. int. u. Venenpatch-Plastik. Postop. Reangiographie 14 Tg. nach OP: Gut gelungene Rekonstruktion des Gefäßlumens.	8 Tage
19 66 Jahre m	14 Tg. vor Klinikaufnahme akute Hemiparese re. u. Sprachstörungen. Erblindung des li. Auges. Neurolog. Befund: Hemiparese re. Leichte motor.-sensor. Aphasie. Totale Opticusatrophie li.	Hochgradige Sanduhrstenose der li. A. carot. int. mit einer Gefäßlumeneinengung um 90%. Carotisangiogramm re. = Mäßiggradige arteriosklerotische Gefäßwandveränderungen. Kompl. Verschluß der re. A. vertebralis. Zeichen eines fortgeschrittenen arteriosklerot. Gefäßprozesses im Bereich beider Vertebralarterien u. der A. basilaris. Desobliteration der li. A. carot. int. u. Dacronplastik. Postop. Reangiographie 35 Tg nach OP: Befriedigende Rekonstruktion des Gefäßlumens. Leichte Gefäßeinengung in Höhe des Dacronpatches um ca. 25%	28 Tage

EEG	Herzbefund klinisch, Röntgen und EKG	RR	Labor	S	E	L	Rö.
Zwischenwellenherd über der li. Zentro-Parieto-Temporal-Region.	N	150/80	N	N	Ø	N	N
Diskreter Theta-Delta-Mischfokus über der li. Fronto-Temporal-Region.	Erregungsrückbildungsstörungen li. präcordial u. diaphragmal.	170/100	Gesamtlipiderhöhung um 1.650 mg%.	N	N	N	N

Tabelle 10 (Fortsetzung)

Fall.-Nr. Alter m/w	Neurologische Symptomatik	Angiographischer Befund	Zeitinterv. zw. klin. Symptomatik u.rCBF-Messg.
20 61 Jahre w	Seit 1 J. rezidivierende flüchtige Hemiparesen li., jeweils mit vollständiger Rückbildung der Symptomatik. Neurolog. Befund: o.B.	Hochgradige Sanduhr-stenose der re. A. carotis communis in Höhe ihrer Teilungsstelle mit einer Gefäßlumeneinengung. Carotisangiogramm li. = o.B. Vertebralis bds. = o.B. Desobliteration der A. carot. commun. re. u. Dacronplastik. Postop. Reangiographie 38 Tg nach OP: Gut ge-lungene Gefäßrekonstruk-tion.	36 Tage (6 Mon.)
21 46 Jahre m	4 Wo. vor Klinikaufnahme akute Sprachstörungen u. Ungeschicklichkeit in der re. Hand. 1 Wo. später plötzliche Erblindung li. Neurolog. Befund: Amauroti-sche Pupillenstarre li. Papilla nervi optici por-zellanweiß. Diskrete Hemi-parese re. Geringe aphas. Störungen.	Ausgeprägte Stenose der li. A. carot. int. unmittelbar nach ihrem Abgang aus der A. carot. communis mit einer Gefäß-lumeneinengung um mehr als 70%. Carotisangio-gramm re. = o.B. Verte-bralis bds. = o.B. Desobliteration der A. carot. int. li. u. Venen-patch-Plastik. Postop. Reangiographie 19 Tg. nach OP: Gut gelungene Rekonstruktion des Gefäß-lumens.	24 Tage

m = männlich. w = weiblich. N = Normalbefund. S. = Szintigramm. E = Echoence-

Hirndurchblutung pro Region in allen Hirnsubstanzanteilen annä-hernd gleichmäßig erfolgte. Zwischen den einzelnen Regionen waren in Bezug auf die postoperative prozentuale Zunahme der Durchblu-tung deutliche Unterschiede erkennbar. Die geringsten Verbesse-rungen fanden sich in der Frontal- und Occipital-Region mit einer Zunahme des CBF um 25 - 30%. Die größten Durchblutungssteigerun-gen waren in der Zentral- sowie in der vorderen und mittleren Temporal-Region zu beobachten mit einer Zunahme des CBF um 37 - 59%. Die übrigen Hirnregionen wiesen eine Durchblutungszunahme zwischen 30 und 40% auf. Die Tatsache, daß die postoperative Verbesserung der cerebralen Durchblutung in 3 Meßfeldern, die

EEG	Herzbefund klinisch, Röntgen und EKG	RR	Labor	S	E	L	Rö.
Leichte temporale Zwischenwellendysrhythmie re.	Erregungsrückbildungsstörungen li. präcordial u. diaphragmal	160/90	N	N	Ø	N	N
Diskrete Zwischenwellendysrhythmie li. temporal.	Diffuse Innenschichthypoxie li. präcordial u. diaphragmal.	140/80	N	Ø	Ø	Ø	N

phalogramm. L = Liquor. Rö. = Röntgen-Schädel. P = pathologisch. RR = Blutdruck.

ihre arterielle Gefäßversorgung ganz überwiegend von der A. cerebri media erhalten, überdurchschnittlich hoch und in den von der A. cerebri anterior und posterior versorgten Gebieten überdurchschnittlich niedrig lag, weist auf eine besonders günstige Beeinflussung der Durchblutung im Stromgebiet der A. cerebri media nach Operation einer Carotisstenose hin. Dieser Befund steht in Übereinstimmung mit der bei der Carotisstenose besonders ausgeprägten Durchblutungsabnahme in den Gefäßversorgungsgebieten der A. cerebri media.

Tabelle 11. Das Verhalten der Hirndurchblutung bei der einseitigen Stenose der A. carotis interna. (Vergleich der Normal-Gesamtmittelwerte mit den Gesamtmittelwerten der cerebralen Durchblutung auf der Seite der Gefäßstenose. n = 12. CBF-Werte korr. für $apCO_2$ = 40 mm Hg). Gepaarter T-Test

Fall-Nr.	Hirn-substanz-Anteile	CBF-Normal-Mittelwert	Standard-abweichung	CBF-Mittel-wert Stenose	Standard-abweichung	Abnahme des CBF in ml	Abnahme des CBF in %	S
1	a)	126,47	24,8	63,62	8,66	64,85	49,69	***
	b)	32,58	6,0	16,37	5,12	16,21	49,75	***
	c)	75,87	15,5	35,12	10,07	40,75	53,70	***
	d)	69,00	13,8	32,50	9,38	36,50	52,90	***
2	a)	126,47	24,8	101,37	7,63	25,10	19,84	***
	b)	32,58	6,0	20,25	4,74	12,33	37,86	***
	c)	75,87	15,5	48,50	12,99	27,37	36,08	***
	d)	69,00	13,8	43,25	13,76	25,75	37,32	***
3	a)	126,47	24,8	115,37	29,33	11,10	8,78	*
	b)	32,58	6,0	28,50	4,10	4,08	13,15	*
	c)	75,87	15,5	72,50	18,64	3,37	4,44	
	d)	69,00	13,8	64,75	17,62	4,25	6,16	
4	a)	126,47	24,8	89,62	12,27	36,85	29,14	***
	b)	32,58	6,0	23,62	3,24	8,96	27,51	***
	c)	75,87	15,5	54,12	6,70	21,65	28,66	***
	d)	69,00	13,8	49,37	5,50	19,63	28,44	***
5	a)	126,47	24,8	125,50	28,56	0,97	0,77	
	b)	32,58	6,0	28,25	5,99	4,33	13,31	*
	c)	75,87	15,5	78,87	15,57	-3,00	-3,96	
	d)	69,00	13,8	64,87	9,99	4,13	5,98	
6	a)	126,47	24,8	60,16	8,88	66,31	52,43	***
	b)	32,58	6,0	10,50	2,58	22,08	67,78	***
	c)	75,87	15,5	29,83	8,30	46,04	60,68	***
	d)	69,00	13,8	33,66	10,83	34,34	51,21	***
7	a)	126,47	24,8	129,16	18,02	-3,69	-2,13	
	b)	32,58	6,0	29,50	3,50	3,08	9,48	*
	c)	75,87	15,5	67,83	8,65	8,04	10,59	*
	d)	69,00	13,8	58,00	7,45	11,00	15,94	**

Fall-Nr.	Hirn-substanz-Anteile	CBF-Normal-Mittelwert	Standard-abweichung	CBF-Mittel-wert Stenose	Standard-abweichung	Abnahme des CBF in ml	Abnahme des CBF in %	S
8	a)	126,47	24,8	79,33	20,31	47,14	37,27	**
	b)	32,58	6,0	24,50	4,67	8,08	24,82	**
	c)	75,87	15,5	43,16	14,24	32,71	43,10	**
	d)	69,00	13,8	37,00	13,32	32,00	46,38	**
9	a)	126,47	24,8	62,00	5,90	64,47	50,98	***
	b)	32,58	6,0	20,00	19,17	12,58	38,63	**
	c)	75,87	15,5	26,87	8,98	49,00	64,58	***
	d)	69,00	13,8	22,75	8,79	46,25	67,03	***
10	a)	126,47	24,8	40,25	5,84	86,22	68,18	***
	b)	32,58	6,0	11,50	2,61	11,08	64,71	***
	c)	75,87	15,5	24,37	3,88	51,50	67,87	***
	d)	69,00	13,8	25,62	3,02	43,38	62,86	***
11	a)	126,47	24,8	91,37	9,33	35,10	27,75	***
	b)	32,58	6,0	22,75	3,45	9,83	30,19	***
	c)	75,87	15,5	50,25	6,08	25,62	33,77	***
	d)	69,00	13,8	46,12	6,17	22,88	33,15	***
12	a)	126,47	24,8	114,37	23,22	12,10	9,57	
	b)	32,58	6,0	12,25	2,54	10,33	62,41	***
	c)	75,87	15,5	22,37	6,71	53,50	70,51	***
	d)	69,00	13,8	18,25	6,58	40,75	73,55	***

a) = Durchblutung der grauen Substanz.
b) = Durchblutung der weißen Substanz.
c) = Mittlere regionale Gesamtdurchblutung (2-Funktionen-Analyse).
d) = Mittlere regionale Gesamtdurchblutung (stochastische Analyse).
S = Signifikanzen: * = Irrtumswahrscheinlichkeit 5%.
** = Irrtumswahrscheinlichkeit 1%.
*** = Irrtumswahrscheinlichkeit 0,1%.
CBF = Hirndurchblutung (ml/100 g/min).

Tabelle 12. Das Verhalten der Hirndurchblutung bei der Carotisstenose in 8 über eine Großhirnhemisphäre verteilten Regionen. (n = 12. CBF-Werte korr. für $apCO_2$ = 40 mm Hg). T-Test

Regionen	M	Hirn-substanz-Anteile	CBF-Normal-Mittelwert	Normal-Stand.-Abw.	CBF-Mittelwert Stenose	Stenose Stand.-Abw.	Abnahme des CBF in ml	Abnahme des CBF in %	S
1	B/H	a)	117,38	20,64	76,83	37,21	40,64	34,62	**
Frontal		b)	28,50	6,24	19,50	7,02	9,00	31,59	***
		c)	70,33	18,88	44,58	20,38	25,75	36,61	***
		d)	61,38	12,11	40,83	18,65	20,55	33,48	***
2	C	a)	135,10	29,43	86,33	48,05	48,76	36,09	**
		b)	32,00	6,18	23,41	15,98	8,58	26,82	*
Central		c)	75,63	17,97	46,50	27,78	29,13	38,52	***
		d)	70,94	12,08	40,75	24,17	30,19	42,56	***
3	D	a)	131,29	17,58	88,77	47,19	42,51	32,37	**
Parietal		b)	33,88	6,89	18,00	9,01	15,88	46,88	***
		c)	78,81	13,69	45,88	31,56	32,92	41,77	***
		d)	71,94	10,14	39,88	25,29	32,05	44,44	***
4	G	a)	116,89	27,67	77,08	24,82	39,81	34,05	**
Temporal		b)	34,73	4,65	20,91	7,90	13,82	39,79	***
vorn		c)	79,22	15,88	47,33	19,67	31,88	40,25	***
		d)	73,62	18,12	43,25	16,59	30,37	41,26	***
5	F/K	a)	128,38	23,52	82,75	37,98	45,63	35,54	**
Temporal		b)	33,19	5,74	19,16	7,30	14,02	42,25	***
Mitte		c)	74,28	11,49	45,00	21,58	29,28	39,42	***
		d)	69,90	11,18	41,25	19,72	28,65	40,99	***
6	I	a)	139,15	21,25	85,75	31,86	53,40	38,37	***
Inselregion		b)	33,42	6,57	20,58	7,34	12,83	38,41	***
		c)	84,05	13,61	48,50	19,23	35,55	42,30	***
		d)	76,05	13,06	42,50	13,90	33,55	44,12	***

Tabelle 12 (Fortsetzung)

Regionen	M	Hirn-substanz-Anteile	CBF-Normal-Mittelwert	Normal-Stand.-Abw.	CBF-Mittelwert Stenose	Stenose Stand.-Abw.	Abnahme des CBF in ml	Abnahme des CBF in %	S
7	E	a)	122,00	25,33	81,66	30,77	40,33	33,05	*
		b)	33,58	4,04	19,75	7,61	13,83	41,20	***
Parieto-temporal		c)	71,05	14,17	46,00	19,78	25,05	35,26	***
		d)	67,25	12,62	41,16	16,38	26,08	38,79	***
8	J	a)	116,09	22,71	80,00	31,75	36,09	31,08	**
		b)	30,30	6,32	21,00	6,51	9,30	30,69	**
Occipital		c)	72,63	16,30	44,55	15,47	28,08	38,66	***
		d)	60,20	15,42	39,55	13,13	20,64	34,29	***

a) = Durchblutung der grauen Substanz.
b) = Durchblutung der weißen Substanz.
c) = Mittlere regionale Gesamtdurchblutung (2-Funktionen-Analyse).
d) = Mittlere regionale Gesamtdurchblutung (stochastische Analyse).
M = Meßareale
S = Signifikanzen: *   = Irrtumswahrscheinlichkeit 5%
                   ** = Irrtumswahrscheinlichkeit 1%
                   *** = Irrtumswahrscheinlichkeit 0,1%.

CBF = Hirndurchblutung (ml/100 g/min).

Tabelle 13. Das Verhalten der regionalen Hirndurchblutung bei der Carotisstenose vor und nach der Operation.
(Vergleich der prä- und postoperativen regionalen Gesamtmittelwerte. n = 9. CBF-Werte korr. für $apCO_2$ = 40 mm Hg).
Gepaarter T-Test

Fall-Nr.	Hirn-substanz-Anteile	CBF-Mittelwert "prä"	Standard-abweichung "prä"	CBF-Mittelwert "post"	Standard-abweichung "post"	Zunahme des CBF in ml	Zunahme des CBF in %	S
13	a)	61,75	5,89	130,37	8,71	78,62	111,20	***
	b)	13,12	2,64	25,75	5,72	12,63	96,22	***
	c)	26,37	8,68	54,87	15,13	38,50	107,97	***
	d)	22,87	8,33	45,62	11,91	32,75	98,90	***
14	a)	92,62	11,64	105,25	11,58	12,63	13,64	*
	b)	22,65	3,45	24,25	2,60	1,50	6,70	
	c)	50,25	6,08	55,75	5,39	5,50	10,94	
	d)	46,12	6,17	49,87	6,68	3,75	8,22	
15	a)	115,12	12,93	115,25	7,92	0,13	0,27	
	b)	24,62	2,97	30,62	3,15	6,00	24,32	**
	c)	61,62	7,53	61,00	3,16	0,62	-1,18	
	d)	51,37	8,46	52,62	3,37	1,25	2,70	
16	a)	73,28	11,48	120,50	20,25	47,22	63,88	***
	b)	23,28	2,75	26,12	6,31	2,84	12,32	***
	c)	43,57	7,97	65,00	12,44	11,43	49,50	***
	d)	37,85	8,21	57,75	11,27	19,90	52,46	***
17	a)	84,16	6,33	100,00	11,04	15,84	18,78	**
	b)	22,83	1,32	30,83	2,78	8,00	35,04	***
	c)	52,33	3,32	59,83	4,87	7,50	18,46	**
	d)	47,33	3,55	53,50	4,37	6,17	12,80	**
18	a)	60,16	8,88	102,83	9,94	42,67	70,70	***
	b)	11,83	2,22	19,83	1,94	8,00	65,49	***
	c)	30,50	7,71	50,00	9,38	19,50	64,00	***
	d)	32,50	9,28	53,33	8,01	20,83	63,72	***

Tabelle 13 (Fortsetzung

Fall-Nr.	Hirn-substanz-Anteile	CBF-Mittelwert "prä"	Standard-abweichung "prä"	CBF-Mittelwert "post"	Standard-abweichung "post"	Zunahme des CBF in ml	Zunahme des CBF in %	S
19	a)	87,62	14,04	126,12	16,37	38,50	44,50	***
	b)	18,25	3,73	28,12	4,05	9,37	54,10	***
	c)	43,87	7,41	64,62	9,79	20,75	47,33	***
	d)	37,12	6,35	56,37	8,14	19,25	51,64	***
20	a)	39,50	13,71	115,87	9,55	16,37	29,77	**
	b)	18,37	3,73	23,75	2,37	5,38	29,20	**
	c)	45,37	10,39	59,62	9,42	14,25	31,16	**
	d)	36,12	10,19	54,12	10,53	18,00	49,91	***
21	a)	82,00	12,25	97,25	13,42	15,25	18,65	*
	b)	21,25	5,33	24,12	3,27	2,87	14,57	*
	c)	46,87	8,32	54,62	7,50	7,75	18,80	*
	d)	42,25	7,26	49,25	7,55	7,27	16,72	*

a) = Durchblutung der grauen Substanz.
b) = Durchblutung der weißen Substanz.
c) = Mittlere regionale Gesamtdurchblutung (2-Funktionen-Analyse).
d) = Mittlere regionale Gesamtdurchblutung (stochastische Analyse).
CBF = Hirndurchblutung (ml/100 g/min).
"prä" = vor der Operation.
"post" = nach der Operation.
S = Signifikanzen: * = Irrtumswahrscheinlichkeit 5%.
                 ** = Irrtumswahrscheinlichkeit 1%.
                 *** = Irrtumswahrscheinlichkeit 0,1%.

Tabelle 14. Das Verhalten der Hirndurchblutung in 8 über eine Großhirnhemisphäre verteilten Regionen vor und nach der Operation einer Carotisstenose. (n = 9. CBF-Werte korr. für $apCO_2$ = 40 mm Hg). T-Test

Regionen	M	Hirn-substanz-Anteile	CBF-Mittelwert präoperativ	CBF-Mittelwert postoperativ	Standard-abweichung d. Differenz	Zunahme des CBF in ml	Zunahme des CBF in %	S
1	B/H	a)	79,33	98,55	28,19	19,22	25,48	*
		b)	19,00	24,00	4,35	5,00	26,32	**
Frontal		c)	43,00	54,88	9,67	11,88	27,65	**
		d)	38,77	49,11	8,24	10,33	26,65	**
2	C	a)	81,22	113,77	30,80	32,55	40,02	**
		b)	20,11	27,55	6,96	7,44	37,02	**
Zentral		c)	43,44	65,77	22,29	22,44	51,80	**
		d)	37,77	58,55	19,92	20,77	54,99	**
3	D	a)	88,12	114,75	27,08	26,62	30,21	*
		b)	21,12	28,87	6,15	7,75	36,69	**
Parietal		c)	47,25	62,00	17,95	14,75	31,22	*
		d)	41,50	54,62	15,76	13,12	31,62	*
4	G	a)	85,77	119,11	28,44	33,35	38,86	**
		b)	20,77	27,00	6,20	6,22	29,94	**
Temporal vorn		c)	48,11	66,33	16,68	18,22	37,88	**
		d)	43,77	58,88	16,41	15,11	34,52	*
5	F/K	a)	84,62	120,22	26,46	35,59	42,06	**
		b)	17,62	25,77	4,63	8,15	46,26	***
Temporal Mitte		c)	41,00	65,55	17,46	24,55	59,89	**
		d)	36,50	58,00	16,03	21,50	58,90	**
6	I	a)	84,11	115,44	29,67	31,33	37,25	**
		b)	19,44	25,44	5,91	6,00	30,86	**
Inselregion		c)	45,22	62,55	15,55	17,33	38,33	**
		d)	38,22	54,55	14,25	16,33	42,73	**

Tabelle 14 (Fortsetzung)

Regionen	M	Hirn-substanz-Anteile	CBF-Mittelwert präoperativ	CBF-Mittelwert postoperativ	Standard-abweichung d. Differenz	Zunahme des CBF in ml	Zunahme des CBF in %	S
7	E	a)	84,75	111,62	24,70	26,87	31,71	**
		b)	19,62	24,37	6,69	4,75	24,20	*
Parieto-		c)	44,87	59,50	11,56	14,62	32,59	**
temporal		d)	39,00	53,37	10,41	14,37	36,86	**
8	J	a)	82,00	103,57	21,56	21,57	38,50	**
		b)	21,85	24,57	7,99	2,71	12,42	
Occipital		c)	45,00	56,42	14,57	11,42	25,40	*
		d)	38,28	50,00	12,67	11,71	30,60	

a) = Durchblutung der grauen Substanz.
b) = Durchblutung der weißen Substanz.
c) = Mittlere regionale Gesamtdurchblutung (2-Funktionen-Analyse).
d) = Mittlere regionale Gesamtdurchblutung (stochastische Analyse).
M = Meßareale.
CBF = Hirndurchblutung (ml/100 g/min).
S = Signifikanzen: * = Irrtumswahrscheinlichkeit 5%.
** = Irrtumswahrscheinlichkeit 1%.
*** = Irrtumswahrscheinlichkeit 0,1%.

1. Fall (Nr. 14 aus Tabelle 10 und 11)

Bei dem 60jährigen Postbeamten W.E. stellten sich erstmals am
17.2.1972, für wenige Stunden anhaltend, ein Taubheitsgefühl in
der rechten Hand, verbunden mit einer Ungeschicklichkeit und
Wortfindungsstörungen, ein. Am 21.2.1972 erlitt er plötzlich
eine Halbseitenschwäche rechts. Gleichzeitig traten linksfron-
tale Kopfschmerzen, Sprachverständnisstörungen und ein Taubheitsgefühl in der gesamten rechten Körperhälfte auf. Bei der Klinikaufnahme am 22.2.1972 fanden sich neurologisch eine brachiofacialbetonte spastische Hemiparese rechts, eine rechtsseitige
Hemihypästhesie und eine leichte motorisch-sensorische Aphasie.

Das EEG zeigte eine leichte Allgemeinveränderung mit einem Theta-
Delta-Mischfocus über der linken Zentro-Parieto-Temporal-Region.
Im Hirnszintigramm mit Te-99m zeigte sich linkstemporal eine
pathologische Aktivitätsanreicherung. Echo-EG, PEG und Liquoruntersuchungen ergaben regelrechte Ergebnisse.

Carotisangiographie links vom 3.3.1972: Sanduhrstenose der A.
carotis interna unmittelbar oberhalb ihres Abganges aus der A.
carotis communis mit einer Gefäßlumeneinengung um mehr als 70%
(Abb. 15a). An den übrigen extra- und intrakraniellen Hirngefäßen
kein krankhafter Befund.

Carotisangiographie rechts: Mäßiggradige Stenose im Syphonab-
schnitt mit einer Gefäßlumeneinengung um weniger als 50%. Vertebralisangiographie beidseits = o.B. rCBF-Messung vom 3.3.1972:
Deutlicher ischämischer Focus in der Präzentro- Parieto-Temporal-
Region mit Reduktion der regionalen Durchblutungswerte um 30 –
40 %. Leichte Senkung des CBF auch in den übrigen Hirnregionen
(Abb. 15b).

Die Desobliteration der linken A. carotis interna mit anschlie-
ßender Venenpatch-Plastik erfolgte am 16.3.1972. Die postoperative Kontrollangiographie zeigte eine gut gelungene Rekonstruk-
tion des Gefäßlumens (Abb. 15c). Die am 20.4.1972 durchgeführte
rCBF-Kontrollmessung ergab eine Verbesserung der cerebralen
Durchblutung in der linken Großhirnhemisphäre mit einer Steigerung der Durchblutung im ischämischen Focus um 30 – 40% und einer
leichten Zunahme der CBF-Werte in den übrigen Hirnregionen (Abb.
15d).

2. "Kinking" der Arteria carotis interna

Untersuchungen über den Einfluß eines ausgeprägten Kinking[5]
(extreme sigmoide Schlingen- und Knickbildung der inneren Halsschlagader) auf die Gehirndurchblutung haben wir bei 18 Patienten
beiderlei Geschlechts im Alter zwischen 37 und 67 Jahren durchgeführt. Die klinischen Daten dieser Untersuchungsreihe sind in
Tabelle 15 zusammengefaßt. Das durchschnittliche Lebensalter des
Patientenkollektivs betrug 57,6 Jahre. Bei allen Patienten waren
auf der Seite des Kinking ein- oder mehrmals cerebrale Mangeldurchblutungen aufgetreten, die neurologische Ausfallserschei-

---

[5]Begriffsbestimmung des Kinking: S. Lit. (247).

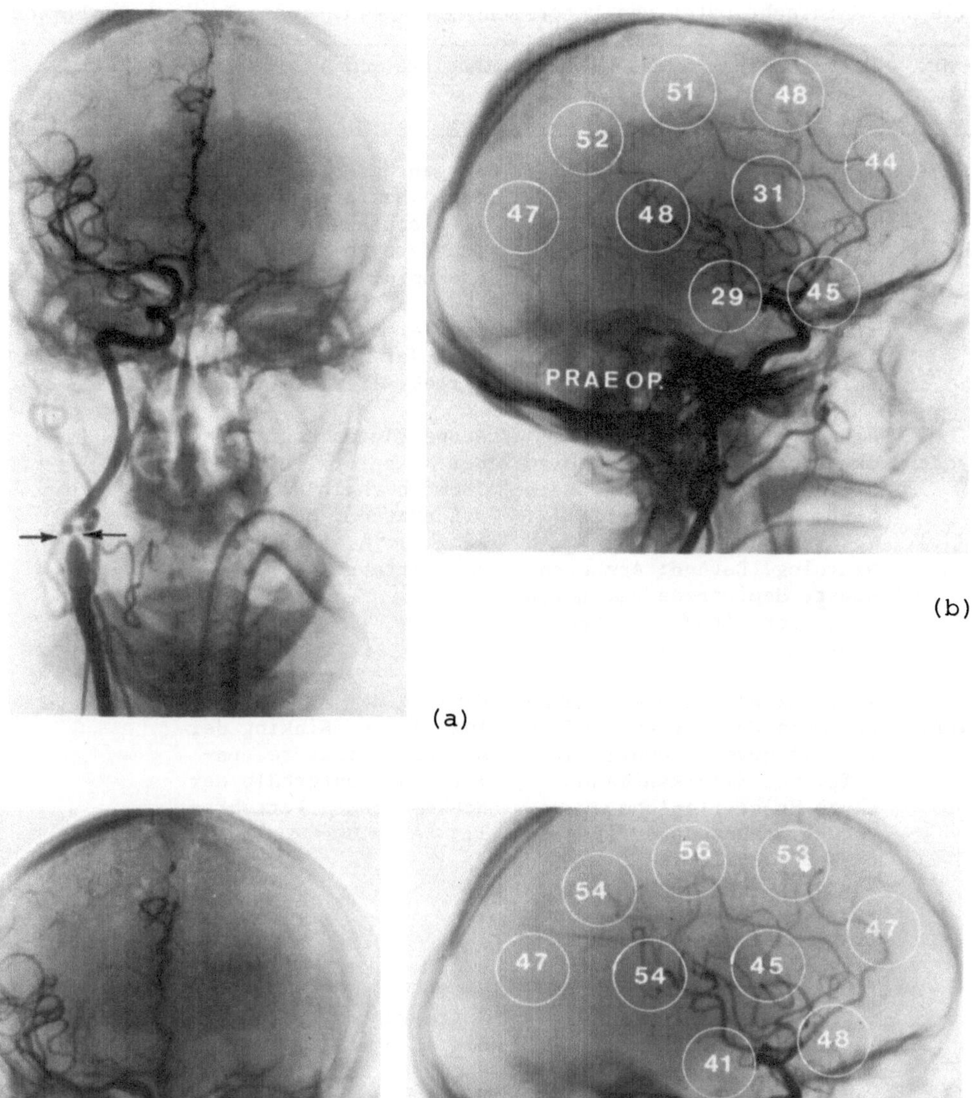

<u>Abb. 15 a-d.</u> 1. Fall, Carotisstenose

Tabelle 15. Klinische Daten und Untersuchungsergebnisse des Patientenkollektivs

Fall-Nr. Alter m/w	Neurologische Symptomatik	Angiographischer Befund	Zeit- intervall
1 62 Jahre m	2 Tg. vor Klinikaufnahme akute Halbseitenschwäche re. u. halbseitige Gefühls-störungen. Neurolog. Befund: Spast. Hemiparese re. u. leichte sensor. Aphasie. rCBF-Messung bds. CBF-Werte in Tabelle 16 v. der li. Seite. rCBF-Messung re. o.B.	Ausgeprägtes Kinking der A. carot. int. li., 7 cm oberhalb der Tei-lungsstelle der A. carot. communis. Mäßiges Kin-king der A. carot. int. re. Vermehrte Schlänge-lung der re. A. verteb. Vertebralis li. o.B.	li. 9 Tage re. 17 Tage
2 57 Jahre w	8 Wo. vor Klinikaufnahme akute Halbseitenschwäche re. mit guter Rückbildung. Seit-her 3 Rezidive, zuletzt 14 Tg. vor Klinikaufnahme. Neurolog. Befund: Armbetonte spast. Hemiparese re. Leich-te sensor. Aphasie. rCBF-Messung li.	Ausgeprägtes Kinking der A. carot. int. li., 5 cm oberhalb der Carotis-bifurkation. Mäßiges Kin-king der A. carot. int. re. Vertebralis re. o.B.	24 Tage
3 52 Jahre m	4 J. vor der Klinikaufnahme erstmals Halbseitenschwäche li. mit guter Rückbildung. 8 Tg. vor Klinikaufnahme akute Halbseitenlähmung re. Vorübergehende Desorientie-rung u. Verwirrtheit. Neurolog. Befund: Latente spast. Hemiparese re. Dis-krete zentrale Resthemipa-rese li. rCBF-Messung li.	Kinking der A. carot. int. li. u. Kinking der A. carot. int. re. un-mittelbar unterhalb der Schädelbasis. Vertebra-lis re. o.B.	22 Tage
4 64 Jahre w	6 Wo. vor Klinikaufnahme Anfall mit Bewußtlosigkeit. 3 Wo. später generalisier-ter Krampfanfall, anschlie-pend leichte Halbseiten-schwäche re. Neurolog. Be-fund: Diskrete armbetonte Hemiparese re.	Ausgeprägtes Kinking der A. carot. int. li., 4 cm oberhalb der Carot.-Gabelung. Mäßige arterio-sklerotische Gefäßwand-veränderungen. Carotis-angiogramm re. o.B. Vertebralis re. o.B.	21 Tage
5 67 Jahre m	12 Tg. vor Klinikaufnahme flüchtige Hemiparese li. Neurolog. Befund: Beinbe-tonte latente spast. Hemi-parese li. rCBF-Messung bds. CBF-Werte in Tabelle 16 v. der re. Seite. Li.: Leichte glob. cerebrale Durchblu-tungsminderung um 10-15%.	Ausgeprägtes Kinking der A. carot. int. re., 4 cm oberhalb der Carot.-Bifurkation. Mäßiggradig ausgeprägtes Kinking der li. A. carot. int. unmittelbar unterhalb der Schädelbasis. Vertebralis re. o.B.	13 Tage

Zeichenerklärung s.S. 100.

"Kinking" der Arteria carotis interna

EEG	Herzbefund klinisch, Röntgen und EKG	RR	Labor	S	E	L	Rö.
N	N	140/80	N	Ø	Ø	N	N
Leichter Zwischen-wellenherd li. temporo-occipital.	AV-Block I. Grades. Intraventricul. Erregungsausbrei-tungsstörungen.	160/100	Leichter Dia-betes mellitus (Blutzucker-werte 120–180 mg%). Serumchol.-u. Gesamtlipid-erhöhg. (280–320 mg%, 310–360 mg%).	N	Ø	N	N
Mäßige Allgemein-veränderung. Zwi-schen- u. Delta-wellenherd li. zentro-parieto-temporal.	Deutl. Erregungs-rückbildungsstörun-gen über dem gesam-ten Präcordium. Zu-stand nach Herz-hinterwandinfarkt.	150/90	N	P	P	N	N
Leichte Allgemein-veränderung. Paro-xysmale Dysrhyth-mie mit Überwiegen der Verlangsamung bis in den Theta-u. Deltawellenbe-reich li. tempral.	Li. verbreitertes Herz. Systolicum über der Herzbasis. Li. präcordiale u. diaphragmale Innen-schichthypoxiezei-chen.	180/100	Serumchole-sterinerhö-hung (340–360 mg%).	N	N	N	N
N	Zeichen der Rechts-herzbelastung. Beginnende Innen-schichtalteration.	160/90	N	Ø	Ø	N	N

Tabelle 15 (Fortsetzung)

Fall-Nr. Alter m/w	Neurologische Symptomatik	Angiographischer Befund	Zeitintervall
6 64 Jahre w	Am Tag vor der Klinikaufnahme akute Halbseitenschwäche li. Neurolog. Befund: Spast. Hemiparese li.	Ausgeprägtes Kinking der A. carot. int. re., 4,5 cm oberhalb der Teilungsstelle der A. carot. communis. Carotisangiogramm li. o.B. Vertebralis re.: Leichte arteriosklerotische Gefäßwandveränderungen an den intrakraniellen Hirngefäßen.	17 Tage
7 58 Jahre m	Im Verlauf von 4 Mon. 4mal re.-seit. armbetonte generalisierte Krampfanfälle. Neurolog. Befund: Diskrete armbetonte Hemiparese re. rCBF-Messung bds. CBF-Werte in Tabelle 16 v. der li. Seite. rCBF-Messung re.: Leichte glob. Reduktion um 15-20%.	Ausgeprägtes Kinking der A. carot. int. li., 3 cm oberhalb der Teilungsstelle der A. carot. communis. Carotisangiogramm re.: Kinking der A. carot. int. unmittelbar unterhalb der Schädelbasis. Vertebralis re. o.B.	28 Tage
8 37 Jahre w	3 Wo. vor Klinikaufnahme flücht. armbetonte Halbseitenschwäche re. u. Sprachstörungen. Neurolog. Befund: Latente armbetonte spast. Hemiparese re.	Kinking der A. carot. int. li., 6 cm oberhalb der Carot.-Bifurkation. Carotisangiogramm re. o.B. Vertebralis li. o.B.	27 Tage
9 58 Jahre m	14 Tg. vor Klinikaufnahme akute Halbseitenschwäche re., Wortfindungs- u. Wortverständnisstörungen. Neurolog. Befund: Spast. Hemiparese re., Hemihypästhesie u. homonyme Hemianopsie u. re. motor.-sensor. Aphasie.	Ausgeprägtes Kinking der A. carot. int. li., 2 cm unterhalb der Schädelbasis. Mäßiges Kinking der A. carot. int. re., ebenfalls unmittelbar unterhalb der Schädelbasis. Vertebralis bds. o.B. Mäßiggradige arteriosklerot. Gefäßwandveränderungen in den intra- u. extrakraniellen Hirngefäßen.	19 Tage
10 60 Jahre m	Seit 6 J. rezidiv. Zustände v. Gleichgewichtsstörungen, Flimmern vor den Augen u. vorübergehende kurze Bewußtseinsstörungen. Innerhalb der Zeit 4mal re.-seit. einsetzende große Krampfanfälle. Neurolog. Befund: Leichte armbetonte spast. Hemiparese re.	Extreme omega-förmige Schlingenbildung der A. carot. int. li. unmittelbar unterhalb der Schädelbasis. Carotisangiogramm re. o.B. Vertebralis re. o.B.	6 Tage

EEG	Herzbefund klinisch, Röntgen und EKG	RR	Labor	S	E	L	Rö.
N	Linksherzhyper-trophie.	150/80	N	N	N	N	N
Zwischenwellen-herd li. temporal.	N	140/80	N	N	Ø	N	N
N	N	120/80	N	N	Ø	N	N
N	Innenschichthypoxie-zeichen li. präcor-dial u. diaphragmal.	160/90	N	N	Ø	Ø	N
Theta-Delta-Mischfocus über der li. Zentro-Parieto-Temporal-Region.	N	120/80	N	N	N	N	N

Tabelle 15 (Fortsetzung)

Fall-Nr. Alter m/w	Neurologische Symptomatik	Angiographischer Befund	Zeit- intervall
11 61 Jahre m	4 Mon. vor Klinikaufnahme akute Halbseitenschwäche re., die in der Folgezeit mehrmals rezidiviert. Neurolog. Befund: Leichte spast. Hamiparese re.	Schweres Kinking der A. carot. int. li., 5 cm oberhalb der Carot.-Bifurkation. Carotisangiogramm re.: o.B. Vertebralis re. o.B.	19 Tage
12 60 Jahre m	Seit 1/2 J. rezidivier. Zustände von Schwindel, begleitet von Ungeschicklichkeit in der re. Hand u. einer Gangabweichung nach re. 14 Tg. vor Klinikaufnahme akuter Bewußtseinsverlust für 20 min. mit nachfolgender Hemiparese re. Neurolog. Befund: Latente spast. Hemiparese re. Leichtes amyostatisches Syndrom. rCBF-Messung re.	Extreme sigmoide Schlingenbildung der li. A. carot. int., 7 cm oberhalb der Carotisbifurkation. Mäßiges Kinking der A. carot. int. re. Vertebralis bds. o.B. Resektion des Kinking mit anschl. Venenpatch-Plastik. Postop. Reangiographie 20 Tg nach OP: Gut gelungene Rekonstruktion der in die A. carot. communis implantierten A. carot. int.	24 Tage
13 55 Jahre m	Seit 2 J. rezidiv. nächtl. Zustände von Taubheitsgefühl u. Schwäche im Bereich des li. Armes u. Beines. 8 Tg. letztes Rezidiv vor der Klinikaufnahme. Neurolog. Befund: Leichte armbetonte spast. Hemiparese li. u. unvollständige homonyme Hemianopsie nach li.	Extreme sigmoide Schlingenbildung der A. carot. int. li. unterhalb der Schädelbasis. Vermehrte S-förmige Schlängelung der A. carot. int. re. Vertebralis bds. o.B. Gefäßop.: Streckung des Kinking durch Interposition d. M. biventer. Postop. Reangiographie 25 Tg. nach OP: Ausreichende Elongierung der operativ gestreckten sigmoiden Gefäßschlinge.	17 Tage
14 62 Jahre w	2 Tg. vor Klinikaufnahme akute Sprachverständnisstörungen. Neurolog. Befund: Mäßiggradige sensor. Aphasie mit Dyslexie u. Dysgraphie. Latente Hemiparese re.	Extreme sigmoide Schlingenbildung der A. carot. int. li., 4 cm oberhalb der Carot.-Bifurkation. Carotisangiographie re. o.B. Vertebralis re. o.B. Gefäßop.: Streckung des Kinking durch Interposition d. M. digastricus. Postop. Reangiographie 12 Tg. nach OP: V-förmige Aufdehng. der ursprüngl. S-förmigen Gefäßschleife.	6 Tage

EEG	Herzbefund klinisch, Röntgen und EKG	RR	Labor	S	E	L	Rö.
Leichte Allgemeinveränderung. Zwischenwellenherd li. temporal.	Innenschichthypoxie li. präcordial u. diaphragmal.	160/80	Chron. Leberparenchymschaden.	N	Ø	N	N
Leichter Zwischenwellenherd li. zentro-temporal.	Abgelaufener Vorderwandinfarkt. Deutl. Erregungsrückbildungsstörungen über dem gesamten Präcordium.	140/90	N	N	N	N	N
Leichte Zwischenwellendysrhythmie re. temporal.	N	130/80	N	N	N	N	N
Zwischenwellenherd in der li. Zentro-Parietal-Region.	Mäßige Erregungsrückbildungsstörungen.	130/80	Serumcholesterinerhöhung (390–410 mg%).	N	Ø	N	N

Tabelle 15 (Fortsetzung)

Fall-Nr. Alter m/w	Neurologische Symptomatik	Angiographischer Befund	Zeit- intervall
15 56 Jahre m	6 Wo. vor Klinikaufnahme erstmals flüchtige armbetonte Halbseitenschwäche re. u. Sprachstörungen. In den folgenden 14 Tg. 2mal Rezidiv mit jeweils guter Rückbildung der neurolog. Ausfallserscheinungen. Neurolog. Befund: Brachiofacial betonte spast. Hemiparese re. Diskrete sensor. Aphasie.	Ausgeprägtes Kinking der A. carot. int. li., 2 cm oberhalb der Teilungsstelle der A. carot. communis. Mäßige U-förmige Schlingenbildung der A. carot. int. re. unmittelbar unterhalb der Schädelbasis. Mäßiggradige arteriosklerotische Gefäßwandveränderungen an den extra- und intrakraniellen Hirngefäßen. Resektion des Kinking u. terminolaterale Anostomose der A. carot. int. li. Postop. Reangiographie 28 Tg. nach OP: Gut gelungene Rekonstruktion des Gefäßes.	15 Tage
16 53 Jahre m	Wenige Tg. vor Klinikaufnahme mehrfach flüchtige Parästhesien im re. Arm u. Bein. 1 Tag vor Aufn. akute Hemiparese re. Neurolog. Befund: Leichte armbetonte spast. Hemiparese re. u. Hemihypästhesie.	Ausgeprägtes Kinking der A. carot. int. li., 3 cm oberhalb der Carot.-Bifurkation. Ausgeprägtes Kinking der A. carot. int. re., 4 cm oberhalb der Teilungsstelle der A. carot. communis. Vertebralis re. o.B. Resektion des Kinking der A. carot. int. li. Postopr. Reangiographie 17 Tg. nach OP: Gut gelungene Rekonstruktion des Gefäßes mit Einpflanzg. des distalen Internastumpfes in d. A. carot. externa.	Tage
17 50 Jahre w	1 Tag vor Klinikaufnahme akute Halbseitenlähmung re. u. Sprachstörungen. Neurolog. Befund: Armbetonte spast. Hemiparese re. Leichte motor.-sensor. Aphasie. rCBF-Messung li.	Ausgeprägtes Kinking der A. carot. int. li., 3 cm oberhalb der Carotisbifurkation. Mäßiges Kinking der A. carot. int. re. Vertebralis bds. o.B. Resektion des Kinking li. Postop. Reangiographie 48 Tg. nach OP: Ausgezeichnete Rekonstruktion der A. carot. int. li. mit nunmehr geradlinigem Verlauf des Gefäßes von der Bifurkation bis zur Schädelbasis.	51 Tage

EEG	Herzbefund klinisch, Röntgen und EKG	RR	Labor	S	E	L	Rö.
Zwischenwellenherd in der li. vorderen u. mittleren Temporal-Region.	Innenschichthypoxie li. präcordial u. diaphragmal.	140/90	Erhöhung des Serumcholesterin (260–290 mg%) u. Neutralfettwerte (190–220 mg%).	N	Ø	N	N
Thetawellenherd li. parieto-temporal.	Linksherzhypertrophie. Li. präcordiale Innenschichtalteration.	160/90	N	Ø	N	Ø	N
Theta-Delta-Wellenherd li. präzentro-zentro-parietal.	Systolisches Geräusch über der Spitze. Linksherzhypertrophie, beginnende Innenschichtalteration, vorwiegend li. präcordial	170/100	Leichter Diabetes mellitus. Blutzuckerwerte 120–160 mg%.	Ø	N	N	N

Tabelle 15 (Fortsetzung)

Fall-Nr. Alter m/w	Neurologische Symptomatik	Angiographischer Befund	Zeit- intervall
18 57 Jahre m	3 Wo. vor Klinikaufnahme Halbseitenschwäche re. u. Wortfindungsstörungen. Neurolog. Befund: Latente spast. Hemiparese re.	Ausgeprägtes Kinking der A. carot. int. li., 4,5 cm oberhalb der Carotisbifurkation. Carotisangiographie re. o.B. Vertebralisangiographie re. o.B. Operat. Streckung des Kinking durch Interposition des M. digastricus. Postop. Reangiographie 15 Tg. nach OP: Gelungene Behebung des Kinking durch Streckung u. Lateralwärtsverlagerung des entsprechenden Gefäßabschnittes der A. carot. int. li.	26 Tage

m = männlich. w = weiblich. N = Normalbefund. S = Szintigramm. E = Echoence-

nungen hinterlassen hatten. Zum Zeitpunkt der Hirndurchblutungsmessung war das Ausmaß des neurologischen Defizits gering. Der neurologische Status der Patienten entsprach denselben Kriterien, die bei dem Kollektiv mit einer Carotisstenose zur Anwendung kamen (S. 68). Die angiographische Abklärung der cerebralen Gefäßverhältnisse und die übrigen Zusatzuntersuchungen wurden in der gleichen Weise wie bei dem Kollektiv mit einer Carotisstenose vorgenommen (S. 68).

Bei den Patienten mit einem Kinking lagen folgende internistische Begleitkrankheiten vor: Ein Bluthochdruck (n = 7), pathologische EKG-Veränderungen (n = 10), ein Diabetes mellitus (n = 4) sowie Serumcholesterin- und Gesamtlipiderhöhungen (n = 5). Klinisch manifeste Zeichen einer Herzinsuffizienz oder eines dekompensierten Hypertonus fanden sich in je einem Fall.

Die Hirndurchblutungsmessungen erfolgten im zeitlichen Abstand von 6 - 51 Tagen nach dem Beginn der für die letzte cerebrale Ischämie maßgeblichen klinischen Symptomatik. Das durchschnittliche Zeitintervall betrug 19,7 Tage. Die Ergebnisse der Durchblutungsmessungen sind in den Tabellen 16 - 18 wiedergegeben.

In Tabelle 16 ist die p r o   P a t i e n t aus jeweils 10 Regionen ermittelte durchschnittliche Abnahme der cerebralen Durchblutung in der grauen Substanz = a), in der weißen Substanz = b) und in der Gehirngesamtsubstanz = c) und d) bei 18 Fällen mit einem Kinking der A. carotis interna aufgeführt. Der Tabelle

EEG	Herzbefund klinisch, Röntgen und EKG	RR	Labor	S	E	L	Rö.
Leichter Zwischen-wellenherd li. zentro-parietal.	N	140/90	N	N	Ø	N	N

phalogramm. L = Liquor. Rö. = Röntgen-Schädel. P = pathologisch. RR = Blutdruck.

ist zu entnehmen, daß die prozentuale Abnahme der Durchblutung in allen Hirnsubstanzanteilen annähernd gleichmäßig erfolgte. Sie betrug bei 7 Patienten (Fall Nr. 9, 10, 12, 13, 14, 16 und 17) zwischen 45 und 60%, bei 3 Patienten (Fall Nr. 1, 6 und 15) 30 - 45% und bei 5 Patienten (Fall Nr. 2, 3, 5, 8 und 18) 20 - 30%. Bei 3 Patienten (Fall Nr. 1, 4 und 7) lag eine Abnahme der cerebralen Durchblutung nicht vor. Die in Klammern angegebene Fall-Nr. ist mit der Numerierung in Tabelle 15 identisch. Die Senkung des CBF erreichte, abgesehen von den 3 Patienten, bei denen eine Durchblutungsabnahme nicht vorlag, in allen anderen Fällen mit einer Irrtumswahrscheinlichkeit von 0,1 - 1% stati-stische Signifikanz.

Die Tabelle 17 gibt von demselben Patientenkollektiv die durch-schnittliche Abnahme des CBF in 8 R e g i o n e n wieder. Aus der Tabelle geht hervor, daß die Abnahme der cerebralen Durch-blutung in allen Regionen und für alle Hirnsubstanzanteile, von Einzelwertabweichungen abgesehen, durchschnittlich zwischen 25 und 40% betrug. Die Senkung der Hirndurchblutung erreichte mit einer Irrtumswahrscheinlichkeit von 0,1 - 1% in allen Regionen statistische Signifikanz. Die erheblichen interindividuellen Unterschiede dieser Patientengruppe treten beim kollektiven regionalen Vergleich der Durchblutungswerte nicht mehr hervor. Signifikante interregionäre Unterschiede in der Abnahme des CBF bestehen in dieser Untersuchungsserie nicht.

102

Tabelle 16. Das Verhalten der Hirndurchblutung beim "Kinking" der A. carotis interna. (Vergleich der Normalgesamtmittelwerte mit den Gesamtmittelwerten der cerebralen Durchblutung auf der Seite des "Kinking". n = 18. CBF-Werte korr. für apCO$_2$ = 40 mm Hg.) Gepaarter T-Test

Fall Nr.	Hirn-substanz-anteile	CBF-Mittelwert "Kinking"	Standard-abweichung	Abnahme des CBF in ml	Abnahme des CBF in %	S
1	a)	78,00	16,37	48,47	38,33	**
	b)	20,50	7,23	12,08	37,10	**
	c)	51,37	17,76	24,50	32,29	**
	d)	40,87	13,97	28,13	40,76	***
2	a)	100,33	11,05	26,14	20,67	**
	b)	23,16	6,38	9,42	28,93	**
	c)	56,00	4,60	19,87	26,19	***
	d)	49,83	4,79	19,17	27,77	***
3	a)	98,25	12,29	28,22	22,32	***
	b)	29,00	4,72	3,58	11,01	*
	c)	60,62	9,13	15,25	20,09	**
	d)	54,37	10,87	14,63	21,20	**
4	a)	131,25	8,20	−4,78	−3,78	
	b)	35,75	6,62	−3,17	−9,70	
	c)	83,87	7,98	−8,00	−10,55	*
	d)	74,12	12,14	−5,12	−7,72	
5	a)	95,50	14,42	30,97	24,49	***
	b)	24,37	3,85	8,21	25,20	***
	c)	53,00	9,44	22,87	30,14	***
	d)	47,62	9,37	21,38	30,98	***
6	a)	73,00	16,46	53,47	42,28	***
	b)	21,37	5,63	11,21	34,41	***
	c)	41,75	10,59	34,12	44,97	***
	d)	38,25	9,61	30,75	44,57	***
7	a)	118,80	18,03	7,67	6,06	
	b)	32,60	6,58	−0,02	−0,03	
	c)	68,00	13,01	7,87	10,37	
	d)	63,40	11,65	5,60	8,22	
8	a)	92,33	11,46	34,14	26,99	***
	b)	25,33	4,41	7,25	22,87	**
	c)	59,00	4,69	16,87	22,24	***
	d)	53,16	6,04	15,84	22,95	*
9	a)	67,66	4,63	58,81	46,50	***
	b)	19,00	3,22	13,58	41,70	***
	c)	40,16	5,91	35,71	47,06	***
	d)	37,66	7,47	31,34	45,41	***
10	a)	56,50	11,76	69,97	55,32	***
	b)	22,33	4,76	10,25	31,47	**
	c)	38,50	8,45	37,37	49,26	***
	d)	37,00	6,78	32,00	46,38	***

Tabelle 16 (Fortsetzung)

Fall Nr.	Hirn-substanz-anteile	CBF-Mittelwert "Kinking"	Standard-abweichung	Abnahme des CBF in ml	Abnahme des CBF in %	S
11	a)	136,62	15,20	-10,15	-8,02	
	b)	34,87	2,90	-2,29	-7,00	*
	c)	80,25	5,70	-4,38	-5,77	
	d)	66,12	4,85	2,88	4,17	
12	a)	82,14	6,46	44,33	35,05	***
	b)	15,00	2,16	17,58	53,97	***
	c)	34,00	3,78	41,87	55,19	***
	d)	34,28	3,35	34,72	50,32	***
13	a)	60,25	24,22	66,22	52,36	***
	b)	14,12	2,35	18,46	56,66	***
	c)	26,50	5,68	49,37	65,07	***
	d)	20,50	5,29	48,50	70,29	***
14	a)	56,50	6,38	69,97	55,33	***
	b)	19,50	6,80	13,08	40,16	**
	c)	37,16	9,74	38,71	51,01	***
	d)	37,00	8,39	32,00	46,38	***
15	a)	87,75	7,47	38,72	30,62	***
	b)	17,00	3,85	15,58	47,84	***
	c)	47,00	10,73	28,87	38,05	***
	d)	39,75	10,64	29,25	42,39	***
16	a)	73,12	5,19	53,35	42,20	***
	b)	16,87	2,94	15,71	60,50	***
	c)	37,00	8,68	38,87	51,23	***
	d)	39,50	7,11	29,50	57,25	***
17	a)	69,50	9,41	56,97	45,05	***
	b)	11,62	1,68	20,96	64,33	***
	c)	29,25	6,40	46,62	61,45	***
	d)	22,37	5,31	46,63	67,57	***
18	a)	101,00	31,84	25,47	20,14	*
	b)	21,81	4,45	10,77	33,06	***
	c)	54,50	11,86	21,37	28,17	***
	d)	47,38	9,73	21,62	31,45	***

a) = Durchblutung der grauen Substanz.
b) = Durchblutung der weißen Substanz.
c) = Mittlere regionale Gesamtdurchblutung (2-Funktionen-Analyse).
d) = Mittlere regionale Gesamtdurchblutung (stochastische Analyse).
CBF = Hirndurchblutung (ml/100 g/min).
S = Signifikanzen: * = Irrtumswahrscheinlichkeit 5%.
                 ** = Irrtumswahrscheinlichkeit 1%.
                 *** = Irrtumswahrscheinlichkeit 0,1%.

Tabelle 17. Das Verhalten der Hirndurchblutung beim "Kinking" der A. carotis interna in 8 über eine Großhirnhemisphäre verteilten Regionen. (Vergleich der regionalen Normalwerte mit den regionalen Gesamtmittelwerten des CBF beim "Kinking". n = 18. CBF-Werte korr. für apCO$_2$ = 40 mm Hg.) T-Test

Regionen	M	Hirn-substanz-anteile	CBF-Mittelwert "Kinking"	Standard-abweichung Mittelwert "Kinking"	Abnahme des CBF in ml	Abnahme des CBF in %	S
1	B/H	a)	73,22	26,37	44,16	37,62	**
		b)	20,33	9,51	8,16	28,66	**
Frontal		c)	42,94	17,43	27,38	38,94	***
		d)	36,33	15,06	25,05	40,81	***
2	C	a)	88,50	26,41	46,60	34,50	***
		b)	21,07	11,02	10,92	34,15	***
Zentral		c)	46,50	21,50	29,13	38,52	***
		d)	40,78	21,06	30,15	42,51	***
3	D	a)	87,50	28,36	43,79	33,86	**
		b)	25,93	23,20	7,94	23,45	**
Parietal		c)	50,00	22,27	28,81	36,56	***
		d)	53,00	19,56	28,94	40,23	***
4	G	a)	71,16	20,29	45,72	39,13	**
		b)	23,44	8,86	11,29	32,51	***
Temporal vorn		c)	48,94	16,75	30,27	38,22	***
		d)	43,66	16,66	29,95	40,69	***
5	F/K	a)	92,94	19,94	35,45	27,61	**
		b)	24,94	7,27	8,24	24,85	***
Temporal Mitte		c)	54,00	14,95	20,28	27,31	***
		d)	46,44	12,73	23,45	33,56	***
6	I	a)	94,00	14,28	45,15	32,45	***
		b)	24,62	7,83	8,79	26,32	***
Inselregion		c)	53,12	16,28	30,93	36,80	***
		d)	45,87	15,04	30,18	39,69	***
7	E	a)	80,87	18,92	45,12	33,78	**
		b)	23,06	8,85	10,52	31,34	***
Parieto-occipital		c)	49,87	19,22	21,18	29,82	***
		d)	43,50	18,35	23,75	35,32	***
8	J	a)	77,71	18,81	38,37	33,06	*
		b)	22,50	10,34	7,80	25,74	*
Occipital		c)	47,92	20,36	24,71	34,02	**
		d)	41,42	21,00	18,77	31,18	**

a) = Durchblutung der grauen Substanz.
b) = Durchblutung der weißen Substanz.
c) = Mittlere regionale Gesamtdurchblutung (2-Funktionen-Analyse).
d) = Mittlere regionale Gesamtdurchblutung (stochastische Analyse).
M = Meßareale
CBF = Hirndurchblutung (ml/100 g/min).
S = Signifikanzen: *   = Irrtumswahrscheinlichkeit 5%.
                  ** = Irrtumswahrscheinlichkeit 1%.
                  *** = Irrtumswahrscheinlichkeit 0,1%.
CBF-Normalwerte der Regionen B-K und ihrer S.D. für a) - c): s. Tabelle 12.

Tabelle 18. Das Verhalten der Hirndurchblutung beim Kinking der A. carotis interna vor und nach der Operation. (n = 7. CBF-Werte korr. für $apCO_2$ = 40 mm Hg.) T-Test

Fall-Nr.	Hirn-substanz-anteile	CBF-Mittelw. "Kinking" "prä"	Standard-abweichung	CBF-Mittelw. "Kinking" "post"	Standard-abweichung	Signifi-kanzen	Zunahme des CBF in ml	Zunahme des CBF in %
12	a)	82,14	6,46	98,22	12,50	**	16,08	19,67
	b)	15,00	5,16	19,44	5,85	*	4,44	29,53
	c)	34,00	3,78	41,33	12,73	***	7,33	21,56
	d)	34,28	3,35	43,55	11,54	***	9,27	27,04
13	a)	60,25	14,22	68,16	7,67		7,91	13,13
	b)	14,12	2,35	16,33	4,63	*	2,21	15,65
	c)	26,50	5,68	32,36	6,56		5,86	22,11
	d)	20,50	5,29	24,42	5,87		3,92	19,12
14	a)	56,50	6,83	69,88	8,99	*	13,38	23,68
	b)	19,50	6,80	21,77	2,96		2,27	11,16
	c)	37,16	9,74	43,00	4,96		5,84	15,71
	d)	33,00	8,39	38,22	5,09		5,22	15,82
15	a)	87,75	7,47	118,88	7,67	*	31,13	35,56
	b)	17,00	3,85	22,00	4,63	**	5,00	58,82
	c)	47,00	10,73	58,44	6,56	*	11,44	29,34
	d)	39,75	10,64	51,33	8,87	**	11,48	29,13
16	a)	73,12	5,19	104,60	18,60	*	31,48	43,05
	b)	16,87	2,94	24,70	7,30	***	7,83	46,41
	c)	37,00	8,68	53,10	15,10	**	16,10	43,51
	d)	39,50	7,11	56,10	17,20	**	16,60	42,02
17	a)	69,50	9,41	90,00	13,86	***	20,50	43,91
	b)	11,62	1,68	15,75	5,63	***	4,13	35,54
	c)	29,25	6,40	41,75	12,73	***	12,50	42,73
	d)	22,37	5,31	30,25	11,54	***	7,88	35,27
18	a)	101,00	21,84	103,30	13,97		2,30	2,77
	b)	21,81	4,45	23,90	3,48		2,09	9,85
	c)	54,50	11,86	58,10	5,85		3,60	6,61
	d)	47,39	9,78	49,80	5,95		2,41	5,09

a) = Durchblutung der grauen Substanz. b) = Durchblutung der weißen Substanz. c) = Mittlere regionale Gesamtdurchblutung (2-Funktionen-Analyse). d) = Mittere regionale Gesamtdurchblutung (stochastische Analyse). "prä" = vor der Operation. "post" = nach der Operation. CBF = Hirndurchblutung (ml/100 g/min). Signifikanzen: * = Irrtumswahrscheinlichkeit 5%. ** = Irrtumswahrscheinlichkeit 1%. *** = Irrtumswahrscheinlichkeit 0,1%.

Die Tabelle 18 gibt die Veränderung der Hirndurchblutung bei 7
Patienten nach der Operation eines Kinking der A. carotis interna wieder. Bei 4 Patienten (Fall Nr. 12, 15, 17 und 17) wurde
eine Resektion des Kinking mit Neueinpflanzung des distalen Ge-
fäßstumpfes der inneren Halsschlagader in die A. carotis communis oder externa vorgenommen. Wegen eines unzureichenden Kollateralkreislaufes erfolgte bei den 3 übrigen Patienten (Fall Nr.
13, 14 und 18) eine Streckung des Kinking durch Interposition
des Musculus digastricus in die von einer S- in eine U-Form um-
gewandelte Gefäßschleife. Die postoperative Reangiographie und
Kontrolldurchblutungsmessung wurde im zeitlichen Abstand von
15 - 48 Tagen (durchschnittliches Zeitintervall: 25,4 Tage) nach
der Gefäßoperation vorgenommen. In Tabelle 18 wurden die p r o
P a t i e n t aus jeweils 10 Regionen bestimmten prä- und postoperativen Durchschnittsmittelwerte der cerebralen Durchblutung
für die graue Substanz = a), die weiße Substanz = b) und die
Gehirngesamtsubstanz = c) und d) miteinander verglichen. Die
prozentuale Zunahme erfolgte, bezogen auf den einzelnen Patienten, in allen Hirnsubstanzanteilen nahezu gleichmäßig. Sie betrug nach Resektion des Kinking bei 3 Patienten (Fall Nr. 15,
16 und 17) 30 - 40% und bei einem Patienten (Fall Nr. 12) 25%.
Bei 2 Patienten (Fall Nr. 13 und 14) war nach Streckung des Kinking eine Zunahme des CBF um 15 - 20% und bei einem Patienten
(Fall Nr. 18) eine nennenswerte Veränderung des CBF gegenüber
dem präoperativen Ausgangswert nicht zu verzeichnen.

Kasuistik

1. Fall (Nr. 11 aus Tabelle 15 und 16)

Bei dem 61jährigen Steinmetztechniker L.H. waren im Verlaufe
von 4 Monaten vor der Aufnahme 3mal, jeweils für 1 - 2 Tage
anhaltend, Schwächezustände der rechten Körperseite, begleitet
von Schwindelgefühl, Gangunsicherheit und Gefühlsmißempfin-
dungen im Bereich des rechten Armes aufgetreten. Nach einer
erneuten derartigen Attacke erfolgte am 13.8.1972 die statio-
näre Aufnahme. Neurologisch fand sich eine latente spastische
Hemiparese und Hemihypästhesie für alle Qualitäten rechts.
Das EEG zeigte eine leichte Allgemeinveränderung und einen
Theta-Delta-Wellenherd links temporal. PEG, Hirnszintigramm
und Liquoruntersuchungen erbrachten regelrechte Befunde. Die
am 1.9.1972 durchgeführte Carotisangiographie links zeigte
ein ausgeprägtes Kinking der inneren Halsschlagader, 5 cm
oberhalb der Teilungsstelle der A. carotis communis mit deutlicher Lumenabknickung des Gefäßes an der proximalen Umschlagstelle und entsprechender Strömungsbehinderung (Abb. 16a).
Die rCBF-Messung vom 1.9.1972 ergab einen deutlichen ischämischen Focus in der linken Zentro-Parieto-Temporal-Region
und eine geringgradige Minderung der cerebralen Durchblutung
in den übrigen Hirnarealen (Abb. 16b). Die rechtsseitige
Carotisangiographie vom 2.9.1972 zeigte keinen krankhaften
Befund. Die rCBF-Werte lagen im Normbereich (Abb. 16 c u. d).

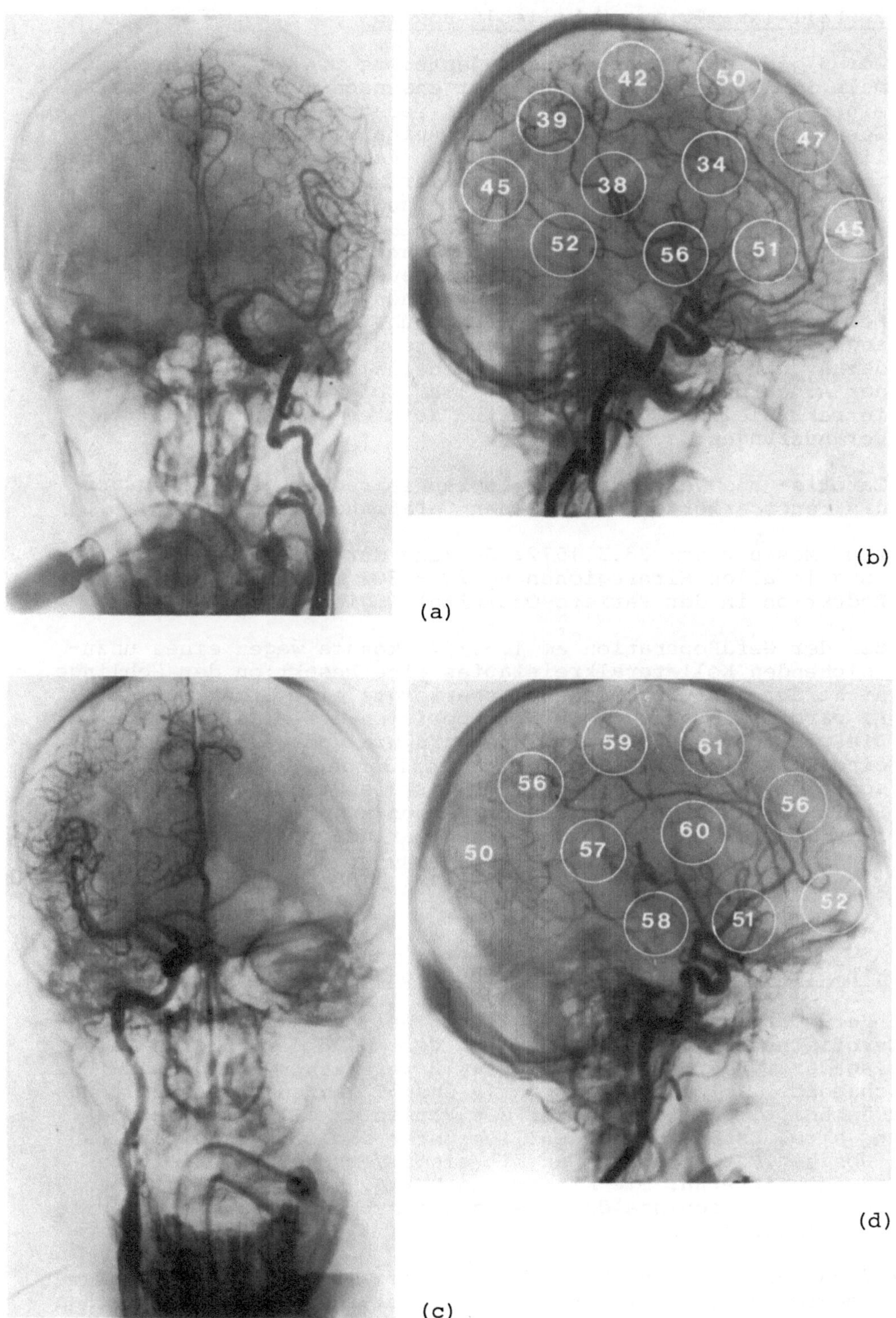

(a)

(b)

(c)

(d)

<u>Abb. 16 a-d.</u> Fall 1 "Kinking"

2. Fall (Nr. 18 aus Tabelle 15 und 16)

Der 57jährige Versicherungsangestellte E.K. erkrankte erstmals im Alter von 56 Jahren morgens nach dem Erwachen mit einer flüchtigen Schwäche in der rechten Hand und der rechten Gesichtsseite. 4 Wochen vor der Aufnahme verspürte er plötzlich ein Schwächegefühl im rechten Bein. Wenige Stunden später traten eine Unsicherheit in der rechten Hand und Wortfindungsstörungen hinzu. Neurologisch fanden sich bei der Aufnahme am 17.3.1972 eine latente armbetonte spastische Hemiparese rechts und eine diskrete amnestische Aphasie. Das EEG zeigte einen leichten Zwischenwellenherd links temporal. PEG, Hirnszintigramm und Liquoruntersuchungen ergaben regelrechte Befunde. Die am 27.3.1972 durchgeführte linksseitige Carotisangiographie ergab eine ausgeprägte sigmoide Schlingenbildung der A. carotis interna, 4,5 cm oberhalb der Teilungsstelle der A. carotis communis (Abb. 17a). Die übrigen extra- und intrakraniellen Gefäßabschnitte zeigten keine krankhaften Veränderungen.

Carotis- und Vertebralisangiographie rechts, abgesehen von diskreten arteriosklerotischen Gefäßwandveränderungen, o.B.

rCBF-Messung vom 23.3.1972: Senkung der cerebralen Durchblutung in allen Hirnregionen um 20 - 30% mit Betonung der CBF-Reduktion in der Parieto-Occipital-Region (Abb. 17b).

Bei der Gefäßoperation am 4.5.1972 konnte wegen eines unzureichenden Kollateralkreislaufes eine Resektion der Schlinge nicht durchgeführt werden. Es erfolgte eine Streckung der A. carotis interna durch Interposition des M. digastricus. Die postoperative Kontrollangiographie vom 24.5.1972 zeigte eine Elongation der das Kinking bildenden S-förmigen Gefäßschleife, wobei allerdings die distale Umschlagstelle der Schlinge nicht voll beseitigt werden konnte (Abb. 17c). Die rCBF-Kontrollmessung ergab gegenüber den präoperativen Durchblutungswerten nur eine leichte Zunahme des CBF in allen Regionen (Abb. 17d).

3. Einseitiger Verschluß der Arteria carotis interna

Die Veränderung der Hirndurchblutung beim spontanen, arteriosklerotisch-thrombotisch bedingten Verschluß der inneren Halsschlagader wurde bei 10 Patienten, 2 weiblichen und 8 männlichen Geschlechts, im Alter zwischen 19 und 59 Jahren untersucht. Das durchschnittliche Lebensalter des Patientenkollektivs betrug 46,6 Jahre. Es lag damit deutlich unter dem Durchschnittsalter der übrigen Patientengruppen mit einer Verschlußkrankheit der A. carotis interna. Die klinischen Daten, neuroradiologischen Befunde und Ergebnisse der Zusatzuntersuchungen sind in Tabelle 19 zusammengefaßt.

Bei 7 Patienten waren auf der Seite des Gefäßverschlusses ein- oder mehrmals cerebrale Ischämien mit bleibenden neurologischen Ausfallserscheinungen leichteren Ausmaßes aufgetreten. 2 Patienten

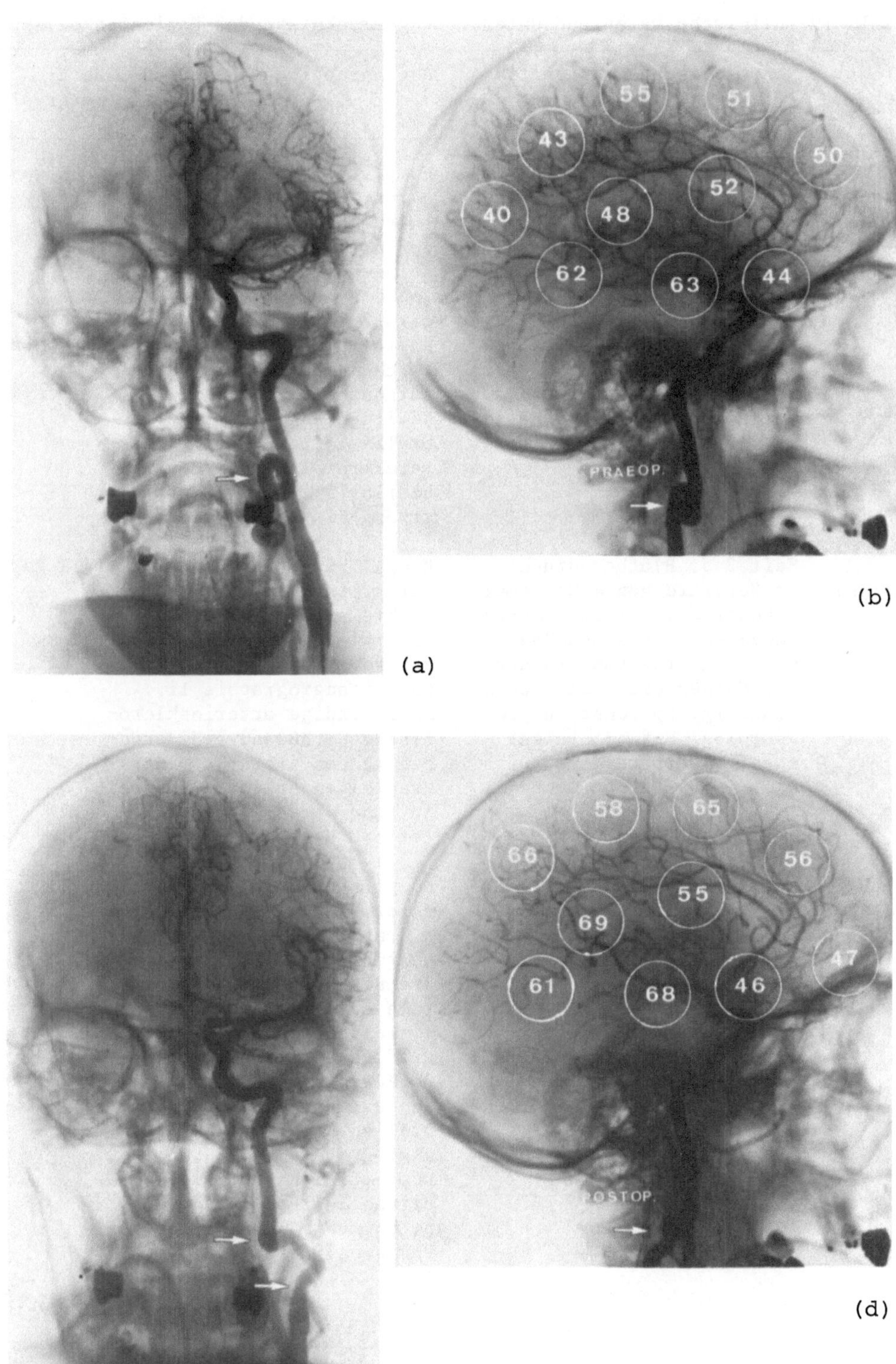

Abb. 17 a-d. Fall 2 "Kinking"

Tabelle 19. Klinische Daten und Untersuchungsergebnisse des Patientenkollektivs

Fall Nr. Alter m/w	Neurologische Symptomatik	Angiographischer Befund	Zeit- intervall
1 45 Jahre w	2 Tg. vor Klinikaufnahme plötzl. Halbseitenschwäche re. u. Sprachstörungen. 3 Tg. später schlaffe Halbseitenlähmung re. u. erhebliche Störungen des Sprachverständnisses u. des Sprechvermögens. Neurolog. Befund: Mittelschwere, armbetonte spast. Hemiparese re. Motor.-sensor. Aphasie.	Kompl. Verschluß der A. carot. int. li., 2,5 cm oberhalb der Teilungsstelle der A. carot. communis. Keine Kollateralversorgung von der homolateralen A. carot. externa. Carotisangiogramm re. o.B. Unzureichende Kollateralversorgung der re.-seit. Gehirngefäßgruppen. Vertebralis li. o.B. Kein Kollateralkreislauf von der A. basilaris zum li. Carotisstromgebiet.	8 Tage
2 53 Jahre m	Seit 2 J. Bluthochdruck. Im Verlaufe von 4 Wo. 6mal flüchtige 1/2-1 Std anhaltende Halbseitenschwächen u. Taubheitsgefühl in der re. Körperseite. 2mal auch flüchtige Sprachstörungen. Neurolog. Befund: Latente spast. Hemiparese re. Diskrete amnestische Aphasie.	Kompl. Verschluß der A. carot. int. re. Kollateralkreislauf über die homolaterale A. carot. externa zur re. Mediagefäßgruppe. Carotisangiographie li.: Mäßiggradige arteriosklerotische Gefäßwandveränderungen an den extra- u. intrakraniellen Arterien. Doppelfüllung der A. cerebri anterior. Vertebralis re. o.B.	17 Tage
3 58 Jahre m.	10 Tg. vor Klinikaufnahme plötzl. beinbetonte Halbseitenschwäche li., Schwindelgefühl u. Gangunsicherheit. 2 Tg. vor der Aufnahme plötzl. Verstärkung der Halbseitenschwäche. Neurolog. Befund: Mäßiggradige spast. Hemiparese li.	Kompl. Verschluß der A. carot. int. am Abgang der A. carot. communis. Gut ausgebildeter Kollateralkreislauf über die homolaterale A. carot. externa zur linken Mediagruppe. Mäßiggradige arteriosklerot. Gefäßwandveränderungen an den extra- und intrakraniellen Arterien. Carotisangiographie re.: Kompl. Doppelfüllung der li.-seit. Hirngefäßgruppen und der A. communicans anterior. Vertebralis re. o.B.	20 Tage

Zeichenerklärung s. S. 114.

Carotisverschluß

EEG	Herzbefund klinisch, Röntgen und EKG	RR	Labor	S	E	L	Rö.
Mäßiggradige Allgemeinveränderung mit Theta-Delta-Mischfocus li. zentro-parieto-temporal	N	120/80	N	N	N	N	N
N	Deutl. li. präcordiale u. diaphragmale Erregungsrückbildungsstörungen.	150/80	N	N	N	N	N
Leichte Allgemeinveränderung.	Innenschichthypoxie li. präcordial u. diaphragmal.	160/90	Leichter Diabetes mellitus (Blutzuckerwerte 110-130 mg%).	N	N	N	N

Tabelle 19 (Fortsetzung)

Fall Nr. Alter m/w	Neurologische Symptomatik	Angiographischer Befund	Zeit- intervall
4 50 Jahre m	Vor 7 J. Herzinfarkt. 8 Tg. vor Klinikaufnahme plötzl. Halbseitenlähmung re. u. Sprachstörungen. Neurolog. Befund: Spast. Hemiparese u. Hemihypästhesie re. Motor.-sensor. Aphasie.	Kompl. Verschluß der A. carot. int. li. Kollateralkreislauf zur li. Mediagefäßgruppe über die homolaterale A. carot. externa. Carotisangiographie re.: Mäßiggradige arteriosklerot. Gefäßwandveränderungen. Gut ausgebildeter Kollateralkreislauf zu der A. cerebri anterior u. media li. Vertebralis re. u. li.: Erhebl. arteriosklerot. Gefäßwandveränderungen beider Wirbelschlagadern u. der A. basilaris. Kollateralkreislauf über die re. A. communicans posterior zum re.-seit. Carotisstromgebiet.	8 Tage
5 44 Jahre w	Im Alter von 36 u. 41 J. plötzl. Halbseitenschwäche li. u. Sehstörungen auf dem re. Auge. 4 Wo. vor Klinikaufnahme erneute Halbseitenschwäche li. Neurolog. Befund: Leichte spast. Hemiparese li. Opticusatrophie re. Leichtes organ. Psychosyndrom.	A. carot.int.-Verschluß re. im dorsalen Syphonabschnitt. Langstreckige Engstellung der A. carot. int. von ihrem Abgang bis zum caudalen Syphonabschnitt. Kein Kollateralkreislauf über die homolaterale A. carot. externa. Carotisangiogramm li.: Vollständige Darstellung der Gefäßgruppen beider Großhirnhemisphären. Vertebralis re. o.B.	42 Tage
6 59 Jahre m	Seit 1 J. rezidiv. Schwächezustände in der re. Körperseite. Letztes re.-seit. Rezidiv 14 Tg. vor Klinikaufnahme. Neurolog. Befund: Beinbetonte spast. Hemiparese re.; keine Sprachstörungen (Linkshänder).	Kompl. Verschluß der A. carot. int. li. Kollateralkreislauf über die homolaterale A. carot. externa mit vollständiger Darstellung des Mediastromgebietes. Carotisangiogramm li.: Mäßiggrad. arteriosklerot. Gefäßwandveränderungen der extra- u. intrakraniellen Hirngefäße. Carotisangiogramm re.: Doppelfüllung der A. cerebri anterior. Vertebralis re. u. li.: Leichte arteriosklerot. Gefäßwandveränderungen, sonst o.B.	21 Tage

EEG	Herzbefund klinisch, Röntgen und EKG	RR	Labor	S	E	L	Rö.
Diffuse herdförmige Verlangsamung bei zu raschen Deltawellen über der gesamten Hirnhälfte mit Maximum in der li. Zentro-Parieto-Temporal-Region.	Deutl. Erregungsrückbildungsstörungen über dem gesamten Präcordium.	170/100	Deutl.Serumcholesterinerhöhung (443 mg%) und Gesamtlipiderhöhung (680–700 mg%).	Ø	Ø	N	N
Theta-Delta-Mischfocus re. zentrotemporal.	N	150/90	N	N	N	N	N
Herdförmige Verlangsamung aus Zwischen- u. seltenen Deltawellen über der li. Zentro-Parieto-Temporal-Region.	Zeichen der Vorhofüberlastung. Geringe Innenschichthypoxie li. präcordial.	140/80	Serumcholesterinerhöhung (320–360 mg%). Neutralfetterhöhung (240–250 mg%).	N	N	N	N

Tabelle 19 (Fortsetzung)

Fall Nr. Alter m/w	Neurologische Symptomatik	Angiographischer Befund	Zeit- intervall
7 19 Jahre m	Seit 3 Mon. häufig rezidiv. Taubheitsgefühl u. Mißempfindungen im re. Arm u. re. Gesichtshälfte. 4 Wo. vor Aufnahme plötzl. Erblindg. des li. Auges. Neurolog. Befund: Latente brachio-facialbetonte spast. Hemiparese re. Verschluß der A. centralis retinae.	Verschluß der A. carot. int. li. Carotisangiogramm re. o.B. Doppelfüllung der A. cerebri anterior. Vertebralis bds. o.B. Über die A. communicans posterior li. gut ausgebildeter Kollateralkreislauf zur li. Mediagruppe.	42 Tage
8 55 Jahre m	14 Tg. vor Klinikaufnahme plötzl. Halbseitenlähmung re. mit erhebl. Sprachstörungen. Neurolog. Befund: Armbetonte spast. Hemiparese re. Diskrete sensor. Aphasie.	Kompl. Verschluß der A. carot.int. li. Kollateralkreislauf über die homolaterale A. carot. externa zur Mediagefäßgruppe. Carotisangiogramm re.: Erhebl. arteriosklerot. Gefäßwandveränderungen, besond. im Syphonabschnitt mit Darstellung der li.-seit. Anterior- u. Mediagefäßgruppen. Vertebralis li. o.B.	35 Tage
9 52 Jahre m	Vor 1 J. plötzl. Schwäche u. Taubheitsgefühl in der gesamten li. Körperhälfte. 14 Tg. vor Klinikaufnahme erneute Schwäche im Bereich der li. Hand und der li. Gesichtshälfte. Neurolog. Befund: Latente spast. Hemiparese u. Hemihypästhesie li.	Verschluß der A. carot. int. re. Carotisangiogramm li. o.B. Doppelfüllung der A. cerebri anterior. Vertebralis bds. o.B. Gut ausgebildeter Kollateralkreislauf über die re. A. communicans posterior zur re. A. cerebri media.	23 Tage
10 57 Jahre m	3 Mon. vor Klinikaufnahme erstmals flücht. Lähmung des li. Armes u. Wortfindungsstörungen (Li.-Händer). 8 Tg. vor Aufnahme plötzl. Sehverschlechterung re. u. erneute Halbseitenschwäche li. Neurolog. Befund: Latente spast. Hemiparese li. Opticusatrophie re.	Kompl. Verschluß der A. carot. int. re. Gut ausgebildeter Kollateralkreislauf über die homolaterale A. carot. externa. Carotisangiographie li.: Leichtgradige arteriosklerot. Gefäßwandveränderungen. Vertebralis li.: Leichte Abgangsstenose. Kollateralkreislauf über die A. communicans posterior re. in das re. Carotisstromgebiet.	12 Tage

m = männlich. w = weiblich. N = Normalbefund. S = Szintigramm. E = Echoence-

EEG	Herzbefund klinisch, Röntgen und EKG	RR	Labor	S	E	L	Rö.
N	N	110/70	N	P	N	N	N
Leichte Allgemeinveränderung.	Rechtsschenkelblock vom Wilson-Typ.	160/90	N	N	Ø	N	N
Unter HV-Verlangsamung des Grundrhythmus bis zu Zwischenwellen über der re. Hirnhälfte.	N	140/80	Serumcholesterinerhöhung (290 -310 mg%) und Gesamtlipiderhöhung (480-520 mg%).	N	N	Ø	N
Theta-Delta-Mischfocus li. parietal.	Intraventrikul. Erregungsausbreitungsstörungen. Erregungsrückbildungsstörungen li. präcordial.	160/100	N	P	Ø	N	N

phalogramm. L = Liquor. Rö. = Röntgen-Schädel. P = pathologisch. RR = Blutdruck.

Tabelle 20a. Das Verhalten der Hirndurchblutung beim einseitigen Verschluß der A. carotis interna. (Vergleich der Normalgesamtmittelwerte mit den Gesamtmittelwerten der cerebralen Durchblutung auf der Seite des Gefäßverschlusses. n = 10. CBF-Werte korr. für $apCO_2$ = 40 mm Hg.)

Fall Nr.	Hirn- substanz- anteile	CBF- Mittelwert Verschlußseite	Standard- abweichung Verschlußseite	Abnahme des CBF in ml	Abnahme des CBF in %	S
1	a)	80,71	8,99	45,76	36,18	***
	b)	17,85	2,96	14,73	45,55	***
	c)	44,57	4,96	31,30	41,53	***
	d)	39,57	5,09	29,43	42,66	***
2	a)	85,00	13,97	41,47	32,80	***
	b)	17,85	1,46	14,73	45,22	***
	c)	48,71	5,82	27,17	35,80	***
	d)	43,85	5,95	25,15	36,45	***
3	a)	107,00	32,50	19,47	15,40	**
	b)	24,42	5,85	8,16	25,08	***
	c)	56,00	17,50	19,87	26,19	***
	d)	49,28	16,72	19,72	28,59	***
4	a)	86,16	7,67	40,31	31,88	***
	b)	22,33	4,63	10,25	31,47	**
	c)	54,66	6,56	21,21	27,96	***
	d)	48,83	5,87	20,17	29,24	***
5	a)	79,80	36,72	46,67	36,02	**
	b)	22,20	11,43	10,38	31,86	**
	c)	48,60	22,82	27,27	35,94	*
	d)	41,60	19,39	27,40	39,72	**
6	a)	56,20	13,86	70,27	55,56	***
	b)	15,20	5,63	17,38	53,66	***
	c)	39,80	12,73	36,07	47,55	***
	d)	30,40	11,54	39,60	55,94	***
7	a)	88,40	21,03	38,07	30,11	***
	b)	24,40	6,87	8,18	25,11	**
	c)	49,60	6,98	26,27	34,63	**
	d)	45,60	5,12	23,40	31,11	**
8	a)	66,25	22,03	60,22	47,62	**
	b)	17,75	6,18	14,83	45,52	***
	c)	37,50	10,75	38,37	50,58	***
	d)	33,75	9,97	35,25	51,12	***
9	a)	76,00	21,81	50,47	39,91	**
	b)	21,25	6,50	11,33	34,78	**
	c)	47,25	11,64	24,62	37,73	*
	d)	43,25	10,30	25,75	37,32	*
10	a)	71,50	3,53	54,97	43,47	**
	b)	16,50	3,12	16,08	49,37	***
	c)	41,00	1,41	44,87	45,96	***
	d)	37,50	3,53	41,50	45,66	***

a) = Durchblutung der grauen Substanz. b) = Durchblutung der weißen Substanz. c) = Mittlere regionale Gesamtdurchblutung (2-Funktionen-Analyse). d) = Mittlere regionale Gesamtdurchblutung (stochastische Analyse). CBF = Hirndurchblutung (ml/100 g/min). S = Signifikanzen: * = Irrtumswahrscheinlichkeit 5%. ** = Irrtumswahrscheinlichkeit 1%. *** = Irrtumswahrscheinlichkeit 0,1%. CBF-Normalgesamtmittelwerte und S.D. für a) - d): s. Tabelle 11.

Tabelle 20b. Das Verhalten der Hirndurchblutung beim einseitigen Verschluß der A. carotis interna. (Vergleich der Normalgesamtmittelwerte mit den Gesamtmittelwerten der cerebralen Durchblutung auf der Gegenseite des Verschlusses. n = 10. CBF-Werte korr. für $apCO_2$ = 40 mm Hg.)

Fall Nr.	Hirn-substanz-anteile	CBF-Mittelw. nicht Verschlußseite	Standardab-weichg. nicht Verschlußseite	Abnahme des CBF in ml	Abnahme des CBF in %	S
1	a)	111,57	10,90	14,90	12,47	
	b)	24,85	3,80	7,73	23,73	**
	c)	60,14	6,93	15,73	20,74	**
	d)	50,14	8,23	18,86	27,92	**
2	a)	88,14	11,46	38,33	30,31	**
	b)	26,00	3,51	6,58	20,20	**
	c)	64,71	7,82	11,16	14,71	*
	d)	57,42	7,45	11,58	16,78	*
3	a)	100,20	26,60	26,27	20,77	*
	b)	24,60	8,35	7,98	24,50	**
	c)	58,20	25,95	17,67	23,42	*
	d)	54,40	19,76	14,60	21,16	*
4	a)	87,66	19,05	37,81	30,30	**
	b)	24,83	2,71	7,75	23,79	**
	c)	50,83	6,49	25,04	33,01	***
	d)	45,66	5,42	23,34	29,48	***
5	a)	121,57	22,41	4,90	3,88	
	b)	27,28	5,08	5,30	16,27	
	c)	70,14	16,71	5,73	6,54	
	d)	64,00	17,72	5,00	7,25	
6	a)	99,80	24,60	26,67	21,09	*
	b)	25,00	3,16	7,58	21,46	**
	c)	60,60	5,59	15,27	20,13	**
	d)	54,20	4,60	14,80	21,45	**
7	a)	106,00	15,65	20,47	8,39	
	b)	31,50	3,53	1,08	3,32	
	c)	68,00	8,48	7,87	10,37	
	d)	59,50	4,94	9,50	13,77	
8	a)	81,25	30,39	45,22	35,76	***
	b)	23,50	8,42	9,08	27,87	***
	c)	53,75	21,07	22,12	29,16	***
	d)	48,25	20,53	20,75	30,13	***
9	a)	77,50	30,66	48,97	38,72	*
	b)	25,75	8,42	6,83	20,97	**
	c)	49,00	17,72	26,87	35,42	**
	d)	42,00	14,87	27,00	39,13	**
10	a)	66,60	24,01	59,87	47,33	***
	b)	21,60	8,17	10,98	33,71	***
	c)	40,80	21,34	35,07	46,23	***
	d)	36,80	18,86	32,20	46,67	***

a) Durchblutung der grauen Substanz. b) = Durchblutung der weißen Substanz. c) = Mittlere regionale Gesamtdurchblutung (2-Funktionen-Analyse). d) = Mittlere regionale Gesamtdurchblutung (stochastische Analyse). CBF = Hirndurchblutung (ml/100 g/min). S = Signifikanzen: * = Irrtumswahrscheinlichkeit 5%. ** = Irrtumswahrscheinlichkeit 1%. *** = Irrtumswahrscheinlichkeit 0,1%. CBF-Normalgesamtmittelwerte und S.D. für a) - d): s. Tabelle 11.

Tabelle 21a. Das Verhalten der Hirndurchblutung beim Verschluß der A. carotis interna in 10 über eine Großhirnhemisphäre verteilten Regionen. (Vergleich der regionalen Normalgesamtmittelwerte mit den regionalen Gesamtmittelwerten der cerebralen Durchblutung auf der Seite des Gefäßverschlusses. n = 10. CBF-Werte korr. für $apCO_2$ = 40 mm Hg. Injektion des Isotops in die gegenseitige A. carotis interna.) Gepaarter Test

Regionen	M	Hirn-substanz-anteile	CBF-Mittelwert Verschlußseite	Standard-abweichung Verschlußseite	Abnahme des CBF in ml	Abnahme des CBF in %	S
1	B/H	a)	65,28	18,08	52,10	44,39	***
		b)	19,57	5,34	8,92	31,33	**
Frontal		c)	35,57	10,13	34,76	49,42	***
		d)	29,85	10,90	31,53	51,36	***
2	C	a)	76,00	30,10	59,10	43,70	***
		b)	17,40	6,29	14,60	45,60	***
Zentral		c)	38,00	14,91	37,63	49,40	***
		d)	32,90	12,11	38,04	53,70	***
3	D	a)	76,00	30,10	55,29	42,12	***
		b)	17,40	6,29	16,48	48,65	***
Parietal		c)	38,00	14,91	40,81	51,78	***
		d)	32,90	12,11	39,04	54,26	***
4	G	a)	79,88	23,06	37,00	31,66	***
		b)	21,77	4,54	12,95	37,31	***
Temporal		c)	43,00	13,71	36,22	45,72	***
vorn		d)	38,22	13,91	35,40	48,09	***
5	F/K	a)	76,50	33,91	51,88	40,41	***
		b)	18,10	7,80	15,09	45,47	***
Temporal		c)	38,30	18,64	35,98	48,44	***
Mitte		d)	34,20	16,23	35,70	51,07	***
6	I	a)	81,44	25,45	57,71	41,47	***
		b)	19,77	6,64	13,64	40,82	***
Insel-		c)	42,77	14,76	41,27	49,11	***
region		d)	36,88	12,36	39,16	51,50	***
7	E	a)	75,66	7,50	46,33	38,00	**
		b)	18,00	6,24	15,58	46,41	***
Parieto-		c)	34,66	6,65	36,39	51,21	***
temporal		d)	29,33	6,35	37,91	56,38	***
8	J	a)	71,25	11,87	44,84	38,63	**
		b)	16,00	3,26	14,30	47,19	***
Occipital		c)	31,50	5,80	41,13	56,63	***
		d)	26,00	4,96	34,20	56,81	***

a) = Durchblutung der grauen Substanz.
b) = Durchblutung der weißen Substanz.
c) = Mittlere regionale Gesamtdurchblutung (2-Funktionen-Analyse).
d) = Mittlere regionale Gesamtdurchblutung (stochastische Analyse).
M = Meßareale.
CBF = Hirndurchblutung (ml/100 g/min).
S = Signifikanzen: * = Irrtumswahrscheinlichkeit 5%. ** = Irrtumswahrschein-lichkeit 1%. *** = Irrtumswahrscheinlichkeit 0,1%.
CBF-Normalwerte der Regionen B - K und S.D. für a) - d): s. Tabelle 12.

Tabelle 21b. Das Verhalten der Hirndurchblutung beim Verschluß der A. carotis interna in 10 über eine Großhirnhemisphäre verteilten Regionen. (Vergleich der regionalen Normalgesamtmittelwerte mit den regionalen Gesamtmittelwerten der cerebralen Durchblutung auf der Gegenseite des Verschlusses. n = 10, CBF-Werte korr. für $apCO_2$ = 40 mm Hg.) Gepaarter Test

Regionen	M	Hirn-substanz-anteile	CBF-Mittelwert nicht Verschlußseite	Standard-abweichung	Abnahme des CBF in ml	Abnahme des CBF in %	S
1	B	a)	81,14	28,92	36,14	30,88	***
		b)	23,42	5,15	5,07	17,79	*
Frontal		c)	49,00	14,89	21,88	30,33	**
		d)	42,71	12,02	18,67	30,42	**
2	C	a)	94,60	37,50	40,50	29,98	**
		b)	24,70	4,78	7,30	22,81	**
Zentral		c)	53,10	16,01	22,53	29,79	**
		d)	46,10	14,06	24,84	35,01	***
3	D	a)	94,60	37,50	36,69	27,95	***
		b)	24,70	44,78	9,18	27,10	***
Parietal		c)	53,10	16,09	25,71	32,62	***
		d)	46,10	14,06	25,84	25,90	***
4	G	a)	98,22	24,82	18,67	15,98	*
		b)	25,44	6,20	9,29	26,75	***
Temporal vorn		c)	60,33	17,53	18,88	23,84	**
		d)	54,55	17,69	19,06	25,90	**
5	F	a)	103,30	39,16	25,08	19,54	*
		b)	25,90	6,45	7,29	21,96	**
Temporal Mitte		c)	58,10	19,08	16,18	21,79	**
		d)	49,80	16,70	20,10	28,76	
6	I	a)	98,88	33,63	40,26	28,94	***
		b)	27,00	7,31	6,42	19,21	*
Insel-region		c)	58,44	17,67	25,61	30,47	***
		d)	51,33	15,34	24,72	32,54	***
7	E	a)	91,33	15,50	30,66	25,14	*
		b)	23,66	1,52	9,92	29,52	***
Parieto-temporal		c)	52,00	8,54	19,05	26,82	*
		d)	43,33	5,68	23,91	35,56	**
8	J	a)	90,00	14,30	26,09	22,47	*
		b)	24,75	2,87	5,55	18,32	
Occipital		c)	50,75	4,11	21,88	30,13	*
		d)	46,25	5,38	15,95	25,75	

a) = Durchblutung der grauen Substanz.
b) = Durchblutung der weißen Substanz.
c) = Mittlere regionale Gesamtdurchblutung (2-Funktionen-Analyse).
d) = Mittlere regionale Gesamtdurchblutung (stochastische Analyse).
M = Meßareale.
CBF = Hirndurchblutung (ml/100 g/min).
S = Signifikanzen: * = Irrtumswahrscheinlichkeit 5%.
               ** = Irrtumswahrscheinlichkeit 1%.
               *** = Irrtumswahrscheinlichkeit 0,1%.
CBF-Normalwerte der Regionen B – K und ihrer S.D. für a) – d): s. Tabelle 12.

(Fall Nr. 2 der Tabelle 19 und 20) erlitten auf der Gegenseite
des Carotisverschlusses und 1 Patient (Fall Nr. 6 der Tabelle
19 und 20) sowohl auf der Verschlußseite als auch auf der Gegenseite cerebrale Mangeldurchblutungen mit neurologischen Ausfällen.
Das Ausmaß des neurologischen Defizits war bei allen Patienten
zum Zeitpunkt der Hirndurchblutungsmessung gering. Die morphologische Abklärung der cerebralen Gefäßverhältnisse erfolgte über
eine beidseitige Carotisangiographie und über eine mindestens
einseitige, in 6 von 10 Fällen auch doppelseitige retrograde,
transbrachiale Vertebralisangiographie. Bezüglich des Kollateralkreislaufes ergab sich folgendes Bild: Bei 5 Patienten fand sich
auf der Seite des Gefäßverschlusses eine retrograd über die A.
ophthalmica ausgebildete Kollateralversorgung des Stromgebietes
der A. cerebri media von der homolateralen A. carotis externa.
Von der nicht verschlossenen A. carotis interna erfolgte über
die A. communicans anterior die Kollateralversorgung der gegenseitigen Hemisphäre in 3 Fällen ausschließlich zum Stromgebiet
der A. cerebri anterior und in weiteren 3 Fällen zu den
Versorgungsgebieten der A. cerebri anterior und media. In 3 Fällen wurde die Kollateralversorgung des Stromgebietes der A. cerebri media auf der Verschlußseite von der A. basilaris über eine
kräftige A. communicans posterior aufrechterhalten. Bei 7 der
10 Patienten waren zwei oder drei der beschriebenen Kollateralkreisläufe ausgebildet. Ein ungenügender Kollateralkreislauf
war bei 3 Patienten (Fall Nr. 1, 6 und 10 der Tabelle 19 und 20)
nachweisbar. An internistischen Begleitkrankheiten lagen vor:
Ein Bluthochdruck (n = 4), pathologische EKG-Veränderungen
(n = 3) und ein Diabetes mellitus in einem Fall. Klinisch manifeste Zeichen einer Herzinsuffizienz oder eines dekompensierten
Hypertonus fanden sich in keinem Fall.

Die Hirndurchblutungsmessungen erfolgten im zeitlichen Abstand
von 8 - 42 Tagen nach dem Einsetzen der für die letzte cerebrale
Mangeldurchblutung maßgeblichen klinischen Symptomatik. Das
durchschnittliche Zeitintervall betrug 22,8 Tage. Die CBF-Messungen wurden bei allen Patienten simultan in beiden Großhirnhemisphären mit jeweils 4 - 5 Szintillationszählern in einander
korrespondierenden Meßarealen vorgenommen. Die Injektion des
Isotops erfolgte in die nicht verschlossene A. carotis interna.
Bei 5 Patienten haben wir zusätzlich die Durchblutung in beiden
Großhirnhemisphären getrennt mit 10 Szintillationszählern bestimmt.

Die bei der Simulatanmessung und bei den einseitigen CBF-Messungen ermittelten regionalen Durchblutungswerte zeigten in den
vergleichbaren Meßarealen keine signifikanten Unterschiede.
Diese Tatsache und die annähernd gleiche Höhe der radioaktiven
Impulsraten in den korrespondierenden Meßarealen sind als siche-
rer Beweis für die annähernd gleichmäßige Verteilung des injizier-
ten radioaktiven Bolus in den beiden Großhirnhemisphären zu werten.
Daraus ist zu folgern, daß bei der Simultanmessung mit den rechts-
und linksseitig angelegten Szintillationszählern die regionale
Durchblutung der jeweils zugewandten Großhirnhemisphäre erfaßt
wird.

Die Ergebnisse der Durchblutungsmessungen sind in Tabelle 20
und 21 wiedergegeben.

In den Tabellen 20a und b ist die p r o P a t i e n t aus
jeweils 10 Regionen ermittelte durchschnittliche Abnahme der
cerebralen Durchblutung in der grauen Substanz = a), in der
weißen Substanz = b) und in der Gehirngesamtsubstanz = c) und
d) bei 10 Patienten mit einem einseitigen Verschluß der A. carotis interna auf der Verschlußseite (Tabelle 20a) und auf der
nicht verschlossenen Seite (Tabelle 20b) aufgeführt. Den Tabellen ist zu entnehmen, daß die prozentuale Abnahme der Durchblutung in allen Hirnsubstanzanteilen annähernd gleichmäßig erfolgte. Sie betrug auf der Verschlußseite bei 3 Patienten (Fall Nr.
6, 8 und 10) zwischen 50 und 60%, bei einem Patienten (Fall Nr.
1) annähernd 45%, bei 3 Patienten (Fall Nr. 2, 5 und 9) zwischen
30 und 40% und bei weiteren 3 Patienten (Fall Nr. 3, 4 und 7)
zwischen 20 und 30%. Die Durchblutung in der Großhirnhemisphäre
der nicht verschlossenen Seite war in erheblich geringerem Ausmaß beeinträchtigt. Die durchschnittliche Abnahme des CBF betrug
bei 2 Patienten (Fall Nr. 5 und 7) weniger als 10%, bei 5 Patienten (Fall Nr. 1, 2, 3, 6 und 4) zwischen 15 und 25% und nur
bei 3 Patienten (Fall Nr. 8, 9 und 10) zwischen 35 und 45%. In
der Gruppe mit der stärksten Reduktion der cerebralen Durchblutung auf der Gegenseite des Carotisverschlusses sind die 2 Patienten enthalten, bei denen die k l i n i s c h e S y m -
p t o m a t i k durch eine cerebrale Mangeldurchblutung auf
der Gegenseite des Carotisverschlusses zurückzuführen war. Die
in Klammern angegebenen Fall-Nr. sind mit der Numerierung in
Tabelle 19 identisch. Die Senkung des CBF erreichte, abgesehen
von Einzelwertabweichungen und den 2 Patienten, bei denen eine
Durchblutungsabnahme nicht vorlag, in allen anderen Fällen mit
einer Irrtumswahrscheinlichkeit von 0,1 - 1% statistische Signifikanz.

Die Tabellen 21a und b geben von demselben Patientenkollektiv
die durchschnittliche Abnahme des CBF in 10 R e g i o n e n
auf der Verschlußseite sowie auf der Gegenseite des Verschlusses
wieder. Aus der Tabelle 21a geht hervor, daß die Abnahme der
cerebralen Durchblutung in allen Regionen und für alle Hirnsubstanzanteile, von Einzelwertabweichungen abgesehen, durchschnittlich zwischen 40 und 50% betrug. Die Senkung der Hirndurchblutung
erreichte mit einer Irrtumswahrscheinlichkeit von 0,1 - 1% in
allen Regionen statistische Signifikanz. Die interindividuellen
Unterschiede dieser Patientengruppe sind beim kollektiven regionalen Vergleich der Durchblutungswerte nicht mehr nachweisbar.
Signifikante interregionäre Unterschiede in der Abnahme des CBF
bestehen nicht.

Der Tabelle 21b ist zu entnehmen, daß die Abnahme der cerebralen
Durchblutung in allen Regionen für alle Hirnsubstanzanteile auf
der Gegenseite des Carotisverschlusses erheblich niedriger lag
und, von Einzelwertabweichungen abgesehen, durchschnittlich zwischen 20 und 30% betrug. Die Senkung der Hirndurchblutung erreichte, abgesehen von der Parieto-Occipital-Region, in allen
übrigen Regionen mit einer Irrtumswahrscheinlichkeit von 0,1 - 5%
statistische Signifikanz. Signifikante interregionäre Unterschiede
in der Abnahme des CBF fanden sich nicht.

4. Einseitiger Carotisverschluß in Kombination mit einer Carotisstenose auf der Gegenseite

Untersuchungen über das Verhalten der Hirndurchblutung bei der
Kombination von einem Carotisverschluß auf der einen Seite und
einer Carotisstenose auf der Gegenseite haben wir bei 9 Patienten beiderlei Geschlechts im Alter zwischen 48 und 65 Jahren
durchgeführt. Das durchschnittliche Lebensalter des Patientenkollektivs betrug 54,6 Jahre. Die klinischen Daten, neuroradiologische Befunde und Ergebnisse der Zusatzuntersuchungen sind
in Tabelle 22 zusammengestellt. Bei 6 Patienten waren auf der
Verschlußseite und bei 3 Patienten auf der Stenoseseite ein-
oder mehrmals cerebrale Ischämien mit bleibenden neurologischen
Ausfällen unterschiedlicher Stärke aufgetreten. Zum Zeitpunkt
der Hirndurchblutungsmessung war das Ausmaß des neurologischen
Defizits bei 5 Patienten als leicht und bei 4 als mittelschwer
zu bezeichnen. Bis auf 2 (Fall Nr. 2 und 4 der Tabelle 22 und 23)
war keiner der Patienten bettlägerig oder pflegebedürftig. Hirnwerkzeugstörungen stärkerer Ausprägung lagen bei einem Patienten
(Fall Nr. 7 der Tabelle 22 und 23) vor. Ein leichtes hirnorga-
nisches Psychodyndrom fand sich bei 2 Patienten (Fall Nr. 5 und
6 der Tabellen 22 und 23). Die morphologische Abklärung der cerebralen Gefäßverhältnisse erfolgte über eine beidseitige Carotisangiographie und über eine mindestens einseitige, in 5 von 9
Fällen auch doppelseitige retrograde transbrachiale Vertebralisangiographie. Kollateralkreisläufe hatten sich wie folgt ausgebildet: Bei 4 Patienten fand sich auf der Seite des Gefäßverschlusses eine von der homolateralen A. carotis externa retrograd
über die A. ophthalmica ausgebildete Kollateralversorgung zum
Stromgebiet der A. cerebri media. Die nicht verschlossene, jedoch stenosierte A. carotis interna hatte in 4 Fällen über die A.
communicans anterior die vollständige Kollateralversorgung der
gegenseitigen Hirnhemisphäre übernommen. Bei 2 Fällen lag nur
eine Mitversorgung des Stromgebietes der gegenseitigen A. cerebri
anterior vor. In 4 Fällen wurde die Kollateralversorgung des
Stromgebietes der A. cerebri media auf der Verschlußseite von
der A. basilaris über eine kräftige A. communicans posterior aufrecht erhalten. Bei 6 von 9 Patienten waren 2 oder 3 der beschriebenen Kollateralkreisläufe ausgebildet. Ein ungenügender Kollateralkreislauf war bei 3 Patienten (Fall Nr. 3, 5 und 7 der Tabellen 22 und 23) nachweisbar.

Auffallend an diesem Patientenkollektiv ist der überdurchschnittlich hohe Prozentsatz an internistischen Begleitkrankheiten. Es
lagen vor: Ein Bluthochdruck in 7 Fällen, ausgeprägte pathologische EKG-Veränderungen in 8 Fällen sowie ein Diabetes mellitus
und eine Serumcholesterin- bzw. Gesamtlipiderhöhungen in je 2
Fällen. Klinisch manifeste Zeichen einer Herzinsuffizienz oder
eines dekompensierten Hypertonus fanden sich in je 2 Fällen.

Die Hirndurchblutungsmessungen erfolgten im zeitlichen Abstand
von 9 - 35 Tagen nach dem Beginn der für die letzte cerebrale
Ischämie maßgeblichen klinischen Symptomatik. Das durchschnittliche Zeitintervall betrug 22,4 Tage. Die CBF-Messungen wurden
bei allen Patienten simultan in beiden Großhirnhemisphären jeweils mit 4 - 5 Szintillationszählern in einander korrespondierenden Meßarealen vorgenommen. Die Injektion des Isotops erfolgte

in die nicht verschlossene A. carotis interna nach Punktion des
Gefäßes hoch oberhalb der Stenose. Bei 4 Patienten haben wir zusätzlich die Durchblutungsmessungen in beiden Großhirnhemisphären
getrennt mit 10 Szintillationszählern bestimmt (Fall Nr. 5, 7,
8 und 9 der Tabellen 22 und 23).

Die Ergebnisse der Durchblutungsmessungen sind in Tabelle 23
und 24 wiedergegeben. In den Tabellen 23a und b ist die p r o
P a t i e n t aus jeweils 8 Regionen ermittelte durchschnittliche Abnahme der cerebralen Durchblutung in der grauen Substanz
= a), in der weißen Substanz = b) und in der Gehirngesamtsubstanz
= c) und d) bei 9 Patienten mit einem einseitigen Verschluß der
A. carotis interna auf der Verschlußseite (Tabelle 23a) und auf
der Stenoseseite (Tabelle 23b) aufgeführt. Den Tabellen ist zu
entnehmen, daß die prozentuale Abnahme der Durchblutung in allen
Hirnsubstanzanteilen annähernd gleichmäßig erfolgte. Sie betrug
auf der Verschlußseite bei 3 Patienten (Fall Nr. 2, 5 und 7)
zwischen 50 und 60%, bei 4 Patienten (Fall Nr. 1, 3, 4 und 6)
zwischen 30 und 40% und bie 2 Patienten(Fall Nr. 8 und 9) zwischen 20 und 30%. Die Durchblutung in der Großhirnhemisphäre auf
der Seite der Carotisstenose war insgesamt in deutlich geringerem Ausmaße beeinträchtigt. Bei 3 Patienten jedoch (Fall Nr. 1,
4 und 9) war die Durchblutung der Großhirnhemisphäre auf der
Seite der Gefäßstenose stärker herabgesetzt als auf der Seite
des Carotisverschlusses. Die Gruppe mit der stärkeren Reduktion
der cerebralen Durchblutung auf der Seite der Carotisstenose umfaßt die 3 Patienten, bei denen die klinische Symptomatik durch
eine cerebrale Mangeldurchblutung auf der Seite der Carotisstenose zurückzuführen war. Die durchschnittliche Abnahme des CBF
betrug auf der Stenoseseite bei 3 Patienten (Fall Nr. 1, 4 und 5)
zwischen 30 und 40%, bei 2 Patienten (Fall Nr. 3 und 9) 20 - 30%
und bei 4 Patienten (Fall Nr. 2, 6, 7 und 8) 15 - 25%. Die in
Klammern angegebenen Fall-Nr. sind mit der Numerierung in Tabelle
22 identisch. Die Senkung des CBF erreichte, abgesehen von Einzelwertabweichungen und bei Durchblutungsabnahmen im Durchschnitt
um weniger als 20%, in allen anderen Fällen mit einer Irrtumswahrscheinlichkeit von 0,1 - 1% statistische Signifikanz.

Die Tabelle 24 gibt die Veränderung der Hirndurchblutung bei 7
Patienten nach der Operation der Carotisstenose wieder. Die postoperative Reangiographie und Kontrolldurchblutungsmessung wurde
im zeitlichen Abstand von 18 - 56 Tagen (durchschnittliches Zeitintervall: 28,4 Tage) nach der Gefäßoperation vorgenommen. In
Tabelle 24 wurden die pro Patient aus jeweils 8 Regionen bestimmten prä- und postoperativen Durchschnittsmittelwerte der cerebralen Durchblutung für die graue Substanz = a), die weiße Substanz
= b) und die Gehirngesamtsubstanz = c) und d) miteinander verglichen. Die prozentuale Zunahme erfolgte, bezogen auf den einzelnen
Patienten, in allen Hirnsubstanzanteilen gleichmäßig. Sie betrug
im Vergleich zum präoperativen Ausgangswert auf der Verschlußseite bei 3 Patienten (Fall Nr. 5, 6 und 7) 45 - 60%, bei 2 Patienten (Fall Nr. 1 und 4) 30 - 40% und bei 2 Patienten (Fall
Nr. 2 und 9) weniger als 25%. Auf der Stenoseseite war postoperativ eine Steigerung des CBF bei einem Patienten (Fall Nr. 7) um
50%, bei 3 Patienten (Fall Nr. 2, 4 und 5) um 30 - 40%, bei 2 Patienten (Fall Nr. 6 und 9) um 20 - 30% und bei einem Patienten
(Fall Nr. 1) um weniger als 20% zu verzeichnen. Bei keinem Patienten wurde postoperativ eine Verschlechterung der cerebralen Durchblutung beobachtet.

Tabelle 22. Klinische Daten und Untersuchungsergebnisse des Patientenkollek-

Fall-Nr. Alter m/w	Neurologische Symptomatik	Angiographischer Befund	Zeit-intervall
1 58 Jahre m	8 Tg. vor Klinikaufnahme plötzl. im Bein einsetzende Schwäche der re. Körperseite, re.-seit. Gefühlsmißempfin-dungen, Wortfindungs- u. Wortverständnisstörungen. Neurolog. Befund: Leichte brachiofacialbetonte Hemi-parese re. Motor.-sensor. Aphasie.	Carotisangiogramm li.: Kompl. Verschluß der A. carot. int., unmittelbar oberhalb der Carotisgabe-lung. Kollateralkreislauf zum Mediastromgebiet retro-grad über die A. ophthalmi-ca von der homolateralen A. carot. externa. Carotis-angiogramm re.: Hochgradige Sanduhrstenose der A. carot. int., 2 cm oberhalb der Carotisbifurkation. Kolla-teralkreislaufversorg. der Gefäßgruppen von der A. ce-rebri anterior u. media li. Vertebralis bds. o.B. Kein Kollateralkreislauf zum In-ternastromgebiet. Desoblite-ration der re. A. carot. int. mit Venenpatch-Plastik. Postop. Reangiographie 21 Tg. nach OP: Gut gelungene Gefäß-rekonstruktion.	12 Tage
2 48 Jahre w	Seit 5 J. Bluthochdruck u. Diabetes mellitus bekannt. 6 Wo. vor Klinikaufnahme plötzl. Halbseitenlähmung li. Neurolog. Befund: Mäßig-gradige armbetonte Halbsei-tenlähmung li.	Carotisangiogramm re.: Verschluß der A. carot. int. oberhalb der Teilungs-stelle der A. carot. commu-nis. Ungenügender Kollateral-kreislauf von der homolate-ralen A. carot. externa. Carotisangiogramm li.: Er-hebl. Stenose der A. carot. int. mit einer Gefäßlumen-einengung um 70%. Kollate-ralkreislauf zum Gefäßver-sorgungsbezirk der re. A. cerebri anterior. Vertebra-lis re. o.B. Guter Kollate-ralkreislauf zum Stromgebiet der re. A. cerebri media. Desobliteration der re. A. carot. int. mit Venenpatch-Plastik. Postop. Reangiogra-phie 22 Tg. nach OP: Gut ge-lungene Gefäßrekonstruktion.	46 Tage

Zeichenerklärung s. S. 132.

tivs einseitiger Carotisverschluß/Carotisstenose der Gegenseite

EEG	Herzbefund klinisch, Röntgen und EKG	RR	Labor	S	E	L	Rö.
Zwischenwellenherd in der li. Zentro-Temporal-Region.	Mäßige Erregungsrückbildungsstörungen li. präcordial.	160/90	N	Ø	Ø	N	N
Zwischenwellenherd re. temporal.	Deutl. Erregungsrückbildungsstörungen li. präcordial.	170/90	Diabetes mellitus Blutzuckerwerte 150-260 mg%). Serumcholesterinerhöhg. (240-290 mg%). Gesamtlipiderhöhung (1.090-1.240 mg%).	Ø	Ø	N	N

Tabelle 22 (Fortsetzung)

Fall-Nr. Alter m/w	Neurologische Symptomatik	Angiographischer Befund	Zeit- intervall
3 56 Jahre m	Im Alter v. 55 J. flücht. Schwäche der li. Gesichts-hälfte u. des li. Armes. 8 Wo. vor Klinikaufnahme vorübergehende Wortfindungs- u. Sprachstörungen. 8 Tg. vor Aufnahme akute Sehver-schlechterung auf re. Auge u. erneute Halbseitenschwä-che li. Neurolog. Befund: Latente spast. Hemiparese li.	Carotisangiogramm re.: Verschluß der A. carot. int. in Höhe der Carot.-Gabelung. Gut ausgebildeter Kollateralkreislauf retro-grad über die A. ophthalmica zu den Versorgungsgebieten der A. cerebri anterior u. media re. Carotisangiogramm li.: Hochgradige Sanduhr-stenose, 3 cm oberhalb der Carot.-Bifurkation. Keine Kollateralversorgung der re. Großhirnhemisphäre. Verte-bralis re u. li.: Diskrete arteriosklerot. Gefäßwand-veränderungen, sonst o.B. Kollateralkreislauf über d. A. communicans posterior zum Stromgebiet der A. ce-rebri media re.	11 Tage
4 59 Jahre m	8 Wo. vor Klinikaufnahme erstmals Schwindelgefühl, Kopfschmerzen u. flücht. Gefühlsmißempfindungen im li. Arm. 1 Wo. später Halbseitenschwäche li., die sich 8 Tg. nach Auf-nahme noch einmal ver-stärkte. Neurolog. Befund: Mäßiggradige armbetonte spast. Hemiparese u. Hemihypästhesie li.	Carotisangiogramm re.: Erhebl. Sanduhrstenose unmittelbar oberhalb der Carot.-Gabelung. Mäßiggra-dige arteriosklerot. Gefäß-wandveränderungen. Doppel-füllung der A. cerebri an-terior. Carotisangiogramm li.: Kompl. Verschluß der A. carot. int. in Höhe der A. carot. communis. Kein Kollateralkreisaluf der homolateralen A. carot. ex-terna. Vertebralis re.: Mäßiggradige arteriosklerot. Gefäßwandveränderungen. Guter Kollateralkreislauf über die A. communicans posterior zum Stromgebiet der li. A. cerebri media. Desobliteration der A. ca-rot. int. re. u. Teflon-patch-Plastik. Postop. Re-angiographie 18 Tg. nach OP: Gut gelungene Rekon-struktion des Gefäßlumens.	14 Tage

EEG	Herzbefund klinisch, Röntgen und EKG	RR	Labor	S	E	L	Rö.
Theta-Delta-Misch-focus re. zentro-parietal mit umge-bender leichter Allgemeinverände-rung.	Intraventricul. Erregungsausbrei-tungsstörungen li. präcordial u. dia-phragmal. Deutl. Erregungsrückbil-dungsstörungen li. präcordial.	180/90	N	N	Ø	N	N
Diskreter Zwischen-wellenherd in der re. Fronto-Zentral-Region.	Vereinzelt ventri-cul. Extrasystolen. Ausgeprägte Erre-gungsrückbildungs-störungen vom Typ der Innenschicht-hypoxie.	180/90	N	N	Ø	N	N

Tabelle 22 (Fortsetzung)

Fall-Nr. Alter m/w	Neurologische Symptomatik	Angiographischer Befund	Zeit- intervall
5 65 Jahre w	Seit 3 J. Bluthochdruck bekannt. 1 J. vor Aufnahme Verschluß der A. centralis retinae li. 14 Tg. vor Klinikaufnahme akute Halbseitenschwäche re. Neurolog. Befund: Brachiofacialbetonte spast. Hemiparese re. Mäßiggradiges organ. Psychosyndrom. Totale Opticusatrophie li.	Carotisangiogramm re.: Kompl. Verschluß der A. carot. int. in Höhe der Carot.-Gabelung. Geringe Kollateralversorgung zum Mediastromgebiet retrograd über die A. ophthalmica von der homolateralen A. carot. externa. Carotisangiogramm li. `Hochgradige Stenose der A. carot. communis. Kein Kollateralkreislauf zur re. Hemisphäre. Vertebralis re. u. li.: Mäßiggradige arteriosklerot. Gefäßwandveränderungen. Kein Kollateralkreislauf zu den Carotisstromgebieten. Desobliteration der li. A. carot. int. u. Dacronpatch-Plastik. Postop. Reangiographie 29 Tg. nach OP: Ausreichende Gefäßrekonstruktion mit Darstellg. der Gefäßgruppen von A. cerebri anterior u. media bds.	25 Tage
6 55 Jahre w	Seit 5 J. Diabetes mellitus u. Bluthochdruck bekannt. 2 Tg. vor Klinikaufnahme Schwindelgefühl, Gangunsicherheit, Schwäche u. Kraftlosigkeit im li. Bein. Neurolog. Befund: Latente beinbetonte spast. Hemiparese li. Leichte organ. Psychosyndrom.	Carotisangiographie re.: Kompl. Verschluß der A. carot. int. Keine Kollateralversorgung über die homolaterale A. carot. externa. Carotisangiogramm li.: Hochgradige Sanduhrstenose der A. carot. int. unmittelbar oberhalb ihres Abganges aus der A. carot. communis. Darstellg. der Gefäßgruppen von A. cerebri anterior u. media bds. Vertebralis li.: Hypoplasie. Vertebralis re. o.B. Guter Kollateralkreisl. ü. die A. communicans post. re. zum Stromgebiet der re. A. cerebri media u. anterior. Desobliteration der re. A. carot int. u. Venenpatch-Plastik. Postop. Reangiographie 24 Tg. nach OP: Gut gelungene Gefäßrekonstruktion.	26 Tage

EEG	Herzbefund klinisch, Röntgen und EKG	RR	Labor	S	E	L	Rö.
Leichte Allgemein-veränderung. Diskreter Theta-Delta-Mischfocus in der li. Fronto-Temporal-Region.	Alter Herzhinter-wandinfarkt. Innen-schichthypoxie li. präcordial u. dia-phragmal.	170/100	N	N	N	N	N
Leichter Theta-Delta-Mischfocus re. temporal mit umgebender Allge-meinveränderung.	N	180/90	Diabetes mellitus (Blutzucker-werte 120-180 mg%).	N	Ø	N	N

Tabelle 22 (Fortsetzung)

Fall-Nr. Alter m/w	Neurologische Symptomatik	Angiographischer Befund	Zeit- intervall
7 50 Jahre m	Seit 5 J. Bluthochdruck bekannt. 6 Tg. vor Klinikaufnahme akute Halbseitenlähmung re. u. schwere Störungen des Sprechvermögens u. des Sprachverständnisses. Neurolog. Befund: Ausgeprägte armbetonte spast. Halbseitenlähmung u. Hemihypäasthesie re. Motor.-sensor. Aphasie.	Carotisangiogramm li.: Kompl. Verschluß der A. carot. int. Schwacher Kollateralkreislauf zur li. Mediagefäßgruppe retrograd über die A. ophthalmical von der homolateralen A. carot. externa. Carotisangriogramm re.: Hochgradige Sanduhrstenose der A. carot. int. unmittelbar oberhalb ihres Abganges an der A. carot. communis. Kollateralkreislauf über die A. communicans anterior zu den Stromgebieten der A. cerebri anterior u. media li. Vertebralis re. u. li.: Mäßiggradige arteriosklerot. Gefäßwandveränderungen an den extra- u. intrakraniellen Arterien, sonst o.B. Kein Kollateralkreislauf zum Carotisstromgebiet. Desobliteration der re. A. carot. int. mit Venenpatch-Plastik, postop. Reangiographie 29 Tg. nach OP: Ausreichende Rekanalisation der A. carot. int. Noch mäßige Stenose am oberen Venenpatchrand mit einer Gefäßlumeneinengung um 40%.	9 Tage
8 59 Jahre m	Im Alter von 58 J. erstmals Schwäche im re. Bein, begleitet von Taubheitsgefühl in der gesamten re. Körperhälfte. In der Folgezeit schwankendes Befinden mit mehrmaliger Verstärkung der Kraftlosigkeit im re. Bein. Zuletzt 4 Wo. vor Aufnahme auch Ungeschicklichkeit in der re. Hand. Neurolog. Befund: Beinbetonte spast. Hemiparese re.	Carotisagiogramm li.: Kompl. Verschluß der A. carot. int. Kollateralkreislauf zum Mediastromgebiet retrograd über die homolaterale A. carotis externa. Carotisangiogramm re.: Mäßiggradige Carotisabgangsstenose mit einer Lumeneinengung um 50%. Kollateralversorgung durch die A. cerebri anterior. Vertebralis re. o.B. Kein Kollateralkreislauf zum Carotisstromgebiet.	35 Tage

EEG	Herzbefund klinisch, Röntgen und EKG	RR	Labor	S	E	L	Rö.
Ausgedehnte Verlangsamung bei zu raschen Deltawellen über der gesamten li. Hirnhälfte mit Maximum in der li. Zentro-Parieto-Temporal-Region.	Deutl. Erregungsrückbildungsstörungen über dem gesamten Präcordium.	180/90	N	Ø	Ø	N	N
Theta-Delta-Mischfocus in der li. Zentro-Parieto-Temporal-Region.	Zeichen der Vorhofüberlastung. Diskrete Innenschichthypoxie li. präcordial.	130/80	Serumcholesterinerhöhung (320-360 mg%). Neutralfetterhöhung (270-290 mg%).	Ø	Ø	N	N

Tabelle 22 (Fortsetzung)

Fall-Nr. Alter m/w	Neurologische Symptomatik	Angiographischer Befund	Zeit- intervall
9 58 Jahre m	Seit 10 J. Bluthochdruck bekannt. 8 Tg. vor Klinik- aufnahme plötzl. Bewußt- seinsstörungen, Schwindel- gefühl u. Gangunsicherheit. Wenige Std. später Schwäche der li. Körperhälfte. Neurolog. Befund: Latente beinbetonte spast. Hemi- parese li.	Carotisangiogramm re.: Stenose der A. carot. int., 1 cm oberhalb der Carot.-Bifurkation mit einer Lumeneinengung um ca. 70%. Darstellg. der Gefäßgruppen von A. cere- bri anterior u. media bds. Mäßiggradige arteriosk le- rot. Gefäßwandveränderun- gen an den intrakraniellen Arterien. Carotisangio- gramm li.: Kompl. Verschluß der A. carot. int., direkt am Abgang der A. carot. communis. Kein Kollateral- kreislauf über die homola- terale A. carot. externa. Vertebralis re.: Mäßiggra- dige arteriosklerot. Gefäß- wandveränderungen. Guter Kollateralkreislauf über die li. A. communicans posterior zum Versorgungs- gebiet der li. A. cerebri media.	24 Tage

m = männlich. w = weiblich. N = Normalbefund. S = Szintigramm. E = Echoence-

Diskussion

Die Ergebnisse der Hirndurchblutungsmessungen bei den Verschluß-
krankheiten der A. carotis interna zeigen übereinstimmend bei
annähernd 4/5 aller Kranken der 4 beschriebenen Patientenkollektive eine globale und/oder regionale Abnahme der cerebralen
Durchblutung um 20 - 50%. Die erheblichen interindividuellen
Unterschiede in der Senkung des CBF sind ursächlich auf eine
Reihe von Faktoren zurückzuführen, die neben der umschriebenen
Gefäßeinengung an der Halsschlagader z u s ä t z l i c h die
Durchblutung innerhalb einer Großhirnhemisphäre oder eines Teiles
von ihr beeinträchtigen. Dazu gehören die Ausprägung und Lokalisation arteriosklerotischer Gefäßwandveränderungen an der Gesamtheit der extra- und intrakraniellen Hirngefäße, die Ausbildung
und Funktionsfähigkeit cerebraler Kollateralkreisläufe und internistische Begleitkrankheiten, insbesondere der Herz-Kreislauf-
Organe, der Lungen und des Blutes. Der in allen Patientenkollektiven annähernd gleich große Anteil von 20% der Fälle, bei denen
trotz ausgeprägter Gefäßeinengungen an der Halsschlagader signi-

EEG	Herzbefund klinisch, Röntgen und· EKG	RR	Labor	S	E	L	Rö.
N	Innenschicht-hypoxiezeichen li. präcordial u. diaphragmal.	150/90	N	N	Ø	N	N

phalogramm. L = Liquor. Rö. = Röntgen-Schädel. P = pathologisch. RR = Blutdruck.

fikante Senkungen der cerebralen Durchblutung nicht vorlagen, ist hauptsächlich auf die angiographisch nachgewiesenen sehr günstigen Kollateralkreislaufverhältnisse und auf das Fehlen anderer den Hirnkreislauf negativ beeinflussender Begleitkrankheiten zurückzuführen. Wegen ihrer Bedeutung für die Interpretation der CBF-Ergebnisse wurden die neuroradiologischen Untersuchungsbefunde, die Resultate der übrigen neurologischen Zusatzuntersuchungen und die Werte der für den Hirnkreislauf wichtigsten internistischen Parameter in die Tabelle der klinischen Daten bei den Patientenkollektiven mit aufgenommen.

Die in einem hohen Prozentsatz der Fälle vorhandene beträchtliche Verminderung der Durchblutung in einer Großhirnhemisphäre beim Vorliegen eines ausgeprägten, örtlich umschriebenen Strömungshindernisses an der zuführenden Halsschlagader ist eine Stütze für die Hypothese, daß h ä m o d y n a m i s c h e F a k t o r e n für die Entstehung cerebraler Mangeldurchblutungen bei diesen Gefäßerkrankungen von ausschlaggebender Bedeutung sind. Neben dem Nachweis einer Durchblutungsabnahme zu

Tabelle 23a. Das Verhalten der Hirndurchblutung beim einseitigen Carotisverschluß in Kombination mit einer Carotisstenose der Gegenseite. (Vergleich der Normalgesamtmittelwerte mit den Gesamtmittelwerten der cerebralen Durchblutung auf der Seite des Gefäßverschlusses. n = 9. CBF-Werte korr. für $apCO_2$ = 40 mm Hg.) T-Test

Fall Nr.	Hirnsubstanzanteile	CBF-Mittelwert Verschlußseite	Standardabweichung	Abnahme des CBF in ml	Abnahme des CBF in %	S
1	a)	95,51	14,43	30,96	24,50	***
	b)	24,38	3,86	8,22	25,21	***
	c)	53,02	9,55	22,85	30,15	***
	d)	47,63	9,36	21,37	30,99	***
2	a)	60,15	8,90	66,32	52,42	***
	b)	10,49	2,57	22,09	57,78	***
	c)	29,82	8,32	46,05	60,68	***
	d)	33,85	10,84	34,35	51,62	***
3	a)	87,76	7,48	14,64	38,71	***
	b)	17,01	3,86	11,43	15,57	***
	c)	47,02	10,74	7,61	28,85	***
	d)	39,76	10,65	7,77	29,24	***
4	a)	91,36	9,34	35,11	27,75	***
	b)	22,75	3,44	9,84	30,18	***
	c)	50,24	6,09	25,63	33,78	***
	d)	46,11	6,16	22,89	33,15	***
5	a)	63,61	8,68	64,86	49,70	***
	b)	16,36	5,14	16,22	49,76	***
	c)	35,11	10,09	40,76	53,71	***
	d)	32,49	9,40	36,51	52,91	***
6	a)	79,34	12,31	47,13	37,28	**
	b)	24,51	4,67	8,07	24,83	**
	c)	43,17	9,24	32,73	43,11	**
	d)	37,01	8,32	31,99	46,39	**
7	a)	40,26	5,85	86,21	68,19	***
	b)	11,51	2,62	11,07	64,72	***
	c)	24,38	3,89	51,49	67,88	***
	d)	25,61	3,09	43,39	62,87	***
8	a)	89,61	12,26	36,86	29,13	***
	b)	23,63	3,26	8,95	27,50	***
	c)	54,13	6,68	21,64	28,65	***
	d)	49,36	5,48	19,64	28,44	***
9	a)	115,36	19,34	11,11	8,78	*
	b)	28,49	4,15	4,09	13,05	*
	c)	62,49	3,64	13,38	17,53	*
	d)	54,74	7,62	14,26	20,67	*

a) = Durchblutung der grauen Substanz.
b) = Durchblutung der weißen Substanz.
c) = Mittlere regionale Gesamtdurchblutung (2-Funktionen-Analyse).
d) = Mittlere regionale Gesamtdurchblutung (stochastische Analyse).
CBF = Hirndurchblutung (ml/100 g/min).
S = Signifikanzen: * = Irrtumswahrscheinlichkeit 5%. ** = Irrtumswahrscheinlichkeit 1%. *** = Irrtumswahrscheinlichkeit 0,1%.
CBF-Normalgesamtmittelwerte und ihre S.D. für a) - d): s. Tabelle 11.

Tabelle 23b. Das Verhalten der Hirndurchblutung beim einseitigen Carotisverschluß in Kombination mit einer Carotisstenose der Gegenseite. (Vergleich der Normalgesamtmittelwerte mit den Gesamtmittelwerten der cerebralen Durchblutung auf der Seite der Gefäßstenose. n = 9. CBF-Werte korr. für $apCO_2$ = 40 mm Hg.) T-Test

Fall Nr.	Hirn- substanz anteile	CBF- Mittelwert Stenose	Standard- abweichung	Abnahme des CBF in ml	Abnahme des CBF in %	S
1	a)	78,02	16,38	48,45	38,34	**
	b)	20,52	7,24	12,06	37,11	**
	c)	51,39	13,76	24,48	32,29	**
	d)	40,89	9,97	28,11	40,77	***
2	a)	100,35	11,07	26,12	20,68	**
	b)	23,18	6,40	9,40	28,94	**
	c)	56,02	4,62	19,85	26,19	***
	d)	49,85	4,81	19,15	27,78	***
3	a)	95,51	14,44	30,96	24,50	***
	b)	24,38	3,87	8,20	25,21	***
	c)	53,01	9,46	22,86	30,15	***
	d)	47,63	9,39	21,37	30,98	***
4	a)	79,34	12,34	47,13	37,28	**
	b)	29,51	4,68	8,07	24,83	**
	c)	43,17	9,24	32,70	43,11	**
	d)	37,01	8,32	31,99	36,39	**
5	a)	56,51	11,77	69,96	55,33	***
	b)	22,34	4,75	10,24	31,48	**
	c)	38,51	8,46	37,36	49,27	***
	d)	36,99	6,80	32,01	46,39	***
6	a)	98,23	12,29	28,14	22,33	***
	b)	28,98	4,72	3,60	11,02	*
	c)	60,60	9,13	15,27	20,10	**
	d)	54,36	10,87	14,64	21,21	**
7	a)	86,17	7,67	40,30	31,89	***
	b)	22,34	4,63	10,24	31,48	***
	c)	56,01	6,56	21,20	27,97	***
	d)	49,29	5,87	20,16	29,25	**
8	a)	106,03	15,65	20,44	8,40	*
	b)	31,55	3,53	1,03	3,33	
	c)	68,04	8,48	7,83	10,38	
	d)	59,55	4,94	9,45	13,78	
9	a)	91,38	7,64	35,11	27,82	***
	b)	20,26	4,75	12,34	37,87	***
	c)	48,51	13,00	27,38	36,09	***
	d)	43,26	13,78	25,76	37,33	***

a) = Durchblutung der grauen Substanz.
b) = Durchblutung der weißen Substanz.
c) = Mittlere regionale Gesamtdurchblutung (2-Funktionen-Analyse).
d) = Mittlere regionale Gesamtdurchblutung (stochastische Analyse).
CBF = Hirndurchblutung (ml/100 g/min).
S = Signifikanzen: * = Irrtumswahrscheinlichkeit 5%. ** = Irrtumswahrscheinlichkeit 1%. *** = Irrtumswahrscheinlichkeit 0,1%.
CBF-Normalgesamtmittelwerte und ihre S.D. für a) - d): s. Tabelle 11.

Tabelle 24. Das Verhalten der Hirndurchblutung beim einseitigen Carotisver-
Operation der Carotisstenose. (n = 7. CBF-Werte korr. für $apCO_2$ = 40 mm Hg.)

Fall Nr.	Hirn-substanz-anteile	Verschlußseite				S	Zunahme des CBF in %
		CBF-Mittelwert "prä"	Standard-abweichung "prä"	CBF-Mittelwert "post"	Standard-abweichung "post"		
1	a)	95,51	14,43	124,12	17,46	**	23,25
	b)	24,38	3,86	30,11	4,85	**	23,50
	c)	53,02	9,55	68,73	11,20	**	29,63
	d)	47,63	9,33	57,14	10,75	**	20,03
2	a)	60,15	8,90	75,18	11,48	*	24,99
	b)	10,49	2,57	13,80	2,75	*	31,55
	c)	29,82	8,32	35,24	7,97	*	18,18
	d)	33,85	10,84	40,12	8,21	*	18,52
4	a)	91,36	9,34	119,12	14,72	*	30,39
	b)	22,75	3,44	27,16	4,61	*	19,39
	c)	50,24	6,09	61,81	7,13	*	23,03
	d)	46,11	6,16	57,21	7,32	*	24,07
5	a)	63,61	8,68	91,50	9,66	***	43,85
	b)	16,36	5,14	23,18	3,47	***	41,69
	c)	35,11	10,09	51,13	6,18	***	45,63
	d)	32,49	9,40	47,10	6,89	***	44,97
6	a)	79,34	12,31	114,32	18,35	**	44,08
	b)	24,51	4,67	34,50	5,21	**	40,76
	c)	43,17	9,24	58,18	9,88	**	34,76
	d)	37,01	8,32	53,04	9,36	**	43,31
7	a)	40,26	5,85	61,16	8,88	***	51,91
	b)	11,51	2,62	15,80	2,23	***	37,27
	c)	24,38	3,89	38,36	7,71	***	57,34
	d)	25,61	3,09	39,12	9,28	***	52,75
9	a)	115,36	19,34	126,12	13,42		9,33
	b)	28,49	4,15	30,22	3,27		6,11
	c)	62,49	8,64	69,62	7,50		11,41
	d)	54,74	7,62	62,25	7,55		13,72

a) = Durchblutung der grauen Substanz.
b) = Durchblutung der weißen Substanz.
c) = Mittlere regionale Gesamtdurchblutung (2-Funktionen-Analyse).
d) = Mittlere regionale Gesamtdurchblutung (stochastische Analyse).
"prä" = vor der Operation.
"post" = nach der Operation.
CBF = Hirndurchblutung (ml/100 g/min).
S = Signifikanzen: * = Irrtumswahrscheinlichkeit 5%.
                 ** = Irrtumswahrscheinlichkeit 1%
                *** = Irrtumswahrscheinlichkeit 0,1%.

schluß in Kombination mit einer Carotisstenose der Gegenseite vor und nach

| CBF-Mittelwert "prä" | Stenoseseite | | | S | Zunahme des CBF in % |
	Standard-abweichung "prä"	CBF-Mittelwert "post"	Standard-abweichung "post"		
78,02	16,37	93,46	9,38	*	19,79
20,52	7,24	29,10	3,57	*	17,46
51,39	13,76	60,13	6,17	*	17,01
40,89	9,97	48,00	7,32	*	17,39
100,35	11,07	126,11	18,99	*	20,69
23,18	6,40	29,84	4,58	*	28,73
56,02	4,62	66,11	11,32	*	18,01
49,85	4,81	58,37	10,17	*	17,09
79,34	12,34	120,16	21,11	***	51,45
24,51	4,68	32,48	5,03	***	32,52
43,17	9,24	63,00	9,65	***	45,93
37,01	8,32	52,73	8,98	***	42,48
56,51	11,77	80,30	12,48	**	42,10
23,34	4,75	29,12	5,21	**	24,76
38,51	8,46	54,41	8,77	**	41,29
36,99	6,80	50,82	9,32	**	37,39
98,23	12,29	120,38	21,13	*	22,55
28,98	4,72	29,15	4,37	*	7,31
60,60	9,13	74,58	9,46	*	23,07
54,36	10,87	66,83	8,15	*	22,94
86,17	7,67	126,50	8,71	***	46,87
22,34	4,63	32,62	5,72	***	46,02
56,01	6,56	73,16	9,38	***	30,62
49,29	5,87	68,30	8,01	***	38,57
91,38	7,64	115,17	12,93	*	26,02
20,26	4,75	27,14	2,97	**	33,96
48,51	13,00	63,01	7,53	**	29,85
43,26	13,78	57,18	8,46	**	32,11

Vergleich zu einem Normalkollektiv können die Ergebnisse der vergleichenden prä-postoperativen Durchblutungsmessungen für die Beurteilung der hämodynamischen Wirksamkeit stenosierender Erkrankungen an der Halsschlagader herangezogen werden. Bei den Patientenkollektiven mit einer Stenose und einem Kinking der Arteria carotis interna waren nach der Gefäßoperation Verbesserungen der Gehirndurchblutung um 20 - 100% im Vergleich zum präoperativen Ausgangswert nachweisbar. Die Zunahme des CBF ist in diesen Fällen auf die Beseitigung des hämodynamisch wirksamen Strömungshindernisses in der A. carotis interna zurückzuführen. Eine andere Erklärung für die postoperative Durchblutungsverbesserung bestünde in der Annahme, daß auch ohne gefäßchirurgische Behandlung in einem angemessenen Zeitraum von mehreren Wochen bis Monaten über die Ausbildung eines entsprechenden Kollateralkreis-

laufs die cerebrale Durchblutung spontan annähernd gleich hohe
Werte erreichen würde. Durchblutungsmessungen, die diese Hypothese unterstützen könnten, liegen nicht vor. Um diese Frage zu
klären, haben wir bei 5 Patienten der eigenen Untersuchungsreihe
(Fall Nr. 2, 3 und 7 der Tabelle 10 sowie Fall Nr. 1 und 8 in
Tabelle 19) rCBF-Kontrollmessungen im zeitlichen Abstand von
3 - 6 Monaten durchgeführt. Während dieser Zeit war eine wesentliche Veränderung des Krankheitsbildes bei keinem Patienten eingetreten. Die Durchblutungswerte zeigten im Vergleich zu den
Meßergebnissen, die 3 - 5 Wochen nach dem letzten cerebrovasculären Insult erhoben wurden, keine signifikanten Unterschiede.
Auf Grund dieser Untersuchungsergebnisse sind spontane Verbesserungen der cerebralen Durchblutung in dem durch die gefäßchirurgische Operation erreichten Ausmaß sehr unwahrscheinlich.
Der zeitliche Abstand der rCBF-Messung zwischen dem cerebrovasculären Insult und der Gefäßoperation einerseits und der Hirndurchblutungsmessung nach der Operation andererseits betrug
durchschnittlich 4 - 5 Wochen. Dieser Zeitraum wurde gewählt,
um akute cerebrale Zirkulationsveränderungen, die in den ersten
Tagen nach einem cerebrovasculären Insult beschrieben sind, weitgehend auszuschließen und um ein stationäres Stadium des Krankheitsbildes abzuwarten.

Die Bedeutung der gefäßchirurgisch erreichten Verbesserungen
der cerebralen Durchblutung läßt sich in vollem Umfang nur durch
vergleichende Langzeitbeobachtungen randomisierter Patientenkollektive beurteilen. Die Frühprognose ist bei den gefäßchirurgisch behandelten Patienten im Bezug auf das Tempo und Ausmaß
der Rückbildung neurologischer Ausfallserscheinungen eindeutig
günstiger zu stellen als bei den nicht operierten Fällen.

Systematische Untersuchungen über das Verhalten der Hirndurchblutung bei den Verschlußkrankheiten der A. carotis interna
sind im Vergleich zu einem Normalkollektiv bisher nicht durchgeführt worden. Seit 1968 erschienen jedoch in größerer Zahl
Arbeiten über die Veränderung der cerebralen Durchblutung unmittelbar nach dem Abklemmen der A. carotis communis bei der
operativen Behandlung stenosierender Erkrankungen der Halsschlagader (22, 60-64, 308, 312, 355, 490, 491, 530, 546, 626). AGNOLI
und Mitarb. (22) fanden bei 7 Patienten nach Unterbrechung der
Blutzufuhr in der A. carotis interna eine durchschnittliche Abnahme des CBF in der betroffenen Großhirnhemisphäre um 42%.
Durch Hyperventilation, CO_2-Inhalation oder Anhebung des arteriellen Mitteldrucks ließ sich das Ausmaß der Durchblutungssenkung nicht verringern.

PISTOLESE und Mitarb. (490, 491) fanden nach dem Abklemmen der
A. carotis communis einen Abfall des CBF um durchschnittlich
25% in Normokapnie und um durchschnittlich 45% bei Hypokapnie.

BOYSEN und Mitarb., die in mehreren Veröffentlichungen (60-64)
auf die Bedeutung quantitativer Hirndurchblutungsmessungen bei
der operativen Behandlung der Carotisstenose unter verschiedenen
Ausgangsbedingungen hingewiesen haben, stellten in ihrem Krankengut eine Senkung der Durchblutung in einer Großhirnhemisphäre
um 11 - 89% (durchschnittliche Abnahme: 39%) nach dem Abklemmen
der A. carotis interna fest. Die von den Autoren angegebene

durchschnittliche Abnahme der cerebralen Durchblutung um 35 - 40%
nach Unterbrechung der Blutzufuhr in einer Halsschlagader ist mit
der Senkung der Hirndurchblutung bei den Patientenkollektiven mit
einem Carotisverschluß in der eigenen Untersuchungsreihe unmittelbar nicht vergleichbar, da es sich bei unserem Krankengut um
Patienten mit einem irreversiblen und über einen längeren Zeitraum bestehenden Carotisverschluß handelte. Die annähernd gleich
hohe Verminderung der cerebralen Durchblutung beim Carotisverschluß um durchschnittlich 35 - 45% und die ähnlich große interindividuelle Streuung in der Abnahme des CBF um 15 - 60% in der
eigenen Untersuchungsserie sind jedoch bemerkenswert und lassen
darauf schließen, daß bei unseren Patientenkollektiven eine Verbesserung der Gehirndurchblutung durch Ausbildung entsprechender
Kollateralkreisläufe nach dem akuten Gefäßverschluß nicht erfolgt
war.

FIESCHI und Mitarb. (140) haben Hirndurchblutungsmessungen bei
50 Patienten mit cerebrovasculären Erkrankungen durchgeführt,
unter denen sich auch 5 Patienten mit einer Carotisthrombose
befanden. Die durchschnittliche Abnahme des CBF bei dem gemisch-
ten Krankengut betrug 34% (Berechnung nach der stochastischen
Analyse). Bei 5 Patienten mit einer Carotisthrombose fand sich
eine durchschnittliche Abnahme der Hirndurchblutung um 24,5%.
Die klinischen und neuroradiologischen Befunde dieser Patienten
werden nicht mitgeteilt.

JAFFE und Mitarb. (302) haben bei 100 neurologisch kranken Patienten die Hirndurchblutung gemessen, unter denen sich auch 4
Patienten mit einer Carotisstenose und 2 mit einem Carotisverschluß befanden. Zahlenangaben über das Verhalten der Hirndurchblutung bei diesen 6 Patienten werden nicht mitgeteilt.

Die im Zusammenhang mit der operativen Behandlung der Carotisstenose von FOURCADE und Mitarb. (157), JENNETT und Mitarb. (308,
312), EHRENFELD und Mitarb. (121), LADEGAARD-PEDERSEN und Mitarb.
(355) durchgeführten Untersuchungen dienten der Ermittlung von
Beziehungen zwischen dem Blutdruck im Carotisstumpf oberhalb der
Abklemmung und der Durchblutung in der korrespondierenden Hirnhemisphäre. Diese Untersuchungen, wie auch die Arbeiten der vorgenannten Autoren, sind in erster Linie von dem Bemühen gekennzeichnet, protektive Mechanismen für die Hirndurchblutung bei
der Operation einer Carotisstenose aufzudecken. Infolgedessen
wurden Durchblutungsmessungen nach dem Abklemmen der A. carotis
interna im Zustand der Hypo-, Normo- und Hyperkapnie, bei normalem Blutdruck und induzierter Blutdruckerhöhung sowie bei hyper-
barer Sauerstoffbeatmung vorgenommen. Demgegenüber traten Untersuchungen über die Veränderung der cerebralen Durchblutung bei
den Verschlußkrankheiten der A. carotis interna im Vergleich zu
einem Normalkollektiv und Untersuchungen über den postoperativen
Langzeiteffekt bei diesen Erkrankungen in den Hintergrund.

Die von BREGENTZ und Mitarb. (68) mit der N_2O-Methode durchgeführten prä-postoperativen CBF'-Messungen bei 7 Patienten zeigten
einen Monat nach der Operation in 4 Fällen eine verbesserte und
in 3 Fällen eine unveränderte Hirndurchblutung. Die neuroradiologischen Befunde, der Stenosegrad und genaue klinische Daten
werden nicht angegeben. Auch erscheint die Anwendung der Stick-

oxydul-Methode wegen der Bestimmung der Gesamthirndurchblutung
für prä-postoperative Vergleiche der Durchblutung in einer Großhirnhemisphäre nicht so geeignet wie die intraarterielle Isotopen-
Clearance.

Die von O'BRIEN und Mitarb. (455) mit der semiquantitativen Xenon-
Inhalationsmethode durchgeführten prä-postoperativen CBF-Messungen bei der Carotisstenose ergaben keine verwertbaren Korrelatio-
nen zwischen den Durchblutungswerten vor und nach der Operation.
Die mit der Inhalationsmethode gewonnenen Untersuchungsergebnisse
sind wegen der ihr anhaftenden methodischen Mängel (s. Kapitel
I, S. 4 u. 5) mit großer Zurückhaltung zu bewerten.

WALTZ und Mitarb. (626) haben unter Verwendung eines Szintillationszählers bei 28 Patienten vor und unmittelbar nach der End-
arteriektomie Hirndurchblutungsmessungen ausgeführt. Bei 14 Patienten ergab sich eine postoperative Durchblutungsverbesserung,
bei den übrigen 14 blieb der CBF unverändert. Aus den Durchblutungswerten, die unmittelbar nach Wiedereröffnung der Carotisstrombahn bestimmt wurden, sind Rückschlüsse auf die langfristige
Beeinflussung der cerebralen Durchblutung nach Beseitigung des
Strömungshindernisses an der Halsschlagader nicht möglich, da,
wie von den Autoren selbst ausgeführt, bei allen Patienten durch
die Operation eine akute cerebrale Zirkulationsstörung ausgelöst
wird, welche die Ergebnisse der CBF-Messung sofort nach Wiedereröffnung der Carotisstrombahn beeinflußt. Für die Beurteilung
des Langzeiteffektes der Carotisdesobliteration auf die Hirndurchblutung sind cerebrale Durchblutungsmessungen vor und in
mehrwöchigem Abstand nach der Gefäßoperation aussagekräftiger.
Nach einem solchen Zeitintervall sind alle akuten Folgen der
Gefäßoperation abgeklungen, und ein verhältnismäßig stationäres
Stadium des Krankheitsbildes ist eingetreten.

Prä-postoperative Hirndurchblutungsmessungen nach einem solchen
Zeitraum wurden bisher nur von CHRISTENSEN-LOU und von WOWERN
(85) bei 2 angiographisch kontrollierten Patienten vorgenommen.
Die Autoren fanden bei diesen Patienten 4 Wochen nach der Carotisdesobliteration eine durchschnittliche Zunahme der Durchblutung in der korrespondierenden Großhirnhemisphäre um durchschnittlich 35%. Diese Befunde stehen mit den eigenen Untersuchungsergebnissen in guter Übereinstimmung.

II. Die intrakraniellen cerebrovasculären Erkrankungen

1. Total- oder Teilverschluß der Arteria cerebri media, anterior oder posterior

Untersuchungen über das Verhalten der Hirndurchblutung beim angiographisch nachgewiesenen vollständigen oder partiellen Verschluß der vorderen, mittleren oder hinteren Hirnarterie haben
wir bei 10 Patienten im Alter zwischen 26 und 63 Jahren durchgeführt. Das durchschnittliche Lebensalter des Patientenkollektivs
betrug 46,8 Jahre. Es lag damit deutlich unter dem Durchschnittsalter der Patientenkollektive bei den Verschlußkrankheiten der
A. carotis interna. Die klinischen Daten, angiographischen Be-

funde und Ergebnisse der Hirndurchblutungsmessungen von 10 typ.
Fällen sind in Tabelle 25 zusammengestellt. Bei 7 Patienten (Fall
Nr. 1, 2, 4, 5, 6, 7 und 9) lag ein Teilverschluß der A. cerebri
media, bei 2 Patienten (Fall Nr. 8 und 10) ein Teil- oder Totalverschluß der A. cerebri posterior und bei einem Patienten (Fall
Nr. 3) ein Verschluß der A. cerebri anterior vor. Bei allen Patienten waren ein- oder mehrmals cerebrale Ischämien auf der Seite des Gefäßverschlusses aufgetreten, die leichte bis mäßiggradige neurologische Ausfallserscheinungen hinterlassen hatten. Die
angiographische Abklärung der cerebralen Gefäßverhältnisse und
die Messung der örtlichen Hirndurchblutung erfolgten im zeitlichen Abstand von 9 - 26 Tagen (durchschnittliches Zeitintervall:
14,6 Tage) nach dem Einsetzen der letzten für die klinische
Symptomatik maßgeblichen cerebralen Mangeldurchblutung. Die
Gehirndurchblutungsmessung deckte in allen Fällen einen in seiner Ausprägung sehr unterschiedlichen ischämischen Herd auf.
Bei 5 der 10 Patienten lag außerdem eine globale Verminderung
der Durchblutung in der zugehörigen Hirnhemisphäre mit einer
durchschnittlichen Abnahme des CBF um 25% vor. Die Korrelation
von ischämischen Foci zu cerebralen Gefäßversorgungsbezirken,
die entsprechend den angiographisch nachgewiesenen Gefäßverschlüssen bestimmt werden konnten, war sehr hoch. Bei Verwendung
von 10 Szintillationszählern in der von uns angegebenen Kollimierung waren in mindestens einem, in der Mehrzahl der Fälle jedoch in zwei Meßarealen eindeutige (d.h. mit einer Irrtumswahrscheinlichkeit von weniger als 1%) regionale Mangeldurchblutungen nachweisbar. Die Zuordnung der regional erniedrigten Durchblutungswerte zu einem bestimmten arteriellen Gefäßversorgungsbezirk und einer Hirnregion, die entsprechend dem in Tabelle
1 (S. 16) angegebenen Prinzip vorgenommen wurde, zeigte eine
gute Übereinstimmung zwischen den hirnpathologisch definierten klinisch-neurologischen Ausfallserscheinungen und den Ergebnissen der örtlichen Hirndurchblutungsmessung. Besonders ein-
drucksvolle Beispiele stellen dafür die Fälle 1, 3 und 8 dar.

In Fall 1 handelt es sich um einen 26jährigen Patienten mit einem
Media-Teilverschluß rechts, bei dem eine brachiofacialbetonte
spastische Hemiparese, eine Hemihypästhesie für alle Qualitäten
und eine homonyme Hemianopsie nach links vorlagen. Angiographisch
waren die Ae. praecentralis, centralis, parietalis anterior und
posterior sowie die A. gyriangularis nicht zur Darstellung gekommen. Entsprechend den Versorgungsgebieten dieser Gefäße deckte
die örtliche Hirndurchblutungsmessung in den Arealen C, D, E, F,
I und G der Präzentro-Zentro-Parieto-Temporal-Region einen ausgedehnten ischämischen Focus auf (Abb. 18).

In Fall 3 war bei einem 30jährigen Patienten ein Verschluß der
rechten A. cerebri anterior nach Ruptur eines Aneurysma am Fuß
der vorderen Hirnarterie aufgetreten. Nachfolgend hatte sich
eine spastische Parese und Hypästhesie für alle Qualitäten am
linken Bein entwickelt. Die 1 Jahr nach der Subarachnoidalblutung
durchgeführte örtliche Hirndurchblutungsmessung deckte in 3 Meßfeldern der Fronto-Präzentro-Zentral-Region (Areale B, C, D),
deren Meßräume je zur Hälfte im Versorgungsgebiet der A. cerebri
anterior lokalisiert sind, einen deutlichen ischämischen Focus
auf (Abb. 19).

Tabelle 25. Klinische Daten und Untersuchungsergebnisse des Patientenkollektivs

Fall-Nr. Alter m/w	Neurologische Symptomatik	Angiographischer Befund	Zeit- intervall
1 28 Jahre m	3 Tg. vor Klinikaufnahme akute Halbseitenlähmung li. Neurolog. Befund: Brachio-facialbetonte spast. Hemiparese, Hemihypästhesie für alle Qualitäten u. homonyme Hemianopsie n. li.	Carotisangiographie re.: Mediateilverschluß. Kollateralversorgung über meningeale Anostomosen aus dem Stromgebiet der A. cerebri anterior u. posterior. Carotisangiogramm li.: o.B.	5 Tage
2 41 Jahre m	Seit 3 J. Bluthochdruck u. Diabetes mellitus bekannt. 3 Tg. vor Klinikaufnahme plötzl. Halbseitenlähmung re. u. Sprachverständnis-störungen. Neurolog. Befund: Diskrete armbetonte spast. Hemiparese re. Sensor. Aphasie.	Carotisangiogramm li.: Verschluß der A. temporalis posterior. Übrige extra- u. intrakraniellen Hirngefäße o.B. Carotisangiogramm re.: o.B.	16 Tage
3 30 Jahre m	Im Alter v. 29 J. plötzl. heftigste Kopfschmerzen, Störungen des Sprechvermögens u. Schwäche mit allmähl., jedoch unvollständ. Rückbildung der neurolog. Ausfallserscheinungen. 14 Tg. vor Klinikaufnahme erneute Schwäche im li. Bein, begleitet von Taubheitsgefühl u. Gefühls-mißempfindungen. Neurolog. Befund: Spast. Parese u. Hypästhesie für alle Qualitäten des li. Beines. Leichte motor. Aphasie.	Carotisangiogramm re.: Verschluß der A. cerebri anterior unmittelbar nach ihrem Abgang aus der A. carot. int. Spärliche Kollateralversorung über meningeale Anostomosen aus dem Stromgebiet der A. cerebri media. An den übrigen extra- u. intrakraniellen Hirngefäßen kein krankhafter Befund. Carotisangiogramm li.: Keine Darstellung des re. Anteriorstromgebietes. Kein Kollateralkreislauf z. re. Seite.	22 Tage
4 54 Jahre m	14 Tg. vor Klinikaufnahme plötzl. Schwindel, Stirn-kopfschmerz u. flüchtige Sehstörungen. Anschließend Schwäche der gesamten li. Körperhälfte. Neurolog. Befund: Spast. Hemiparese u. Hemihypästhesie li.	Carotisangiogramm re.: Ausfall zweier parietaler Operculararterien. Übrige intra- u. extrakranielle Gefäße regelrecht. Carotisangiogramm li.: o.B.	26 Tage

Zeichenerklärung: s. S. 146.

mit einem Total- oder Teilverschluß der A.cerebri media, anterior oder posterior

rCBF-Befund	EEG	Herzbefund. klinisch, Röntgen und EKG	RR	Labor	S	L	Rö.
Ischämischer Focus in der Präzentro-Zentro-Temporal-Region. Durchblutungswerte der übrigen Regionen im Normbereich.	Theta-Delta-Wellenherd über der gesamten re. Hirnregion mit Maximum re. zentro-parieto-temporal.	N	130/80	N	N	N	N
Ausgeprägter ischämischer Focus in der mittleren Temporal-Region. Normale Durchblutungswerte in den übrigen Regionen.	Leichter Zwischenwellenherd li. zentro-parietal.	N	150/90	Diabetes mellitus (Blut-zucker-werte 110-140 mg%).	N	N	N
Ischämischer Focus fronto-basal u. präzentro-zentral. rCBF-Werte der übrigen Regionen o.B.	Diskreter Zwischenwellenherd re. fronto-präzentral.	N	130/80	N	N	N	N
Ischämischer Focus in der li. Prä-zentro-Zentral-Region. rCBF-Werte der übrigen Regionen um 20-25% gesenkt.	Diskrete herd-förmige Ver-langsamung in der re. Zentro-Parietal-Region.	Diskrete Er-regungsrück-bildungsstö-rungen li. präcordial.	110/70	N	N	N	N

Tabelle 25 (Fortsetzung)

Fall-Nr. Alter m/w	Neurologische Symptomatik	Angiographischer Befund	Zeit- intervall
5 54 Jahre m	Seit 3 J. Diabetes mellitus u. Bluthochdruck bekannt. Im Alter von 53 J. flücht. Halbseitenschwäche re. u. Sprachstörungen, die sich innerhalb von 14 Tg. wieder zurückbildeten. 1 Tag vor Aufnahme plötzl. Halbseitenlähmung re. u. Sprachstörungen. Neurolog. Befund: Brachiofacialbetonte spast. Hemiparese re. Ausgeprägte motor.-sensor. Aphasie. Organ. Psychosyndrom.	Carotisangiogramm li.: Hochgradige Stenose der A. cerebri media. 1 cm nach ihrem Abgang aus der A. carot. int. Carotisangiogramm re.: Abgesehen von leichten arteriosklerotischen Gefäßwandveränderungen o.B.	9 Tage
6 47 Jahre w	Im Alter von 45 J. erstmals Gefühlsstörungen u. Kraftlosigkeit im Bereich der re. Gesichtshälfte u. der re. Hand. Seit 1/2 J. zwei Rezidive, zuletzt m. motor. Reizerscheinungen im Bereich der re. Hand u. des re. Mundwinkels. Neurolog. Gefund: Diskrete spast. Armparese re.	Carotisangiogramm li.: Ausfall einer frontalen Operculararterie. Übrige extra- u. intrakranielle Hirngefäße o.B. Carotisangiogramm re. o.B.	11 Tage
7 63 Jahre m	8 Wo vor Klinikaufnahme erstmals flücht. Schwäche der re. Hand, die sich nach wenigen Tagen zurückbildete. 1 Tag vor Aufnahme plötzl. Halbseitenschwäche re. u. Sprachstörungen. Neurolog. Befund: Mäßiggradige brachiofacialbetonte spast. Hemiparese re. u. sensor. Aphasie.	Carotisangiogramm li.: Ausfall zweier parietaler Operculararterien. Leichtgradige arteriosklerot. Gefäßwandveränderungen, sonst o.B. Carotisangiogramm re.: Abgesehen von geringfügigen arteriosklerot. Gefäßwandveränderungen kein krankhafter Befund.	12 Tage
8 42 Jahre w	8 Tg. vor Klinikaufnahme plötzl. Gesichtsfeldausfall zur re. Seite. Flücht. Sprachstörungen. Neurolog. Befund: Homonyme Hemianopsie nach re. Diskrete sensor. aphasische Störungen.	Vertebralisangiogramm re. u. li.: Verschluß der A. occipitalis interna li., sonst o.B. Carotisangiogramm re. u. li.: o.B.	12 Tage
9 52 Jahre m	8 Tg. vor Klinikaufnahme akute Halbseitenlähmung re. mit Störungen des Sprachverständnisses u. des Sprechvermögens. Neurolog. Befund: Spast. Hemiparese re. Motor.-sensor. Aphasie.	Carotisangiogramm li.: Media-Teilverschluß. Carotisangiogramm li. u. Vertebralis re.: o.B.	10 Tage

rCBF-Befund	EEG	Herzbefund klinisch, Röntgen und EKG	RR	Labor	S	L	Rö.
Ausgeprägter ischämischer Focus in der Zentro-Parieto-Temporal-Region mit Senkg. der rCBF-Werte um 50-60%. Verminderung des CBF auch in den übrigen Meßfeldern um 20-30%.	Deltaherd li. mit Maximum in der Zentro-Parieto-Temporal-Region.	Leichte Erregungsrückbildungsstörungen li. präcordial u. diaphragmal.	160/85	Diabetes mellitus (Blutzuckerwerte 130-220 mg%).	Ø	N	N
Umschriebener ischämischer Focus in der li. Präzentralregion. Übrige rCBF-Werte normal.	Zwischenwellenherd li. frontopräzentral.	N	130/90	N	N	N	N
Ischämischer Focus in der li. Zentro-Temporal-Region mit Senkung der rCBF-Werte um 40-50%. Globale Verminderung der cerebralen Durchblutung in den übrigen Meßarealen um 20-30%.	Leichter Zwischenwellenherd li. zentrotemporal.	Vorhofflattern u. -flimmern. Deutl. diffuse Innenschichthypoxiezeichen.	130/80	N	N	N	N
Ischämischer Focus li. temporo-occipital mit Senkung des rCBF um 40%. Leichte glob.Senkung in der gesamt. li. Hirnhemisphäre.	Zwischenwellenherd li. temporo-basal.	Diffuse Erregungsrückbildungsstörungen li. präcordial.	120/80	N	N	N	N
Diskreter ischämischer Focus parieto-temporal. Mäßiggradige Senkung des rCBF in allen Regionen um 30-40%.	Diskreter Zwischenwellenherd li. zentroparieto-temporal.	Mäßige Zeichen der Innenschichthypoxie, vorwiegend li. präcordial u. diaphragmal.	130/80	N	N	N	N

Tabelle 25 (Fortsetzung)

Fall-Nr. Alter m/w	Neurologische Symptomatik	Angiographischer Befund	Zeit- intervall
10 59 Jahre m	Im Alter von 53 J. flücht. Halbseitenschwäche re., die sich im Alter von 56 J. wiederholte, begleitet von Sehstörungen. 4 Wo. vor Klinikaufnahme plötzl. Störungen des re. Gesichtsfeldes. Neurolog. Befund: Homonyme Hemianopsie nach re. Latente spast. Hemiparese re. Leichte sensor. Aphasie.	Vertebralisangiogramm li.: Abgangsstenose. Verschluß der li. A. cerebri posterior. Vertebralis re. u. Carotisangiogramm bds.: Abgesehen von leicht- bis mäßiggradigen arteriosklerot. Gefäßwandveränderungen o.B.	18 Tage

m = männlich. w = weiblich. N = Normalbefund. S = Szintigramm. E = Echoence-

In Fall 8 handelte es sich um einen 42jährigen Patienten mit einem plötzlichen halbseitigen Gesichtsfeldausfall nach rechts und vorübergehenden diskreten sensorisch-aphasischen Störungen. Angiographisch war ein Verschluß der A. occipitalis interna links nachweisbar (Abb. 20). Bei der örtlichen Hirndurchblutungsmessung fand sich ein umschriebener ischämischer Focus in der Temporo-Occipital-Region (Meßareale J und K), deren Blutversorgung überwiegend von der A. cerebri posterior erfolgte.

In Tabelle 26 ist die aus jeweils 10 Regionen p r o P a - t i e n t ermittelte d u r c h s c h n i t t l i c h e V e r ä n d e r u n g d e r c e r e b r a l e n G e s a m t - d u r c h b l u t u n g in der grauen Substanz = a), in der weißen Substanz = b) und in der Gehirngesamtsubstanz = c) und d) von 10 Patienten mit einem Total- oder Teilverschluß der A. cerebri anterior, media oder posterior wiedergegeben. Der Tabelle ist zu entnehmen, daß die durchschnittliche prozentuale Veränderung der Durchblutung, bezogen auf den einzelnen Patienten, in allen Hirnsubstanzanteilen nahezu gleichmäßig erfolgte. Sie betrug bei 4 Patienten (Fall Nr. 1, 2, 3 und 6) weniger als ± 15%, bei 4 Patienten (Fall Nr. 4, 7, 8 und 10) zwischen 20 und 30% und in 2 Fällen (Fall Nr. 5 und 9) zwischen 30 und 40%. Die in Klammern angegebenen Fall-Nr. sind mit der Numerierung in Tabelle 25 identisch. Die Senkung der Durchblutung erreichte, abgesehen von den 4 Patienten mit einer Durchblutungsveränderung um weniger als 15%, in allen anderen Fällen mit einer Irrtumswahrscheinlichkeit von 0,1 - 5% statistische Signifikanz. Die Untersuchungsergebnisse belegen, daß auch bei umschriebenen örtlichen cerebralen Ischämien in einem hohen Prozentsatz globale Durchblutungsstörungen mit einer Abnahme des CBF um 15 - 40% in der korrespondierenden Hirnhemisphäre zu verzeichnen sind. In die Berechnung der globalen Durchblutungsveränderungen wurden die rCBF-Werte der ischämischen Foci (1 - 2 Meßareale pro Patient) nicht miteinbezogen.

rCBF-Befund	EEG	Herzbefund klinisch, Röntgen und EKG	RR	Labor	S	L	Rö.
Ausgeprägter ischämischer Focus in der re. Parieto-Occipital-Region mit Senkung der CBF-Werte um 50%. rCBF-Werte der übrigen Regionen im Normbereich.	Zwischenwellenherd li. parieto-temporo-occipital.	Erregungsrückbildungsstörungen li. präcordial.	170/90	Diabetes mellitus (Blutzuckerwerte 140-190 mg%).	N	N	N

phalogramm. L = Liquor. Rö. = Röntgen-Schädel. RR = Blutdruck.

Die Tabelle 27 gibt von demselben Patientenkollektiv die durchschnittliche Abnahme des CBF in 10 R e g i o n e n wieder. Aus der Tabelle geht hervor, daß die Abnahme der cerebralen Durchblutung in allen Regionen und für alle Hirnsubstanzanteile, von Einzelwertabweichungen abgesehen, durchschnittlich zwischen 20 und 25% betrug. Die Senkung der Hirndurchblutung erreicht mit einer Irrtumswahrscheinlichkeit von 0,1 - 1% in allen Regionen statistische Signifikanz. Die interindividuellen Unterschiede dieser Patientengruppe treten beim kollektiven regionalen Vergleich der Durchblutungswerte nicht mehr hervor. Dieser Befund hat sich in einem inzwischen auf 46 Patienten vergrößerten Kollektiv mit einem Teil- oder Totalverschluß der A. cerebri anterior, media oder posterior bestätigt und ist darauf zurückzuführen, daß bei unserer Kollimierung (Tabelle 1, S. 16) von jedem Detektor ein Meßfeld erfaßt wird, das mindestens zur Hälfte von der A. cerebri media mit Blut versorgt wird. Die Media-Teilverschlüsse lassen in der eigenen Untersuchungsserie eine Prädilektion für bestimmte Gefäßareale nicht erkennen. Dementsprechend sind die ischämischen Foci gleichmäßig über das Versorgungsgebiet der mittleren Hirnarterie verteilt. Der Anteil der ischämischen Herde im Versorgungsgebiet der A. cerebri anterior und posterior beträgt in der eigenen Untersuchungsserie zusammen 30%.

2. Örtliche Hirndurchblutungsstörungen bei Patienten mit manifesten neurologischen Ausfallserscheinungen und normalem Angiogramm

Quantitative Messungen der örtlichen Hirndurchblutung deckten bei 12 von 21 Patienten mit akut aufgetretenen neurologischen Ausfallserscheinungen und einem morphologisch normalen beidseitigen Carotisangiogramm Störungen der örtlichen und/oder globalen Durchblutung in der den klinischen Befunden entsprechenden Großhirnhemisphäre auf. Die klinischen Daten, angiographischen Befunde und

Tabelle 26. Das Verhalten der Hirndurchblutung beim Total- oder Teilverschluß der A. cerebri anterior, media oder posterior. (Vergleich der Normalgesamtmittelwerte mit den Gesamtmittelwerten der cerebralen Durchblutung auf der Seite des Gefäßverschlusses. n = 10. CBF-Werte korr. für $apCO_2$ = 40 mm Hg.)

Fall Nr.	Hirnsubstanzanteile	CBF-Mittelwert reg. oder glob. gest.	Standardabweichung	Veränderung des CBF in ml	Veränderung des CBF in%	Signifikanzen
1	a)	126,50	14,32	0,03	+0,03	
	b)	32,16	1,96	0,42	-1,29	
	c)	74,81	8,37	1,06	-2,71	
	d)	66,50	6,06	2,50	-3,62	
2	a)	142,50	21,28	16,03	+12,67	
	b)	29,62	3,58	2,96	-9,10	
	c)	61,12	13,43	14,75	-19,44	
	d)	56,75	11,56	12,25	-17,75	
3	a)	110,66	11,36	15,81	12,50	
	b)	31,00	2,60	1,58	4,85	
	c)	68,66	5,27	17,21	9,51	
	d)	60,00	3,28	19,00	13,91	
4	a)	96,00	7,82	30,47	29,10	**
	b)	28,33	3,26	4,25	13,05	*
	c)	55,66	5,39	20,21	26,64	***
	d)	49,50	4,13	19,50	28,26	***
5	a)	86,50	19,18	39,97	31,61	**
	b)	19,16	5,03	13,42	41,11	***
	c)	38,16	14,66	27,61	36,55	***
	d)	42,66	13,95	26,34	38,17	***
6	a)	133,50	19,77	7,03	+5,56	
	b)	30,66	3,77	1,92	-5,89	
	c)	69,50	13,98	6,37	-9,85	
	d)	61,50	11,48	7,50	-10,87	
7	a)	90,83	11,82	35,64	28,11	**
	b)	30,33	5,57	2,25	6,91	
	c)	57,83	8,10	18,04	23,78	*
	d)	54,83	9,28	14,17	20,54	*
8	a)	104,33	19,11	22,14	17,51	*
	b)	24,00	7,32	8,58	22,34	**
	c)	58,16	12,13	17,71	23,34	**
	d)	50,33	13,53	18,67	27,06	**
9	a)	88,33	7,47	38,14	34,89	**
	b)	27,16	1,83	5,42	16,64	**
	c)	50,66	3,20	25,21	32,23	**
	d)	43,83	2,63	25,17	36,48	**
10	a)	99,50	12,77	26,97	21,33	**
	b)	23,87	2,23	18,71	26,74	**
	c)	57,25	8,87	28,62	25,87	**
	d)	50,37	9,08	28,63	27,10	**

a) = Durchblutung der grauen Substanz. b) = Durchblutung der weißen Substanz. c) = Mittl. regionale Gesamtdurchblutung (2-Funktionen-Analyse). d) = Mittl. regionale Gesamtdurchblutung (stochastische Analyse). CBF = Hirndurchblutung (ml/100 g/min). Signifikanzen: * = Irrtumswahrscheinlichkeit 5%. ** = Irrtumswahrscheinlichkeit 1%. *** = Irrtumswahrscheinlichkeit 0,1%. CBF-Normalgesamtmittelwerte und ihre S.D. für a) - d): s. Tabelle 11.

Tabelle 27. Das Verhalten der Hirndurchblutung in 8 über eine Großhirnhemisphäre verteilten Regionen bei intrakraniellen vasculären Erkrankungen. (n = 22. CBF-Werte korr. für $apCO_2$ = 40 mm Hg.) T-Test

Regionen	M	Hirn-substanz-anteile	CBF-Mittelwert +	Standard-abweichung	Abnahme des CBF in ml	Abnahme des CBF in %	S
1	B/H	a)	92,70	22,12	24,66	21,04	*
		b)	22,29	7,49	6,20	21,78	**
Frontal		c)	51,29	21,67	19,03	27,07	**
		d)	45,41	20,95	15,97	26,09	**
2	C	a)	96,40	23,01	38,70	28,65	**
		b)	23,26	6,98	8,73	27,29	***
Zentral		c)	55,20	17,94	20,43	27,01	**
		d)	47,13	17,07	23,81	33,56	***
3	D	a)	102,35	15,02	28,93	22,05	*
		b)	24,14	6,22	9,73	28,74	***
Parietal		c)	61,07	16,13	17,74	22,51	**
		d)	52,42	16,14	19,51	27,12	***
4	G	a)	93,33	21,15	23,56	20,16	*
		b)	26,16	7,31	8,57	24,67	***
Temporal		c)	58,38	18,89	20,83	26,29	***
vorn		d)	60,55	18,50	13,06	17,76	***
5	F/K	a)	95,42	25,01	32,95	25,68	*
		b)	25,21	7,26	7,97	24,04	***
Temporal		c)	59,36	19,18	14,91	20,08	**
Mitte		d)	51,36	17,54	18,53	26,51	***
6	I	a)	106,66	21,59	32,49	23,35	***
		b)	23,61	7,17	9,81	29,35	***
Insel-		c)	64,33	16,51	19,72	23,47	***
region		d)	57,55	14,66	18,50	24,36	***
7	E	a)	101,60	29,55	20,40	16,72	*
		b)	23,33	8,61	10,25	30,53	***
Parieto-		c)	51,00	17,74	20,05	28,23	***
temporal		d)	49,66	17,23	17,58	26,14	***
8	J	a)	84,00	24,97	32,09	27,65	*
		b)	21,13	7,01	9,16	30,25	**
Occipital		c)	45,60	14,94	27,03	37,22	***
		d)	39,00	13,51	21,20	35,21	***

a) = Durchblutung der grauen Substanz.
b) = Durchblutung der weißen Substanz.
c) = Mittlere regionale Gesamtdurchblutung (2-Funktionen-Analyse).
d) = Mittlere regionale Gesamtdurchblutung (stochastische Analyse).
M = Meßareale.
CBF = Hirndurchblutung (ml/100 g/min).
S = Signifikanzen: * = Irrtumswahrscheinlichkeit 5%.
        ** = Irrtumswahrscheinlichkeit 1%.
       *** = Irrtumswahrscheinlichkeit 0,1%.
+ = CBF-Mittelwert des Patientenkollektivs mit regional und/oder global gestörter Durchblutung.

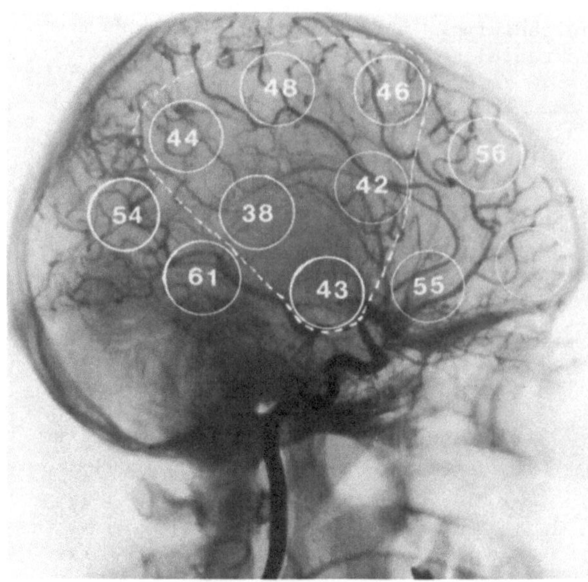

Abb. 18a. Carotisangiogramm eines 28jährigen Patienten mit einem Mediateilverschluß rechts. Ausfall der zentralen und parietalen Operculararterien
sowie der A. gyri angularis. Ausgedehnter ischämischer Focus (gepunktete
Linie) im Versorgungsgebiet der A. cerebri media, entsprechend den Gefäßter-
ritorien der ausgefallenen Arterien mit Abnahme der rCBF-Werte um durchschnittlich 30%. Zeitintervall zwischen cerebraler Ischämie und rCBF-Messung:
5 Tage. (Fall 1 - Tabelle 25, S. 142)

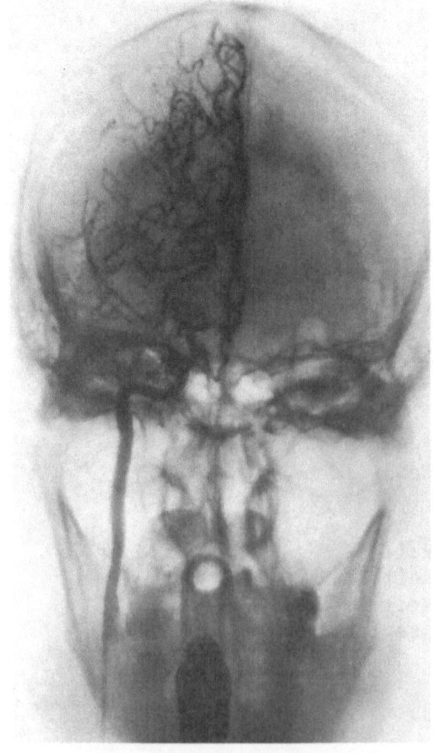

Abb. 18b. Carotisangiogramm desselben
Patienten in der a.p.-Projektion

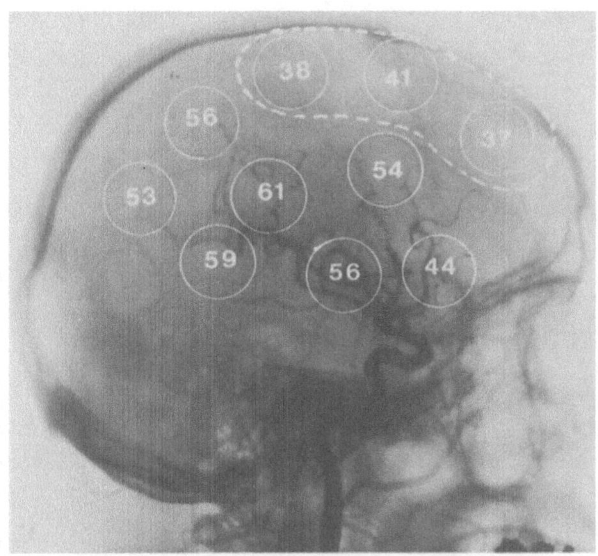

Abb. 19a. Carotisangiogramm eines 30jährigen Patienten mit einem Verschluß
der A. cerebri anterior rechts (Zustand nach Ruptur eines Aneurysma am Übergang der A. cerebri anterior rechts zur A. communicans anterior vor einem
Jahr). Kein Kollateralkreislauf von der gegenseitigen A. cerebri anterior.
Ausgeprägter ischämischer Focus in 3 mantelkantennahe gelegenen Meßfeldern
der Fronto-Präzentro-Zentralregion (gepunktete Linie) und einem Meßfeld in
der Frontobasalregion, entsprechend dem Gefäßversorgungsgebiet der A. cerebri
anterior. Zeitintervall zwischen cerebraler Ischämie und rCBF-Messung: 22 Tage.
(Fall 3 - Tabelle 25, S. 142)

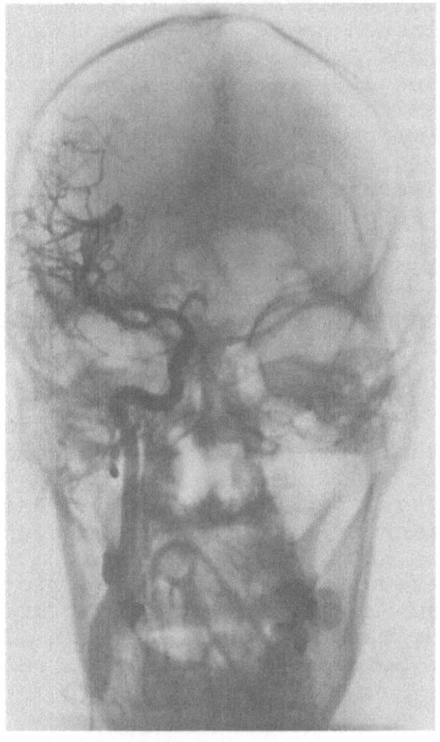

Abb. 19b. Carotisangiogramm desselben
Patienten in der a.p.-Projektion

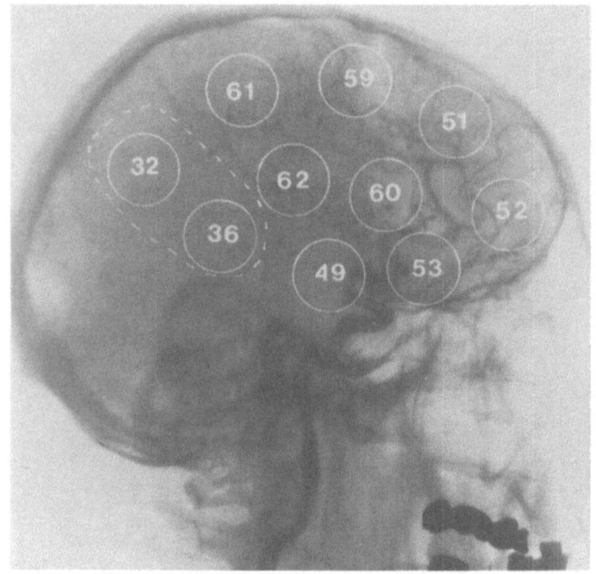

Abb. 20. Carotisangiogramm eines 41jährigen Patienten mit einem Verschluß der A. temporalis posterior links. Ausgeprägter ischämischer Focus (gepunktete Linie) der mittleren Temporalregion, entsprechend dem Gefäßversorgungsgebiet der A. temporalis posterior. Normale Durchblutungswerte in den übrigen Hirnarealen. Zeitintervall zwischen cerebraler Ischämie und rCBF-Messung: 16 Tage (Fall 2 – Tabelle 25, S. 142)

Ergebnisse der Hirndurchblutungsmessungen sind von den 12 Patienten mit pathologischem rCBF-Befund in Tabelle 28 zusammengefaßt. Das Durchschnittsalter des Patientenkollektivs betrug 54,4 Jahre. Bei allen Patienten waren ein- oder mehrmals cerebrale Ischämien aufgetreten, die in 9 Fällen reversible und in 12 Fällen irreversible neurologische Ausfallserscheinungen hinterlassen hatten. Zum Zeitpunkt der Hirndurchblutungsmessung war das Ausmaß des neurologischen Defizits bei den 12 in Tabelle 28 aufgeführten Patienten gering, bei den übrigen 9 Fällen liessen sich objektive neurologische Symptome nicht mehr nachweisen. Die morphologische Abklärung der cerebralen Gefäßverhältnisse erfolgte über eine beidseitige Carotisangiographie und über eine mindestens einseitige, in 9 von 21 Fällen auch doppelseitige Vertebralisangiographie. Bei den Patienten mit einem pathologischen rCBF-Befund lagen folgende internistische Begleitkrankheiten vor: Ein Bluthochdruck (n = 4), pathologische EKG-Veränderungen (n = 8) sowie Serumcholesterin- und Neutralfetterhöhungen (n = 2). Klinisch-manifeste Zeichen einer Herzinsuffizienz oder eines dekompensierten Hypertonus fanden sich in keinem Fall.

Die Hirndurchblutungsmessungen erfolgten im zeitlichen Abstand von 7 – 38 Tagen nach dem Beginn der für die letzte cerebrale Ischämie maßgeblichen klinischen Symptomatik. Das durchschnittliche Zeitintervall betrug 18 Tage. Die Ergebnisse der Durchblutungsmessungen sind bei den Patienten mit fortbestehenden neurologischen Ausfallserscheinungen in Tabelle 28 und 29 wiedergegeben. Bei den 9 Fällen mit normalem klinisch-neurologischen Untersuchungsbefund fielen die örtlichen Hirndurchblutungsmessungen regelrecht aus. Sie wurden daher in Tabelle 28 und 29 nicht mitaufgeführt. Bei den 12 Patienten mit pathologischem rCBF-Befund lag in 9 Fällen ein ischämischer Focus vor (Fall Nr.

1, 3, 5, 7 - 12 der Tabelle 29. Bei 3 Patienten (Fall Nr. 2, 4
und 6) fanden sich leichte bis mäßiggradige globale Verminde-
rungen der cerebralen Durchblutung ohne zusätzliche herdförmige
ischämische Bezirke. 2 Patienten mit eindeutigem ischämischen
Focus (Fall Nr. 3 und 7) zeigten darüber hinaus eine globale
Abnahme der Durchblutung in der korrespondierenden Hirnhemisphäre. Zwischen den hirnpathologisch definierten klinisch-neurologischen Ausfallserscheinungen und der Lokalisation der
ischämischen Foci bestand eine gute Übereinstimmung. Als Beispiele seien dafür die Fälle 5 und 10 angeführt.

In Fall 5 handelte es sich um einen 61jährigen Patienten, bei
dem im Verlaufe von 5 Jahren rezidivierende transitorische Mangeldurchblutungen mit flüchtigen neurologischen Ausfallserscheinungen im Bereich der linken Körperhälfte aufgetreten waren.
Neurologisch bestand zum Zeitpunkt der rCBF-Messung eine leichte
beinbetonte spastische Hemiparese links. Bei normalem Angiogramm
fand sich in der rechten Präzentro-Zentral-Region ein ischämischer Focus mit Reduktion der örtlichen CBF-Werte um 30% (Abb.21).

In Fall 10 waren bei einem 64jährigen Patienten im Verlaufe
eines halben Jahres dreimal flüchtige Sprachstörungen und ein
generalisierter Krampfanfall aufgetreten. Neurologisch bestand
eine brachiofacial-betonte spastische Hemiparese rechts und eine
leichte, vorwiegend sensorische Aphasie. Die beidseitige Carotis-
und Vertebralisangiographie zeigte leichte bis mäßiggradige arteriosklerotische Gefäßwandveränderungen an den extrakraniellen
Hirngefäßen. Der übrige Befund war regelrecht. Die Hirndurchblutungsmessung deckte einen ischämischen Focus in der Zentro-Tem-
poral-Region mit Senkung der CBF-Werte um 20 - 35% auf (Abb. 22).

In Tabelle 29 ist die p r o   P a t i e n t aus jeweils 8 Regionen ermittelte durchschnittliche Veränderung der cerebralen
Durchblutung in der grauen Substanz = a), in der weißen Substanz
= b) und in der Gehirngesamtsubstanz = c) und d) bei 12 Patienten
mit neurologischen Ausfallserscheinungen und morphologisch regelrechten cerebralen Gefäßverhältnissen angegeben. Der Tabelle ist
zu entnehmen, daß die durchschnittliche prozentuale Veränderung
der Durchblutung, bezogen auf den einzelnen Patienten, in allen
Hirnsubstanzanteilen nahezu gleichmäßig erfolgte. Sie betrug bei
3 Patienten (Fall Nr. 5, 8 und 9) weniger als ± 15%, bei 4 Patienten (Fall Nr. 3, 4, 6 und 11) zwischen 10 und 20%, bei 3
Patienten (Fall Nr. 2, 7 und 12) zwischen 20 und 30% und bei
2 Patienten (Fall Nr. 1 und 10) mehr als 35%. Die in Klammern
angegebenen Fall-Nr. sind mit der Numerierung in Tabelle 28
identisch. Die Senkung der Durchblutung erreichte in 7 Fällen
mit einer Durchblutungsveränderung zwischen 15 und 45% mit einer
Irrtumswahrscheinlichkeit von 0,1 - 5% statistische Signifikanz.
Die in Tabelle 29 aufgeführten Untersuchungsergebnisse belegen,
daß auch in einem hohen Prozentsatz bei umschriebenen örtlichen
cerebralen Ischämien g l o b a l e Durchblutungsabnahmen des
CBF in der korrespondierenden Hirnhemisphäre auftreten. Das
Patientenkollektiv mit normalem Angiogramm und gestörter regionaler Hirndurchblutung verhält sich dabei in Bezug auf die globale Abnahme der Hirndurchblutung ähnlich wie das Patientenkollektiv mit örtlichen Hirndurchblutungsstörungen bei einem Total-
oder Teilverschluß eines intrakraniellen Gefäßes.

Tabelle 28. Klinische Daten und Untersuchungsergebnisse des Patientenkollektivs

Fall-Nr. Alter m/w	Neurologische Symptomatik	Angiographischer Befund	Zeit- intervall
1 57 Jahre m	3 Mon. vor Klinikaufnahme plötzl. Taubheitsgefühl in der gesamten li. Körperseite von 4 Std Dauer. 4 Wo. vor Aufnahme erneut plötzl. Taubheit in der li. Körperseite mit nachfolgender leichter Halbseitenschwäche li. Neurolog. Befund: Diskrete armbetonte spast. Hemiparese li.	Carotisangiogramm re.: Morphologisch an den extra- u. intrakraniellen Gefäßabschnitten kein krankhafter Befund. Carotisangiogramm li. o.B. Vertebralis re. o.B.	28 Tage
2 42 Jahre m	4 Mon. vor Klinikaufnahme erstmals flücht. Halbseitenschwäche der re. Körperseite, gefolgt von einem langsam progredienten organ. Psychosyndrom. 14 Tg. vor Klinikaufnahme erneute flüchtige Halbseitenschwäche re. Neurolog. Befund: Diskrete re.-seit. brachiofacialbetonte Hemiparese. Psych. experimentell: Leichte organ. Abbauerscheinungen.	Carotisangiogramm li.: Morpholog. an den extra- u. intrakraniellen Gefäßabschnitten kein krankhafter Befund. Carotisangiogramm re. u. Vertebralis re. o.B. Vertebralis li.: Kinking unmittelbar nach Abgang aus der A. subclavia.	14 Tage
3 68 Jahre w	Seit 3 J. rezidiv. flücht. Schwindelzustände, Kopfschmerzen u. kurzfristige Bewußtseinsstörungen. Nach einem solchen Anfall 3mal Ungeschicklichkeit in der li. Hand u. Schwäche im li. Bein. Neurolog. Befund: Diskrete Facialismundastschwäche u. Parese des li. Armes.	Carotisangiogramm re.: Morpholog. an den extra- u. intrakraniellen Gefäßabschnitten kein krankhafter Befund. Carotisangiogramm li.: Diskrete arteriosklerot. Gefäßwandveränderungen im Syphonabschnitt. Vertebralis re. o.B.	16 Tage
4 62 Jahre m	Seit 1/2 J. rezidiv. Zustände von flücht. Bewußtseinsverlust. 3mal in der Zeit motor. Jackson-Anfälle im Bereich der li. Gesichtshälfte u. der li. Hand. Neurolog. Befund: Abgesehen von einer Betonung der Armeigenreflexe o.B.	Carotisangiogramm re. u. li. sowie Vertebralis re.: Leichte arteriosklerot. Gefäßwandveränderungen an den extra- u. intrakraniellen Arterien. Keine Gefäßstenose.	16 Tage

Zeichenerklärung: s. S. 158

mit örtlichen Hirndurchblutungsstörungen bei normalem Angiogramm

rCBF-Befund	EEG	Herzbefund klinisch, Röntgen und EKG	RR	Labor	S E L Rö.
Deutl. ischämischer Focus in der Zentro-Parietal-Region mit einer Abnahme des CBF um 30%. CBF-Werte der übrigen Regionen o.B.	Diskrete Betonung langsamer Zwischenwellen in der Präzentro-Zentro-Temporal-Region re.	N	120/80	N	Ø N N N
Leichte bis mäßiggradige Herabsetzung der cerebralen Durchblutung in allen Meßarealen um 20-30%.	N	Li. Herzhypertrophie. Inkompletter Li.-Schenkelblock. Erregungsrückbildungsstörungen li. präcordial.	180/100	Gicht	N N N N
Leichte Herabsetzung der cerebralen Durchblutung in allen Meßarealen mit Senkung des CBF um 10-20%. Diskreter ischäm. Focus re. temporal.	N	Leichte bis mäßiggradige Erregungsrückbildungsstörungen li. präcordial u. diaphragmal.	160/90	Chron. Pyelonephritis.	N Ø N N
Leichte Senkung der cerebralen Durchblutung in allen Hirnregionen u. Abnahme des CBF um 10-20%.	N	Diffuse Erregungsrückbildungsstörungen vom Typ der myokardialen Hypoxie.	140/90	Serumcholesterinerhöhg. (320-340 mg%). Neutralfetterhöhg. (680 -820 mg%).	N Ø N N

Tabelle 28 (Fortsetzung)

Fall-Nr. Alter m/w	Neurologische Symptomatik	Angiographischer Befund	Zeit- intervall
5 61 Jahre w	Im Alter von 56 J. erstmals flücht. Halbseitenschwäche li. Seit der Zeit in großen Abständen anfallsartig Schwindel u. Gefühlsmißempfindungen in der li. Körperseite. 3 Wo. vor Aufnahme plötzl. Schwäche u. Taubheitsgefühl im Bereich des li. Beines von 1 Std Dauer. 2 Tg. vor Aufnahme erneute Schwäche in der li. Körperhälfte u. Gefühlsmißempfindungen im li. Bein. Neurolog. Befund: Beinbetonte spast. Hemiparese li.	Carotisangiogramm re.: Abgesehen von diskreten arteriosklerot. Gefäßwandveränderungen morpholog. an den extra- u. intrakraniellen Gefäßabschnitten kein krankhafter Befund. Verdacht auf Verschluß eines Inselgefäßes. Carotisangiogramm li. u. Vertebralis re. o.B.	8 Tage
6 68 Jahre m	3 Tg. vor Klinikaufnahme erstmals Kraftlosigkeit u. Taubheitsgefühl in der re. Körperhälfte. Neurolog. Befund: Leichte brachiofacialbetonte spast. Hemiparese u. Hemihypästhesie re. Diskrete amnestische Aphasie.	Carotisangiogramm li.: Morpholog. an den extrau. intrakraniellen Gefäßabschnitten kein krankhafter Befund. Carotisangiogramm re. u. Vertebralis re.: Bis auf diskrete arteriosklerot. Gefäßwandveränderungen o.B.	11 Tage
7 49 Jahre w	Im Alter von 45 J. u. 46 J. je eine Halbseitenschwäche re. mit weitgehender Rückbildung der neurologischen Ausfallserscheinungen. Seit 2 J. diskrete hirnorgan. bedingte psych. Störungen. 4 Wo. vor Aufnahme flücht. Halbseitenschwäche re. Neurolog. Befund: Latente brachiofacialbetonte spast. Hemiparese re. Leichtes organ. Psychosyndrom.	Carotisangiogramm li.: Vermehrte Schlängelung der A. carot. int. im intrakraniellen Abschnitt, sonst morphologisch o.B. Carotisangiogramm re. u. Vertebralis re.: Kein Anhalt für arteriosklerot. Gefäßwandveränderungen.	35 Tage
8 52 Jahre m	Im Alter von 49 u. 51 J. Durchblutungsstörungen des re. Sehnerven mit entspr. Sehkraftverschlechterung. 4 Wo. vor Aufnahme hochgradige Sehverschlechterung re. u. flücht. Halbseitenschwäche li. Neurolog. Befund: Betonung der Armeigenreflexe li. Starke Visusherabsetzung am re. Auge.	Carotisangiogramm re.: Morpholog. an den extrau. intrakraniellen Gefäßabschnitten kein krankhafter Befund. Carotisangiogramm li. u. Vertebralis li. o.B.	38 Tage

rCBF-Befund	EEG	Herzbefund klinisch, Röntgen und EKG	RR	Labor	S E L Rö.
Ischämischer Focus in der re. Präzentro-Zentral-Region. Übrige CBF-Werte im Normbereich.	Diskreter Zwischenwellenherd li. präzentrozentral.	Mäßiggradige Erregungsrückbildungsstörungen der Innenschichthypoxie. Li. präcordial Zustand nach altem Herzhinterwandinfarkt.	140/90	N	Ø N N N
Leichte bis mäßiggradige globale Herabsetzung der cerebralen Durchblutung in der li. Großhirnhemisphäre mit Abnahme des CBF um 15-25%.	N	Supraventrikul. Extrasystolen. Erregungsrückbildungsstörungen vom Typ d.Innenschichthypoxie, am stärksten präcordial.	160/90	N	N Ø N N
Ischämischer Focus in der li. Zentro-Parieto-Temporal-Region mit Abnahme des CBF um 40%. Mäßiggradige globale Herabsetzung der cerebralen Durchblutung in der re. Hirnhemisphäre mit Reduktion des CBF um 20-30%.	Dyshythmisches Alphawellen-EEG.	N	130/80	N	N Ø N N
Leichter ischämischer Focus re. präzentral mit Abnahme des CBF um 20%. CBF in den übrigen Regionen o.B.	Dysrhythmisches Alphawellen-EEG.	Periphere Niedervoltage, vorwiegend re. ventricul. Innenschichthypoxie.	120/80	N	N N N N

Tabelle 28 (Fortsetzung)

Fall-Nr. Alter m/w	Neurologische Symptomatik	Angiographischer Befund	Zeit- intervall
9 27 Jahre m	Seit 1 1/2 J. in größeren Abständen 5mal li.-seit. Jackson-Anfälle im Bereich der li. Gesichtshälfte u. der li. Hand, zuletzt 1 Tag vor Klinikaufnahme. Neurolog. Befund: Latente Facialismundastschwäche u. Parese des li. Armes.	Carotisangiogramm re.: Morpholog. an den extra- u. intrakraniellen Gefäßabschnitten kein krankhafter Befund. Carotisangiogramm li. u. Vertebralis re. o.B.	8 Tage
10 64 Jahre w	Seit 1/2 J. 3mal flücht. Sprachstörungen. 1 Tag vor Aufnahme generalisierter Krampfanfall. Neurolog. Befund: Brachiofacialbetonte spast. Hemiparese re. Leichte motor.-sensor. Aphasie.	Carotisangiogramm li.: Mäßiggradige arteriosklerot. Gefäßwandveränderungen an der A. carot. int. Intrakranielle Gefäße o.B. Insbesondere keine Gefäßstenose. Carotisangiogramm re.: Bis auf geringfügige arteriosklerot. Gefäßwandveränderungen o.B.	7 Tage
11 41 Jahre m	3 Wo. vor Klinikaufnahme plötzl. Taubheitsgefühl u. Halbseitenschwäche li., die sich im Verlauf der nachfolgenden 14 Tg. deutl. zurückbildeten. Neurolog. Befund: Latente brachiofacialbetonte spast. Hemiparese li.	Carotisangiogramm re.: Morpholog. an den extra- u. intrakraniellen Gefäßabschnitten kein krankhafter Befund. Carotisangiographie li. u. Vertebralis re. o.B.	26 Tage
12 61 Jahre w	Seit 1 1/2 J. rezidiv. Zustände von Schwindelgefühl, Kopfschmerzen u. kurzfristigen Bewußtseinsstörungen, zuletzt begleitet von flücht. Kraftabschwächungen u. Gefühlsstörungen in der li. Hand. Neurolog. Befund: Latente Hemiparese u. Hemihypästhesie li.	Carotisangiogramm re.: Morpholog. an den extra- u. intrakraniellen Gefäßabschnitten kein krankhafter Befund. Carotisangiogramm li. u. Vertebralis li. o.B.	10 Tage

m = männlich.
w = weiblich.
N = Normalbefund.
S = Szintigramm.
E = Echoencephalogramm.
L = Liquor.
Rö. = Röntgen-Schädel

rCBF-Befund	EEG	Herzbefund klinisch, Röntgen und EKG	RR	Labor	S E L Rö.
Ischämischer Focus in der Fronto-Präzentral-Region mit Abnahme des CBF um 60%. Durchblutungswerte in den übrigen Regionen um 30-40% gesenkt.	Leichter Zwischenwellenherd re. zentro-präzentral mit Krampfpotentialen.	N	120/70	N	Ø N N N
Ischämischer Focus in der Temporo-Parietal-Region mit Senkung des CBF um 20-35%. Durchblutung in den übrigen Regionen im Normbereich.	Dysrhytmisches Alphawellen-EEG.	Ausgeprägte Erregungsrückbildungsstörungen vom Typ der Innenschichtischämie.	110/80	N	N Ø N N
Ischämischer Focus re. temporal. Diskrete Senkung der CBF-Werte in den übrigen Regionen um 10-20%.	N	Beginnende li. Herzhypertrophie. Diffuse, besonders li. präcordiale u. diaphragmale Innenschichthypoxiezeichen.	160/90	Serumcholesterinerhöhung (280-320 mg%). Ges.-lipiderhöhg. (1200-1600 mg%).	Ø Ø N N
Diskreter ischämischer Focus präzentro-temporal re. Leichte globale Herabsetzung der cerebralen Durchblutung in der re. Großhirnhemisphäre mit Reduktion des CBF um 15-25%.	Diskreter Zwischenwellenherd re. temporobasal.	N	110/70	N	N Ø N N

P = pathologisch.
RR = Blutdruck.
Ø = nicht untersucht.

Tabelle 29. Das Verhalten der Gesamthirndurchblutung bei Patienten mit neurologischen Ausfallserscheinungen und morphologisch regelrechten cerebralen Gefäßverhältnissen. (n = 12. CBF-Werte korr. für $apCO_2$ = 40 mm Hg.)

Fall Nr.	Hirn-substanz-anteile	CBF-Mittelwert reg.oder glob.	Standard-Abweichung	Veränderung des CBF in ml	Veränderung des CBF in %	Signi-fikanzen
1	a)	71,50	8,68	54,97	43,46	***
	b)	19,16	4,53	13,42	41,10	***
	c)	35,33	6,62	40,54	53,43	***
	d)	29,66	7,84	39,34	57,01	***
2	a)	98,16	13,34	28,31	22,38	**
	b)	24,20	7,11	8,38	25,72	**
	c)	60,84	12,15	15,03	19,81	**
	d)	53,12	10,71	15,88	23,01	**
3	a)	114,87	16,71	11,60	9,17	
	b)	27,62	5,12	2,96	15,22	
	c)	60,00	16,48	15,87	20,92	*
	d)	61,62	13,53	7,38	10,70	
4	a)	112,18	17,24	14,29	11,30	
	b)	26,17	4,53	6,41	19,67	*
	c)	61,82	9,17	14,05	18,52	*
	d)	58,19	10,24	10,81	15,67	
5	a)	117,16	7,70	9,31	7,36	
	b)	30,33	3,50	2,25	6,81	
	c)	69,50	5,99	6,37	8,40	
	d)	58,50	6,15	10,50	15,22	*
6	a)	110,13	19,87	16,34	12,92	
	b)	26,40	6,12	6,18	18,97	*
	c)	61,24	7,94	14,63	19,28	*
	d)	53,86	8,18	15,14	21,94	**
7	a)	89,75	14,91	36,72	29,03	*
	b)	30,00	5,92	2,58	27,92	**
	c)	54,25	8,97	21,62	28,50	**
	d)	50,25	8,63	18,75	27,17	**
8	a)	123,37	12,87	3,90	2,45	
	b)	28,12	4,01	4,46	13,69	
	c)	69,37	15,95	6,50	8,51	
	d)	60,25	17,36	8,75	12,68	
9	a)	82,75	15,94	43,72	34,57	***
	b)	21,87	4,37	10,71	32,87	***
	c)	46,87	15,38	29,00	38,22	***
	d)	38,12	14,48	30,88	44,75	***
10	a)	136,42	7,10	+9,95	+7,87	
	b)	28,14	0,99	−4,44	−13,63	
	c)	80,14	2,77	+4,37	+5,63	
	d)	70,85	2,29	+1,85	+2,68	

Tabelle 29 (Fortsetzung)

Fall Nr.	Hirn-substanz-anteile	CBF-Mittelwert reg.oder glob.	Standard-Abweichung	Veränderung des CBF in ml	Veränderung des CBF in %	Signi-fikanzen
11	a)	123,62	15,31	2,85	12,25	
	b)	25,12	6,37	7,46	22,90	**
	c)	62,87	14,51	13,00	17,13	*
	d)	56,25	15,91	12,75	18,48	*
12	a)	94,25	12,29	32,22	25,48	*
	b)	29,50	3,54	3,08	9,45	*
	c)	60,87	5,19	15,00	19,77	**
	d)	55,50	4,81	13,50	19,57	**

a) = Durchblutung der grauen Substanz. b) = Durchblutung der weißen Substanz. c) Mittlere regionale Gesamtdurchblutung (2-Funktionen-Analyse). d) = Mittlere regionale Gesamtdurchblutung (stochastische Analyse). CBF = Hirndurchblutung (ml/100 g/min). Signifikanzen: * = Irrtumswahrscheinlichkeit 5%. ** = Irrtumswahrscheinlichkeit 1%. *** = Irrtumswahrscheinlichkeit 0,1%. CBF-Normalgesamtmittelwerte und ihre S.D. für a) - d): s. Tabelle 11.

Diskussion

Untersuchungen über das Verhalten der örtlichen Hirndurchblutung bei den intrakraniellen cerebrovasculären Erkrankungen sind seit 1965 in größerer Zahl unter verschiedenen klinisch-experimentellen Ausgangsbedingungen und Verwendung unterschiedlicher Meßplätze (4 - 16 Detektoren) durchgeführt worden (17-19, 136, 140, 142, 170, 263, 269, 270, 279, 302, 415, 420, 475, 479, 482, 504-506, 575, 580, 582, 636).

Die in der ersten Zeit nach Einführung der intraarteriellen Isotopen-Clearance in die klinische Forschung berichteten Untersuchungsergebnisse waren noch mit einer Reihe von methodischen Unzulänglichkeiten belastet. Die Verwendung von nur 1 - 4 Detektoren, die fehlende Aufgliederung des Krankengutes mit cerebralen Durchblutungsstörungen in ätiologisch einheitliche Gruppen und die unvollständige angiographische Abklärung der cerebralen Gefäßverhältnisse ließen neben technischen Unvollkommenheiten (Punktion der A. carotis communis etc.) sicher verwertbare Aussagen über die Veränderung der örtlichen Hirndurchblutung bei den intrakraniellen cerebrovasculären Erkrankungen nicht zu (LASSEN und Mitarb. (373) 1963, HØEDT-RASMUSSEN und Mitarb. (259, 264) 1964, INGVAR und Mitarb. (279, 287) 1964, EKBERG und Mitarb. (117) 1965, GERAUD und Mitarb. (170-172) 1965, SKINHØJ (571) 1965, AGNOLI und Mitarb. (16-18) 1964/65 und FIESCHI und Mitarb. (140) 1966). Soweit aus den Angaben der zitierten Arbeiten Verschlußkrankheiten der A. carotis interna ausgeschlossen werden konnten, sind die Befunde über die Veränderung der durchschnittlichen Gesamthirndurchblutung auf der Seite des cerebrovasculären Insultes von Bedeutung. LASSEN und Mitarb. (373) fanden bei 7 Patienten auf der Seite der cerebralen Isch-

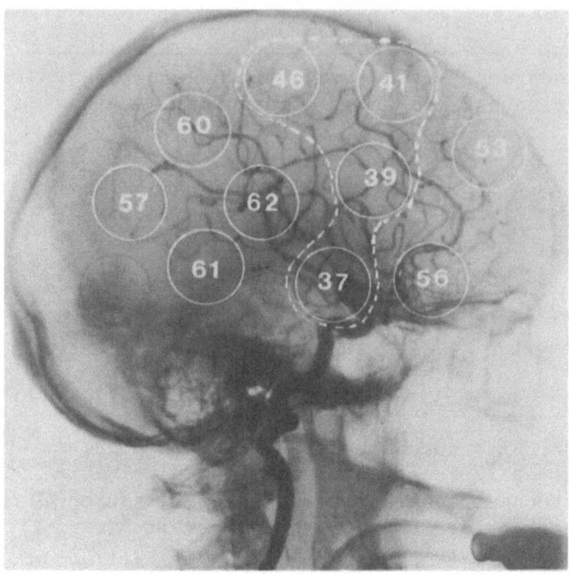

Abb. 21a. Carotisangiogramm eines 61jährigen Patienten, das morphologisch an den extra- und intrakraniellen Hirngefäßen krankhafte Veränderungen nicht erkennen läßt. Die regionale Hirndurchblutungsmessung deckte einen ischämischen Focus in der rechten Präzentro-Zentro-vorderen Temporalregion auf mit Abnahme der örtlichen CBF-Werte zwischen 20 und 35%. Die rCBF-Werte in den übrigen Arealen lagen im Normbereich. Zeitintervall zwischen cerebraler Ischämie und rCBF-Messung: 8 Tage. (Fall 5 - Tabelle 28, S. 156).

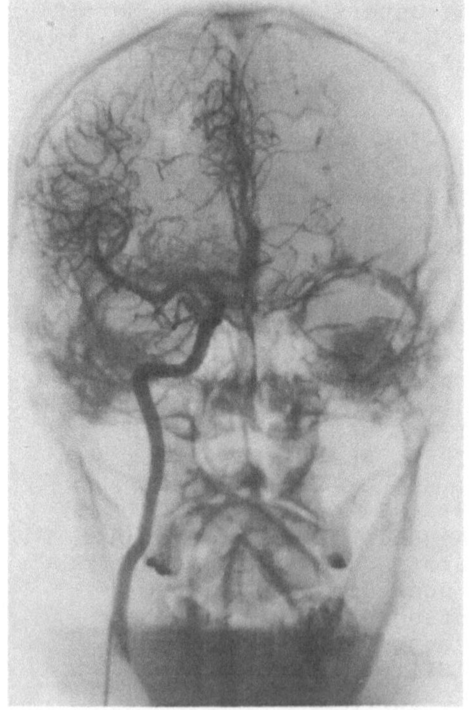

Abb. 21b. Carotisangiogramm desselben Patienten in der a.p.-Projektion

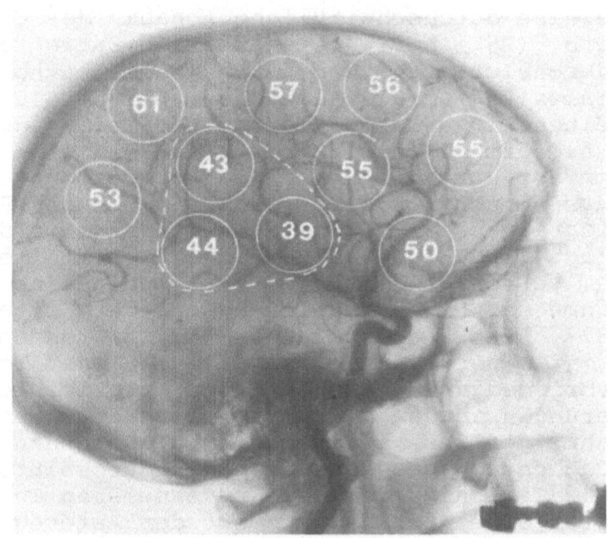

<u>Abb. 22a.</u> Carotisangiogramm einer 64jährigen Patientin, die, abgesehen von leichtgradigen arteriosklerotischen Gefäßwandveränderungen an der A. carotis interna, krankhafte Veränderungen an den intra- und extrakraniellen Gefäßen nicht erkennen ließ. Die regionale Hirndurchblutungsmessung deckte einen ischämischen Focus in der Temporo-Parietalregion (gepunktete Linie) auf mit Senkung der örtlichen CBF-Werte in 3 Arealen um 20 - 30%. Die Durchblutung in den übrigen Hirnarealen lag im Normbereich. Zeitintervall zwischen cerebraler Ischämie und rCBF-Messung: 7 Tage. (Fall 10 - Tabelle 28, S. 158)

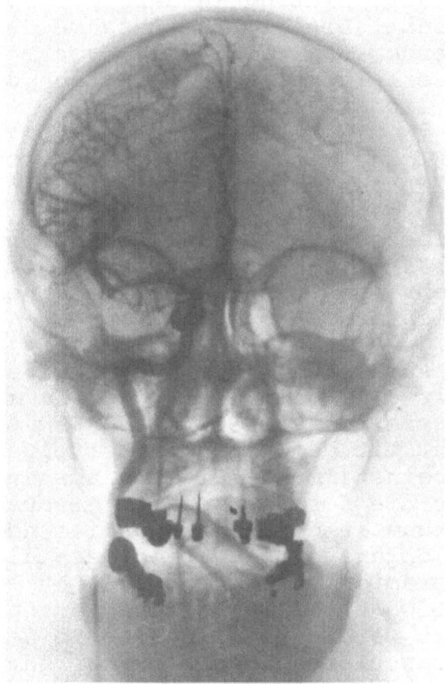

<u>Abb. 22b.</u> Carotisangiogramm derselben Patientin in der a.p.-Projektion

ämie eine durchschnittliche Abnahme des CBF um 45%. EKBERG und
Mitarb. (261) berichteten über 15 Patienten mit cerebralen Mangeldurchblutungen, von denen 10 ein pathologisches und 5 ein
normales Angiogramm aufwiesen. Bei den 10 Fällen mit einer all-
gemeinen Hirnarteriosklerose und Teil- oder Totalverschlüssen
der A. cerebri media ermittelten sie eine durchschnittliche Abnahme der Durchblutung in der korrespondierenden Großhirnhemisphäre um annähernd 35%, während bei den Patienten mit normalem
angiographischen Befund nur eine Abnahme des CBF um 10 - 15%
vorlag. FIESCHI und Mitarb. (140) erhielten bei 7 Patienten mit
einem Verschluß der A. cerebri media eine durchschnittliche
Abnahme der Hirndurchblutung auf der Seite des Gefäßverschlusses
um 37%. AGNOLI und Mitarb. (18, 19) fanden bei 10 von 13 Patienten mit einer Stenose, einem Teil- oder Totalverschluß der A.
cerebri media und ausgeprägten arteriosklerotischen Gefäßwandveränderungen an den intrakraniellen Arterien eine durchschnittliche
Abnahme der Gesamthemisphärendurchblutung um 20 - 50%. 10 von
13 Patienten, bei denen die Hirndurchblutung innerhalb der ersten 2 Tage nach dem cerebrovasculären Insult gemessen wurde,
zeigten einen focalen Verlust der Autoregulation. Bei Messung
der Gehirndurchblutung im zeitlichen Abstand von 14 und mehr
Tagen zur cerebralen Ischämie waren nur noch bei 2 von 11 Fällen
focale Störungen der cerebralen Autoregulation nachweisbar.

PAULSON, der seit 1968 in mehreren Publikationen (475, 476, 478,
479) über die Veränderung der regionalen Hirndurchblutung berichtete, fand bei 9 von 10 Patienten mit einem Teil- oder Totalverschluß der A. cerebri media innerhalb der ersten 3 Tage nach
dem Einsetzen der klinischen Symptomatik focale Ischämien unterschiedlicher Ausdehnung und Stärke und in einem Fall einen hyperämischen Herd. Bei 8 Patienten war zusätzlich die mittlere Gesamtdurchblutung in der korrespondierenden Großhirnhemisphäre
gesenkt. Die globale Abnahme des CBF betrug zwischen 30 und 50%.
Außerdem fand sich bei 7 von 9 Fällen eine focale Vasoparalyse
bei erhaltener Autoregulation der cerebralen Gefäße außerhalb
des ischämischen Herdes.

JAFFE und Mitarb. (302, 303) konnten bei 8 Fällen mit einem Verschluß der A. cerebri media einen deutlichen ischämischen Focus
sowie eine globale Abnahme des CBF auf der Seite des Gefäßverschlusses nachweisen. McHENRY und Mitarb. (415) hatten zuvor mit
der Krypton-Desaturationsmethode über die globale Abnahme der
cerebralen Durchblutung in einer Hirnhemisphäre um 20 - 40%
berichtet.

Die Aufdeckung u m s c h r i e b e n e r   i s c h ä m i s c h e r
H e r d e beim Teil- oder Totalverschluß der A. cerebri media,
wie sie von PAULSON und JAFFE und Mitarb. veröffentlicht wurden,
steht mit den Befunden der eigenen Untersuchungsserie in guter
Übereinstimmung. Die von uns in einem hohen Prozentsatz der Fälle
über die focale Ischämie hinausgehende globale Senkung der Durchblutung in der korrespondierenden Großhirnhemisphäre entspricht
den Untersuchungsergebnissen aller vorgenannten Autoren. Focale
Hyperämien oder perifocale hyperämische Regionen, wie sie von
PAULSON und JAFFE bei Patienten mit einem Mediaverschluß aufgedeckt werden konnten, die in den ersten 2 Tagen nach dem cerebrovasculären Insult der Hirndurchblutungsmessung zugeführt

wurden, waren im eigenen Patientengut nicht nachweisbar. Dieser
Umstand ist auf das relativ lange Zeitintervall von mindestens
5 Tagen zwischen der cerebralen Ischämie und der Hirndurchblutungsmessung zurückzuführen. Nach Verstreichen eines solchen
Zeitabschnitts ließen sich hyperämische Herde von keinem Autor
nachweisen. Die Persistenz eines hyperämischen Focus über einen
Zeitraum von mehr als 4 Tagen wäre nach dem gegenwärtigen Stand
der Pathophysiologie der cerebralen Verschlußkrankheiten auch
nicht erklärbar. Nach INGVAR (279, 280) und LASSEN (366, 368)
beruht die focale Hyperämie auf einer metabolischen Gewebsacidose, die sich im Anschluß an eine cerebrale Ischämie entwickelt
und mit einem örtlichen Verlust der Autoregulation und CO_2-An-
sprechbarkeit der cerebralen Gefäße einhergeht. Das angiographische Korrelat des hyperämischen Focus stellen umschriebene
Kontrastmittelanfärbungen oder frühabführende Venen dar (97, 98,
100). Entsprechende angiographische Veränderungen wurden auch
bei keinem der Fälle in der eigenen Untersuchungsreihe gesehen.
Der von PAULSON (476, 478, 479), HØEDT-RASMUSSEN und Mitarb.
(269), AGNOLI und Mitarb. (19) und JAFFE und Mitarb. (303) in
einem hohen Prozentsatz ihrer Patienten nachgewiesene Aufhebung
der Autoregulation der cerebralen Gefäße im ischämischen Focus
war bei dem eigenen Patientengut nicht nachweisbar. Die von uns
durchgeführten Funktionstests beschränkten sich auf die Senkung
des arteriellen pCO_2 durch passive Hyperventilation. Dabei fand
sich in 20% der Fälle eine Störung oder Aufhebung der CO_2-An-
sprechbarkeit der cerebralen Gefäße im ischämischen Focus, erkennbar an der ausbleibenden oder unzureichenden regionalen Abnahme des CBF. Auf eine Testung der Autoregulation der cerebralen Gefäße durch Veränderung des Systemblutdrucks haben wir verzichtet. Bei Aufhebung der Autoregulation ist die Anhebung des
Systemblutdrucks nicht ungefährlich, weil in den geschädigten
Hirnbezirken der Perfusionsdruck entsprechend dem Systemblut-
druck ansteigt und damit die Gefahr der Ödembildung und Einblu-
tung in das Gewebe heraufbeschworen wird. Umgekehrt ist eine
Senkung des Systemblutdrucks wegen der Zunahme der cerebralen
Mangeldurchblutung im ischämischen Focus nicht ungefährlich.
Der im Vergleich zu den vorgenannten Autoren relativ niedrige
Anteil von focalen Vasoparalysen im Krankengut der eigenen Untersuchungsreihe ist auf das wesentlich längere Zeitintervall zurückzuführen, das zwischen dem cerebrovasculären Insult und der
rCBF-Messung verstrichen war. Eine focale Vasoparalyse ließ sich
in mehr als 80% der Fälle nur in den ersten 4 Tagen nach der
cerebralen Ischämie im hyperämischen oder ischämischen Focus
nachweisen. Nach einem Zeitintervall von 8 und mehr Tagen sank
der Prozentsatz der focalen Vasoparalysen auf den im eigenen
Krankengut nachgewiesenen Anteil ab (19, 269, 476, 482, 582).
In gleicher Weise wie beim Teil- oder Totalverschluß der A.
cerebri media haben entsprechende Gefäßverschlüsse der A. cerebri anterior und posterior, wie die eigenen Untersuchungen zeigen, focale Ischämien zur Folge. Vergleichbare Untersuchungen
zu den Fällen der eigenen Untersuchungsserie sind bisher nicht
veröffentlicht worden.

Im Gegensatz zu den bisher vorliegenden Untersuchungen konnte
in den eigenen Untersuchungsserien mit den intrakraniellen vasculären Erkrankungen eine Korrelation von hirnpathologisch definierten neurologischen Ausfallserscheinungen, angiographischem

Befund und örtlichen Hirndurchblutungswerten vorgenommen werden.
Auf Grund dieser Untersuchungsergebnisse ist mit sehr hoher
Wahrscheinlichkeit ein Rückschluß auf das betroffene Gefäßgebiet
auch bei denjenigen Patienten möglich, die bei manifesten neurologischen Ausfallserscheinungen ein normales Angiogramm aufweisen. Vergleichende Untersuchungen zwischen Hirnarteriographie
und örtlicher Hirndurchblutungsmessung sind bisher nur in wenigen Fällen durchgeführt worden (97, 98, 100, 103, 187, 206, 249).
Dabei handelte es sich entweder um die Ermittlung von Beziehungen zwischen cerebraler Zirkulationszeit und regionaler Hirndurchblutung oder um das Verhältnis von Kontrastmittelfärbungen
oder frühabführenden Venen zu hyperämischen Herden. Die Zuordnung von cerebralen Gefäßverschlüssen oder definierten Hirnarealen mit bekanntem Gefäßversorgungsbezirk bei normalem Angiogramm
zu ischämischen Herden ist erstmals in der
eigenen Untersuchungsreihe unternommen worden. Der Aufdeckung
ischämischer Foci kommt auf Grund des Konstruktionsprinzips unseres Meßplatzes über die Feststellung einer cerebralen Mangeldurchblutung hinaus auch eine lokalisationsdiagnostische Bedeutung zu.

Die für die örtliche Hirndurchblutungsmessung wichtigste Gruppe
unter den cerebralen Durchblutungsstörungen stellen jene Patienten dar, bei denen trotz manifester neurologischer Ausfallserscheinungen die angiographische Abklärung nahezu regelrechte
morphologische Gefäßverhältnisse aufdeckt. PAULSON und Mitarb.
(482) berichteten über CBF-Untersuchungen bei 31 Patienten im
Alter zwischen 45 und 87 Jahren, bei denen ein- oder mehrmals
cerebrale Mangeldurchblutungen mit nachfolgenden neurologischen
Ausfallserscheinungen unterschiedlicher Stärke aufgetreten waren.
Angiographisch fanden sich auf der Seite der Mangeldurchblutung
keine morphologisch faßbaren Veränderungen, die das Krankheits-
bild hätten erklären können. Allerdings wurde nur eine einseitige Carotisangiographie durchgeführt. Die Untersuchung der
übrigen 3 zuführenden Hirngefäße unterblieb. Das Zeitintervall
zwischen der Hirndurchblutungsmessung und cerebralen Mangeldurchblutung betrug bei 20 Patienten zwischen 1 - 14 Tagen und
bei 11 Patienten mehr als 14 Tage. Bei 60% der Fälle, die innerhalb der ersten 14 Tage nach dem Einsetzen der klinischen Symptomatik der örtlichen Hirndurchblutungsmessung zugeführt wurden,
fanden sich focale Durchblutungsstörungen in Form von ischämischen oder hyperämischen Herden, focalen Vasoparalysen, einer
globalen Abnahme der Durchblutung in der korrespondierenden
Großhirnhemisphäre und/oder ein globaler Verlust der Autoregulation. Unter Ruhebedingungen und bei den Funktionstests waren
bei annähernd 35% der Patienten focale Durchblutungsstörungen
nachweisbar. Eine globale Abnahme des CBF um 20 - 45% lag jedoch
bei der Hälfte des Patientenkollektivs vor. Der höchste Anteil
an focalen Durchblutungsstörungen fand sich bei den Fällen, die
in den ersten 3 Tagen nach dem Insult der Hirndurchblutungsmessung zugeführt wurden. Focale Vasoparalysen und ischämische
Herde konnten noch bis zu 2 Monaten nach dem cerebrovasculären
Insult nachgewiesen werden.

SKINHØJ und Mitarb. (582) führten Untersuchungen über das Verhalten der örtlichen Hirndurchblutung bei je 10 Patienten mit
transitorischen cerebralen Mangeldurchblutungen und cerebro-

vasculären Insulten mit leichten neurologischen Ausfallserscheinungen durch. Nur bei 2 von 10 Patienten mit einer transitorischen ischämischen Attacke fand sich eine ausgeprägte focale Durchblutungsstörung (je 1 hyperämischer und ischämischer Focus). Alle übrigen Patienten zeigten sowohl unter Ruhebedingungen als auch bei den Funktionstests regelrechte Durchblutungsverhältnisse. In der Patientengruppe mit geringen neurologischen Dauerausfallserscheinungen lagen bei 5 und 10 Fällen focale Durchblutungsstörungen vor. Bei keinem Patienten war im zeitlichen Abstand von mehr als 8 Tagen nach dem Insult noch eine Störung der Autoregulation nachweisbar. Angiographisch fanden sich in 75% der Fälle leichte bis mäßiggradige arteriosklerotische Gefäßwandveränderungen. Nur bei 25% zeigten die cerebralen Gefäße morphologisch keinen krankhaften Befund.

Die Untersuchungsergebnisse von SKINHØJ und Mitarb. und PAULSON und Mitarb. bei den Patienten mit manifesten neurologischen Ausfallserscheinungen und "normalem Angiogramm" entsprechen den Befunden in der eigenen Untersuchungsserie insofern, als auch in dieser Patientengruppe annähernd 50% (12 von 21 Fällen) eine focale cerebrale Durchblutungsstörung aufwiesen. Im gleichen Prozentsatz trat auch eine globale Verminderung der Durchblutung in der korrespondierenden Großhirnhemisphäre mit einer Abnahme des CBF um 20 - 30% auf. Im Gegensatz zu den Patientenkollektiven der Autoren waren in der eigenen Untersuchungsreihe hyperämische Herde nicht nachweisbar. Eine Erklärung dafür ist in dem unterschiedlichen Zeitintervall zu suchen, in dem die genannten Autoren und wir selbst die örtlichen Hirndurchblutungsmessungen vorgenommen haben. Während SKINHØJ und Mitarb. und PAULSON und Mitarb. in mehr als 50% der Fälle die CBF-Messung in den ersten 3 Tagen nach dem Insult vornehmen konnten, war diese Untersuchung bei uns frühestens 6 Tage nach der ischämischen Attacke durchführbar. Bei den Funktionsuntersuchungen konnte nur in 20% der Fälle eine gestörte CO_2-Reaktivität der cerebralen Gefäße im ischämischen Focus aufgedeckt werden.

E. Die Veränderung der regionalen Gehirndurchblutung unter dem Einfluß vaso- und stoffwechselaktiver Pharmaka

Die Veränderung der regionalen Gehirndurchblutung unter dem Einfluß vasoaktiver Substanzen haben wir bei insgesamt 364 Patienten untersucht. Zur psychischen Schonung der Patienten und zur Aufrechterhaltung konstanter Untersuchungsbedingungen haben wir die Untersuchungen bei 150 Patienten in leichter N_2O/O_2-0,2 Vol%-Halothan-Relaxans-Analgesie und bei 214 gut kooperativen Patienten im Wachzustand ausgeführt.

Zur Aufrechterhaltung möglichst konstanter Untersuchungsbedingungen haben wir die Messungen im Wachzustand in einem halbabgedunkelten und gegen Geräusche abgeschirmten Raum vorgenommen. Während der Untersuchung wurde jeder Sprachkontakt vermieden und störenden Bewegungsartefakten durch eine entsprechende Lagerung vorgebeugt.

Die rCBF-Messungen wurden bei 42 Normalpersonen, die zum Ausschluß hirnorganischer Erkrankungen der Klinik zugewiesen worden waren, in Allgemeinnarkose, und bei 322 Patienten mit cerebrovasculärer Insuffizienz teilweise in Allgemeinnarkose und teilweise im Wachzustand ausgeführt. Bei den Patienten mit cerebraler Mangeldurchblutung haben wir die rCBF-Messungen im zeitlichen Abstand von 3 - 28 Tagen nach dem cerebrovasculären Insult ausgeführt. Alle Patienten litten unter leichten oder mittelschweren neurologischen Ausfallserscheinungen, wie Hemiparesen, Hemihypästhesien, aphasischen Störungen, Gesichtsfeldausfällen etc. Die cerebrale Angiographie, die nach den Hirndurchblutungsmessungen ausgeführt wurde, ergab bei 265 Patienten generalisierte oder umschriebene arteriosklerotische Gefäßwandveränderungen an der A. carotis interna und/oder an den intrakraniellen Endästen dieses Gefäßes. Es handelte sich dabei um Carotisstenosen, Teil- oder Astverschlüsse der A. cerebri media, anterior oder posterior sowie um eine generalisierte Arteriosklerose der Hirngefäße. Bei 99 Patienten waren angiographisch an den Hirngefäßen Veränderungen nicht feststellbar. Die Wirksamkeit von 9 vasoaktiven Substanzen auf die örtliche Hirndurchblutung wurde an einer jeweils kleinen Fallzahl von Normalpersonen geprüft. Die Ergebnisse sind in Tabelle 30 zusammengefaßt. Die Theophyllin-Derivate und Xantinolniacinat haben wir als einmalige Einzeldosis intravenös mit einer Injektionsgeschwindigkeit von 2 - 3 min appliziert. Der Beginn der Hirndurchblutungsmessung erfolgte 30 sec nach beendeter i.v. Injektion. Actihaemyl, Bencyclan, Naphtidrofuryl und Raubasin haben wir, gelöst entweder in 200 ml einer 5%igen Lävulose- oder 0,9%iger NaCl-Lösung, über einen Zeitraum von 20 min i.v. infundiert, wobei zum Beginn der Durchblutungsmessung 60% der Substanz appliziert waren und die restlichen 40% während der Meßzeit von 10 min gegeben wurden, so daß Meßende und Infusionsende zusammenfielen. Wie aus der Tabelle hervorgeht, führten bei Berücksichtigung des Gesamtkollektivs Naphthidrofuryl, Raubasin, die Theophyllinderivate und Xantinolniacinat zu einer statistisch signifikanten Abnahme der Hirndurchblutung zwischen 18,2 und 25,4%. Unter Actihaemyl zeigte die Hirndurchblutung eine Zunahme um 7,5% und unter Bencyclan eine Abnahme um 11,5%. Beide Meßergebnisse erreichten jedoch keine statistische Signifikanz.

In Tabelle 31 sind die Untersuchungsergebnisse über den Einfluß vasoaktiver Substanzen auf die regionale Hirndurchblutung bei 108 Patienten mit cerebraler Mangeldurchblutung zusammengestellt, bei denen wir die rCBF-Messung ebenfalls in der geschilderten oberflächlichen Allgemeinnarkose ausgeführt haben. Die Präparate, Dosierung und Applikationsform sind mit denen der Tabelle 30 identisch. Im Unterschied zu den Normalpersonen waren die Ausgangswerte der Hirndurchblutung unter Ruhebedingungen bei allen Patientenkollektiven im Vergleich zu dem Normalwert von 56,5 ml/100 g/min deutlich gesenkt. Nach i.v. Applikation der Pharmaka fand sich, abgesehen vom Actihaemyl, bei allen Präparaten eine weitere Reduktion der Hirndurchblutung, die zwischen 6,1 und 10,7 ml, entsprechend 16,6 und 24,0%, betrug. Die Abnahme war bei allen Präparaten statistisch signifikant. Die leichte Zunahme der Hirndurchblutung unter Actihaemyl war statistisch nicht signifikant.

Bei 214 Patienten mit cerebraler Mangeldurchblutung haben wir
die regionale Gehirndurchblutung unter dem Einfluß vaso- und
stoffwechselaktiver Substanzen im Wachzustand gemessen. Die
Punktion der A. carotis interna erfolgte in Lokalanästhesie
nach Infiltration des Punktionsgebietes mit 5. ml Carbostesin.
Die Untersuchungsergebnisse sind in den Tabellen 3 - 5 zusammengefaßt. In Tabelle 32 sind diejenigen Pharmaka aufgeführt,
die regelmäßig eine Senkung der Hirndurchblutung bewirken. Es
handelt sich hierbei um die Theophyllinderivate, die Nicotinsäurederivate sowie Raubasin und Naphthidrofuryl. Die Hirndurchblutung wurde im einzelnen vor und nach i.v.-Verabfolgung folgender Präparate gemessen: Theophyllin-Äthylendiamin (Euphyllin)
in einer Dosierung von 480 mg, Hydroxyäthyl-Theophyllin + Roß-
kastanienextrakt (Apoplektal) und Oxyäthyl-Theophyllin (Cordalin)
jeweils in einer Dosierung von 440 mg. Von den Nicotinsäurederivaten haben wir Xantinolniacinat (Complanin) in Dosierungen
von 1,5 g - 300 mg untersucht, wobei in Tabelle 32 die Meßserie
mit einer Dosierung von 600 mg aufgeführt ist, sowie β-Pyridyl-
Carbinol (Ronicol) in einer Dosierung von 300 mg; ferner Raubasin (Lamuran) in einer Dosierung von 25 mg und Naphthidrofuryl
(Dusodril) in einer Dosierung von 100 mg. Die Theophyllinderivate und Xantinolniacinat haben wir als einmalige Einzeldosis
i.v. mit einer Injektionsgeschwindigkeit von 2 - 3 min appliziert. Der Beginn der 2. Hirndurchblutungsmessung erfolgte 30
sec nach beendeter i.v. Injektion. β-Pyridil-Carbinol, Raubasin
und Naphthidrofuryl haben wir, gelöst in 200 ml einer 5%igen
Lävulose- oder O,9%igen NaCl-Lösung über einen Zeitraum von
20 min i.v. infundiert, wobei zu Beginn der 2. Durchblutungsmessung 60% der Substanz appliziert waren und die restlichen
40% während der Meßzeit von 10 min gegeben wurden, so daß Meßende und Infusionsende zusammenfielen. Wie aus der Tabelle hervorgeht, führten bei Berücksichtigung der Gesamtkollektive, die
ausnahmslos erniedrigte Durchblutungsausgangswerte aufwiesen,
die Theophyllin- und Nicotinsäurederivate sowie Raubasin und
Naphthidrofuryl zu einer statistisch signifikanten Abnahme der
Hirndurchblutung zwischen 11,6 und 20,4%. Bei allen Präparaten
waren leichte Schwankungen des $apCO_2$ bis zu 5 mm Hg zwischen
erster und zweiter Messung zu verzeichnen. Der arterielle Mitteldruck war bei den Theophyllinderivaten sowie beim Raubasin
zwischen 8 und 18 mm Hg abgesunken. Unter den Nicotinsäuroderi-
vaten und Naphthidrofuryl waren nur geringfügige Blutdruckver-
änderungen zu verzeichnen.

In Tabelle 33 sind diejenigen Pharmaka aufgeführt, die keinerlei
Einfluß auf die Hirndurchblutung erkennen ließen oder die, wie
beim Centrophenoxin, Pyrithioxin und Actihaemyl, allenfalls eine
leichte Zunahme der Durchblutung in der grauen Substanz aufwiesen. Im einzelnen haben wir die Hirndurchblutung vor und nach
i.v. Applikation folgender Präparate gemessen: Lävulose 5% in
einer Dosierung von 250 ml, Hydergin in einer Dosierung von
O,3 mg, Dihydroergotamin (Dihydergot) in einer Dosierung von
1 mg, Proxazol in einer Dosierung von 80 mg, Bencyclan (Fludilat)
in einer Dosierung von 150 mg, sowie Centrophenoxin (Helfergin)
in einer Dosierung von 1000 mg, Pyrithioxin (Encephabol) in
einer Dosierung von 400 mg und Actihaemyl in einer Dosierung von
80 ml reinem Actihaemyl und 250 ml Actihaemyl 20%. Hydergin,
Dihydroergotamin und Proxazol haben wir als einmalige Einzeldosis

i.v. mit einer Injektionsgeschwindigkeit von 3 min appliziert.
Der Beginn der Hirndurchblutungsmessung erfolgte wiederum 30 sec
nach beendeter i.v. Injektion. Pyrithioxin, Bencyclan und Actihaemyl haben wir, gelöst in 250 ml einer 5%igen Lävulose- oder
0,9%igen NaCl-Lösung, über einen Zeitraum von 20 min infundiert,
wobei zum Beginn der Durchblutungsmessung 60% der Substanz appliziert waren und die restlichen 40% während der Meßzeit von
10 min gegeben wurden, so daß Meßende und Infusionsende wieder
zusammenfielen. Die rCBF-Ausgangswerte waren bei Berücksichtigung der Gesamtkollektive bei jedem Präparat deutlich gesenkt.
Abgesehen vom Centrophenoxin, Pyrithioxin und Actihaemyl, welche
eine statistisch signifikante Zunahme der Durchblutung der grau-
en Substanz zwischen 7,6 und 11,4% erbrachten, zeigten die Hirndurchblutungswerte vor und nach Applikation der aufgeführten
Substanzen keine signifikanten Unterschiede. Die rCBF-Werte für
die Gesamtdurchblutung schwankten zwischen - 9,1 und + 7,6%.
Der arterielle CO_2-Druck änderte sich bei den hier aufgeführten
Präparaten vor und nach i.v. Applikation nur geringfügig um
+/- 1,5 mm Hg. Abgesehen vom Bencyclan und Proxazol, die eine
leichte Abnahme des arteriellen Mitteldrucks aufwiesen, war bei
den übrigen Präparaten eine nennenswerte Blutdruckveränderung
nicht zu verzeichnen.

In Tabelle 34 sind diejenigen Pharmaka zusammengestellt, die im
Akutversuch regelmäßig zu einer Hirndurchblutungssteigerung
führen. Im einzelnen haben wir vor und nach i.v. Applikation
folgende Präparate gemessen: Papaverin-Hydrochlorid in einer
Dosierung von 60 mg, Eupaverin forte in einer Dosierung von
150 mg, Kollateral in einer Dosierung von 150 mg, Actihaemyl
in einer Dosierung von 80 ml reinem Actihaemyl und 250 ml Actihaemyl 20% sowie Rheomacrodex in einer Dosierung von 500 ml.
Eupaverin forte und Kollateral wurden als einmalige Einzeldosis
i.v. mit einer Injektionsgeschwindigkeit von 3 min injiziert.
Der Beginn der Hirndurchblutungsmessung erfolgte 30 sec nach
beendeter i.v. Injektion. Papaverin-Hydrochlorid und Rheomacrodex haben wir über einen Zeitraum von 30 min i.v. infundiert,
wobei zum Beginn der Durchblutungsmessung 60% der Substanz gegeben, die restlichen 40% während der Meßzeit von 10 min appliziert wurden. Die rCBF-Ausgangswerte waren bei Berücksichtigung
der Gesamtkollektive im Vergleich zum Normalgesamtmittelwert
für alle Präparate deutlich gesenkt. Der Tabelle ist zu entnehmen, daß alle aufgeführten Präparate eine statistisch gesicherte
Zunahme der Hirndurchblutung zwischen 9,9 und 13,5% bewirkten.
Der arterielle CO_2-Druck zeigte vor und nach Applikation der
einzelnen Substanzen nur geringfügige Verschiebungen. Auch bezüglich des arteriellen Mitteldrucks waren nennenswerte Veränderungen nicht eingetreten. Lediglich unter Rheomacrodex war
eine leichte Blutdruckzunahme zu verzeichnen.

Die Tabellen 30 - 34 geben eine Übersicht über die Veränderung
der Hirndurchblutung vor und nach Gabe verschiedener vaso- und
stoffwechselaktiver Substanzen unter Berücksichtigung der Gesamt-
patientenkollektive. Aus diesen Tabellen sind die regionalen
Veränderungen der Hirndurchblutung nicht ablesbar. Da es sich
jedoch gezeigt hat, daß die Hirndurchblutung, von wenigen Einzelfällen abgesehen, sich in allen Regionen unabhängig vom Ausgangs-
zustand nach Applikation der verschiedenen vasoaktiven Substanzen

Tabelle 30. Das Verhalten der regionalen Gehirndurchblutung unter dem Einfluß vasoaktiver Substanzen bei Normalpersonen in oberflächlicher N_2O/O_2-0,2 Vol%-Halothan-Analgesie. Gepaarter T-Test

Präparat	Fallzahl	Dosierung	CBF (ml/100 g/min)[a] Gesamtmittelwerte aus 10 Reg. pro Pat.-Kollektiv		CBF- Veränderung in ml	CBF- Veränderung in %	Statistische Signifikanz
			vor	nach			
Actihaemyl	5	40 ml + 250 p.i. (20%)	54,0	58,5	+ 4,5	+ 8,3	∅
Bencyclan	5	150 mg	49,5	44,0	− 6,5	− 11,5	∅
Naphthidrofuryl	5	100 mg	56,5	46,2	− 10,3	− 18,2	**
Raubasin	5	25 mg	52,0	41,7	− 10,3	− 19,7	**
Theophyllinderivate	12						
Hydroxyäthyl- Theophyllin + Roßkastanienextr.	4	440 mg	51,2	38,3	− 12,4	− 24,2	***
Oxyäthyl-Theophyllin	4	440 mg	48,5	37,8	− 10,7	− 22,0	***
Theophyllin-Äthylen- diamin	4	480 mg	54,2	41,3	− 12,9	− 23,8	***
Xantinolniacinat	5	900 mg	53,4	38,8	− 14,6	− 25,4	***
Rheomacrodex	4	500 ml	53,4	58,2	+ 4,7	+ 10,7	*

Signifikanzen: * = 5%, ** = 1 %, *** = 0,1%. ∅ = keine Signifikanz.
[a] CBF-Werte korrigiert für $apCO_2$ = 40 mm Hg.

Tabelle 31. Das Verhalten der regionalen Gehirndurchblutung bei Patienten mit cerebraler Mangeldurchblutung in oberflächlicher N_2O/O_2-0,2 Vol%-Halothan-Analgesie. Gepaarter T-Test

Präparat	Fallzahl	Dosierung	CBF (ml/100 g/min)[a] Gesamtmittelwerte aus 10 Reg. pro Pat.-Kollektiv		CBF- Veränderung in ml	CBF- Veränderung in %	Statistische Signifikanz
			vor	nach			
Actihaemyl	8	40 ml + 250 ml (20%)	38,0	40,8	+ 2,8	+ 6,5	∅
Bencyclan	25	150 mg	36,2	30,1	− 6,1	− 16,6	*
Naphthidrofuryl	10	100 mg	41,4	30,7	− 10,7	− 25,9	**
Raubasin	10	25 mg	35,8	28,0	− 7,8	− 22,1	**
Theophyllinderivate	35						
Hydroxyäthyl- Theophyllin + Roßkastanienextr.	15	440 mg	37,0	29,2	− 7,8	− 21,2	***
Oxyäthyl-Theophyllin	10	440 mg	39,6	32,4	− 7,2	− 18,3	**
Theophyllin-Äthylen- diamin	10	480 mg	36,5	29,2	− 7,3	− 20,1	***
Xanthinolniacinat	12	900 mg	37,5	28,5	− 9,0	− 24,0	***
Rheomacrodex	8	500 ml	38,7	42,9	+ 4,2	+ 11,7	*

Signifikanzen: * = 5%, ** = 1%, *** = 0,1%. ∅ = keine Signifikanz.
[a] CBF-Werte korrigiert für $apCO_2$ = 40 mm Hg.

Tabelle 32. Der Einfluß vasoaktiver Substanzen auf die regionale Gehirndurchblutung bei Kranken mit cerebrovasculärer Insuffizienz (Wachzustand). Gepaarter T-Test.
A. Hirndurchblutungssenkende Pharmaka

Präparat	Fall-zahl	Dosierung	CBF (ml/100 g/min)[a] Gesamtmittelwerte aus 10 Reg.pro Pat.-Kollekt.		CBF-Abnahme in ml	CBF-Abnahme in %	Stat. Signif.	Aktuell $apCO_2$		RR	
			vor	nach				vor	nach	vor	nach
Theophyllinderivate											
Theophyllin-Äthylendiamin	15	480 mg	38,2	31,4	− 7,8	− 20,4	***	41	35	125	110
Hydroxyäthyl-Theophyllin + Roßkastanienextr.	10	440 mg	39,2	32,0	− 7,2	− 18,1	***	39	34,5	116	106
Oxyäthyl-Theophyllin	10	440 mg	42,5	35,1	− 7,1	− 16,1	***	37	33	110	102
Nicotinsäurederivate											
Xantinolniacinat	18	600 mg	36,5	29,5	− 7,0	− 19,1	***	40	35	118	112
β-Pyridyl-carbinol	8	300 mg	37,3	31,8	− 5,5	− 14,7	*	39	36	126	119
Raubasin	8	25 mg	39,4	33,7	− 5,7	− 14,8	**	39	37	128	110
Naphthidrofuryl	8	100 mg	43,6	38,5	− 5,1	− 11,6	*	38	38,5	112	109

Signifikanzen: *= 5%, ** = 1%, *** = 0,1%. Ø = keine Signifikanz.
[a] CBF-Werte korrigiert für $apCO_2$ = 40 mm Hg.

Tabelle 33. Der Einfluß vasoaktiver Substanzen auf die regionale Gehirndurchblutung bei Kranken mit cerebrovasculärer Insuffizinez (Wachzstand). Gepaarter T-Test.
B. Pharmaka ohne Einfluß auf die Hirndurchblutung oder mit leichtem metabolisch bedingten Sekundäreffekt auf die Durchblutung der grauen Substanz

Präparat	Fall-zahl	Dosierung	CBF (ml/100 g/min)[a] Gesamtmittelwerte aus 10 Reg.pro Pat.-Kollekt.		CBF-Verände-rung in ml	CBF-Verände-rung in %	Stat. Signif.	Aktuell $apCO_2$		RR	
			vor	nach				vor	nach	vor	nach
Hydergin	10	0,3 mg	35,6	35,9	+ 0,3	+ 0,8	Ø	37	36	104	98
Dihydroergotamin	6	1 mg	44,1	43,4	− 0,7	− 1,6	Ø	43	41	96	100
Proxazol	6	40 mg	33,9	33,0	− 0,9	− 2,7	Ø	40	41	112	108
Bencyclan	18	150 mg	36,1	32,8	− 3,3	− 9,1	Ø	37,5	38,5	129	123
Centrophenoxin	18	1000 mg	38,0	41,8	+ 3,8	+ 7,6	Ø	36,5	37	94	96
rCBF-grau			71,5	80,7	+ 9,2	+ 11,4	*				
Actihaemyl	18	80 ml + 250 ml (20%)	41,2	43,5	+ 2,4	+ 5,7	Ø	37,5	36	102	104
rCBF-grau			78,6	84,6	+ 6,0	+ 7,6	*				

Signifikanzen: * = 5%, ** = 1%, *** = 0,1%. Ø = keine Signifikanz.
[a]CBF-Werte korrigiert für $apCO_2$ = 40 mm Hg.

Tabelle 34. Der Einfluß vasoaktiver Substanzen auf die regionale Gehirndurchblutung bei Kranken mit cerebrovasculärer Insuffizienz (Wachzustand). Gepaarter T-Test.
C. Hirndurchblutungssteigernde Pharmaka

Präparat	Fall-zahl	Dosierung	CBF (ml/100 g/min)[a] Gesamtmittelwerte aus 10 Reg.pro Pat.-Kollekt.		CBF-Veränderung in ml	CBF-Veränderung in %	Stat. Signif.	Aktuell $apCO_2$		RR	
			vor	nach				vor	nach	vor	nach
Papaverin	5	60 mg	42,0	46,5	4,5	10,7	**	39	39,5	127	122
Eupaverin (forte)	5	150 mg	38,5	43,7	5,2	13,5	***	38	40	123	116
Kollateral	10	150 mg	41,8	46,7	4,9	11,8	***	41	39	115	111
Actihaemyl rCBF-grau	18	80 ml + 250 ml (20%)	71,5	80,7	9,2	11,5	*	36,5	37	94	96
Rheomacrodex	12	500 ml	39,6	43,6	4,0	9,9	*	38	37	112	116

Signifikanzen: * = 5%, ** = 1%, *** = 0,1%. Ø = keine Signifikanz.
[a]CBF-Werte korrigiert für $apCO_2$ = 40 mm Hg.

175

gleichsinnig änderte, wurde, der Übersichtlichkeit wegen, dieser
Darstellung der Vorzug gegeben. Bezüglich der tabellarischen
Darstellung der pro Patient und pro Präparat aufgetretenen regionalen Hirndurchblutungsänderungen sei auf die Einzelarbeiten verwiesen. Anstelle solcher tabellarischer Aufstellungen soll
an wenigen klinischen Fall-Demonstrationen exemplarisch der Einfluß vasoaktiver Pharmaka auf die regionale Durchblutung des Gehirns bei Patienten mit akuten cerebralen Mangeldurchblutungen
veranschaulicht werden.

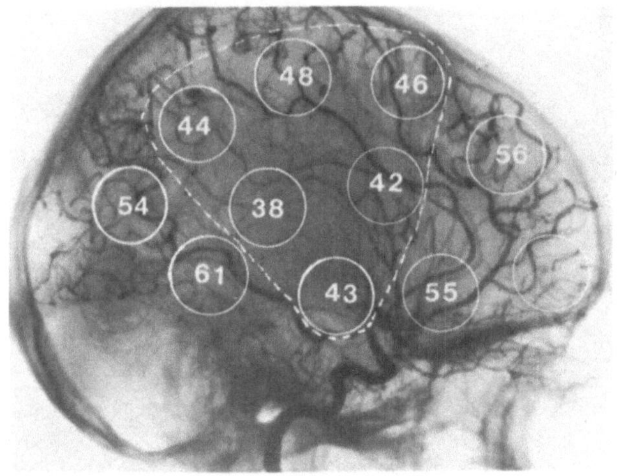

Abb. 23a. Carotisangio-
gramm eines 28jährigen
Patienten mit Media-
teilverschluß rechts.
Ausgedehnter ischämi-
scher Focus (gepunktete
Linie) im Versorgungs-
gebiet der A. cerebri
media mit Abnahme der
rCBF-Werte um durch-
schnittlich 30% (Fall 1)

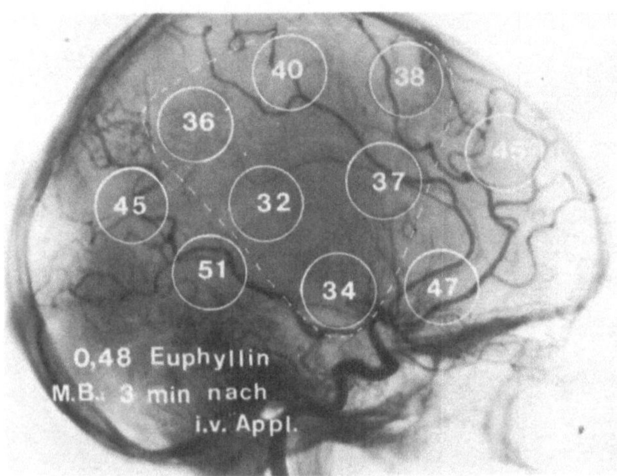

Abb. 23b. Nach Appli-
kation von 0,48 g
Euphyllin i.v. weitere
Senkung der örtlichen
Hirndurchblutung um
durchschnittlich 20%
in allen Regionen,
insbesondere auch im
ischämischen Focus
(gepunktete Linie)

Fall 1: Carotisangiogramm eines 28jährigen Patienten mit einem
akuten Mediateilverschluß rechts und armbetonter spastischer
Hemiparese links. Die regionale Hirndurchblutungsmessung, die
im zeitlichen Abstand von 5 Tagen nach der cerebralen Ischämie

ausgeführt wurde, zeigte im Versorgungsgebiet der A. cerebri
media einen ausgedehnten ischämischen Focus, der durch die gepunktete Linie gekennzeichnet ist (Abb. 23a). Die Durchblutungswerte waren im Vergleich zu den Normalwerten in diesen Arealen
um durchschnittlich 30% gesenkt. Nach Applikation von 0,48 g
Euphyllin i.v. war in allen Regionen, insbesondere auch im
ischämischen Focus, eine weitere Senkung der Hirndurchblutung
zu verzeichnen (Abb. 23b).

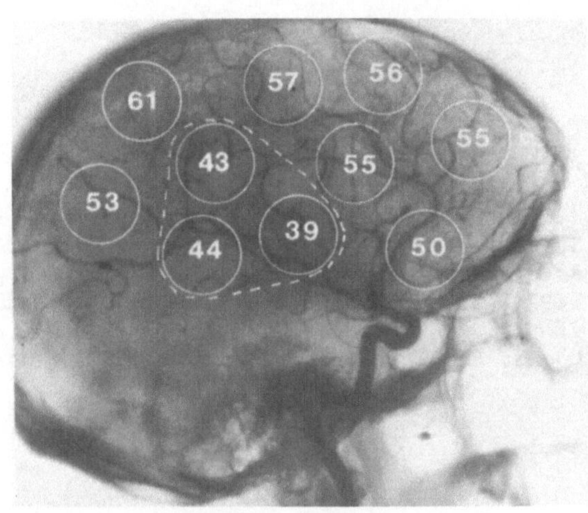

Abb. 24a. Carotisangio-
gramm einer 57jährigen
Patientin mit morpholo-
gisch nicht krankhaft
verändertem Gefäßbild.
Umschriebener ischämi-
scher Focus in der re.
Temporalregion mit
Abnahme der rCBF-Werte
um durchschnittlich
20% (Fall 2)

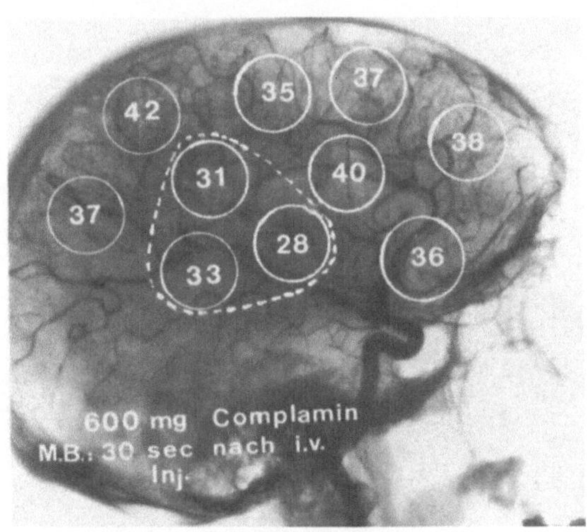

Abb. 24b. Nach i.v.
Injektion von 600 mg
Complamin weitere Sen-
kung der örtlichen
Durchblutung um durch-
schnittlich 30% in
allen Regionen, ins-
besondere auch im
ischämischen Focus
(gepunktete Linie)

Fall 2: Carotisangiogramm einer 57jährigen Patientin, bei der
3 Monate vor der Klinikaufnahme plötzlich ein Taubheitsgefühl
in der linken Körperseite von 4 Std Dauer aufgetreten war.
8 Wochen später hatte sich erneut ein Taubheitsgefühl in der

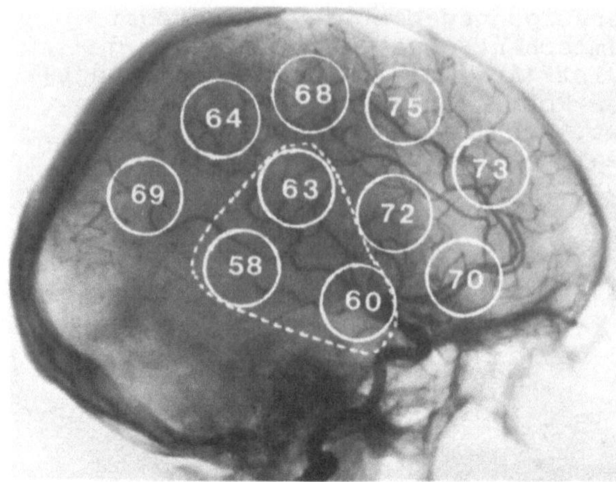

Abb. 25a. Carotisangiogramm einer 45jährigen Patientin mit einer ausgeprägten Stenose der A. carotis interna im Halsteil (im Bildausschnitt nicht
dargestellt). Globale Mangeldurchblutung der grauen Substanz mit Abnahme
der rCBF-Werte um durchschnittlich 30%. (Normalwert für CBF grau = 106,5 ml/
100 g/min). Ischämischer Focus (gepunktete Linie) in der Parieto-Temporal-
Region mit Reduktion der rCBF-Werte um durchschnittlich 45% (Fall 3)

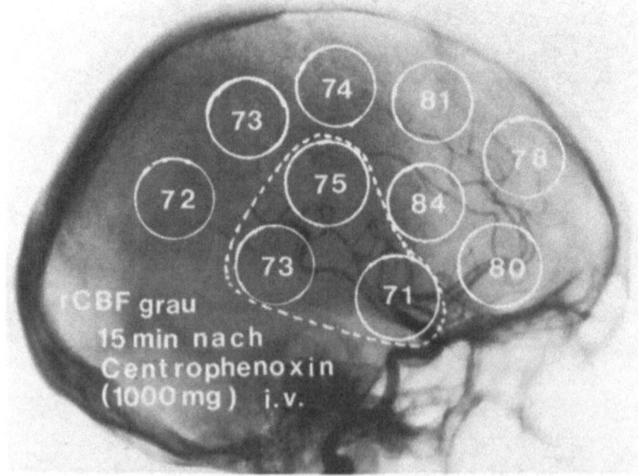

Abb. 25b. Nach i.v. Injektion von 1000 mg Centrophenoxin Zunahme der Durchblutung in allen Arealen um durchschnittlich 15%

linken Körperseite, gefolgt von einer leichten Halbseitenschwäche links, eingestellt. Das Carotisangiogramm zeigte in den extra-
und intrakraniellen Gefäßabschnitten keinen krankhaften Befund.
Die Hirndurchblutungsmessung, die im zeitlichen Abstand von
28 Tagen nach dem Insult ausgeführt wurde, zeigte einen deutlich ischämischen Focus in der Zentroparietalregion mit einer
Abnahme der rCBF-Werte um 20%. Nach i.v. Applikation von 600 mg
Complamin trat eine Reduktion der örtlichen Hirndurchblutungswerte in allen Meßarealen mit einer Abnahme der Durchblutung um
nahezu 30% ein, wobei die prozentuale Abnahme im ischämischen
Focus derjenigen in den übrigen Regionen entsprach (Abb. 24 a
und b).

Fall 3: Carotisangiogramm einer 45jährigen Patientin, die akut
mit einer brachiofacial-betonten Halbseitenlähmung links erkrankte. Das Angiogramm zeigte eine schwere Stenose der A. carotis interna rechts. Die Messung der regionalen Gehirndurchblutung, die 21 Tage nach dem Einsetzen der neurologischen
Symptomatik vorgenommen wurde, zeigte erniedrigte regionale
Durchblutungswerte in der gesamten rechten Großhirnhemisphäre
mit einer durchschnittlichen Abnahme der rCBF-Werte um 30% und
zusätzlich einen ischämischen Focus in der Parietotemporalregion
mit Reduktion der rCBF-Werte um nahezu 40%. Nach i.v. Applikation von 1000 mg Centrophenoxin war in allen Meßarealen eine
Zunahme der schnellen Komponente der Durchblutung (entsprechend
der Durchblutung der grauen Substanz) um durchschnittlich 15%
zu verzeichnen (Abb. 25 a und b).

Diskussion

Untersuchungen über die Veränderung der regionalen Gehirndurchblutung unter dem Einfluß vasoaktiver Substanzen beim Menschen
wurden in größerer Zahl durchgeführt. Die physiologischerweise
im menschlichen Organismus vorhandenen vasoaktiven Substanzen
wie Adrenalin, Noradrenalin, Angiotensin, Acetylcholin, Serotonin, Histamin, Vasopressin und die Prostaglandine zeigten bei
hoher Dosierung weder nach intravenöser Applikation noch nach
Injektion in die A. carotis interna eine meßbare Wirkung auf
die Hirndurchblutung. Zusammenfassende Darstellungen der klinischen und tierexperimentellen Untersuchungsergebnisse haben
SOKOLOFF (585), GOTTSTEIN (12), CARPI (14) und OLESEN (14b) veröffentlicht. Bei der großen Zahl humanexperimenteller Untersuchungen, die mit verschiedenen Untersuchungsmethoden und unter
unterschiedlichen Untersuchungsbedingungen übereinstimmend keine
Wirkung der natürlicherweise vorkommenden vasoaktiven Substanzen
auf die Hirndurchblutung des Menschen erkennen ließen, haben wir
auf eine Wirksamkeitsprüfung dieser Substanzen verzichtet.

In gleicher Weise wie die erwähnten sympathicomimetischen und
parasympathicomimetischen Substanzen konnte auch mit einer grös-
seren Anzahl von Präparaten, die auf das autonome Nervensystem
einwirken, kein Effekt auf die Hirndurchblutung erzielt werden.
Nach i.v. Applikation der die α-Receptoren stimulierenden Stoffe
wie Amphetamin und Metaraminol sowie auch der die α-Rezeptoren
blockierenden Substanzen wie Phenoxybenzamin, Clonidine und der

Imidazolderivate wie Tolazolin und Phentolamin blieb die Hirndurchblutung unverändert. Auch die antiadrenergischen Substanzen
wie die Rauwolfia-Alkaloide, Guanethidin, α-Methyl-Dopa und Reserpin sowie die Ganglien-Blocker wie Trimetaphan, Hexamethoni-
mum, Pendiomid, Tetraäthylammonium und Pentolinium erwiesen sich
am Hirnkreislauf als unwirksam. Ausführliche Untersuchungen und
zusammenfassende Darstellungen über die Wirkung dieser Substanzen auf die Gehirndurchblutung haben 1959 SOKOLOFF (585), 1962
GOTTSTEIN (12), 1970 PAULSON und Mitarb. (482), SKINHØJ und Mitarb. (582), 1972 CARPI (14) und 1974 OLESEN (14b) veröffentlicht.

Quantitative Untersuchungen über die Veränderung der Gehirndurchblutung beim Menschen unter dem Einfluß von Theophyllinkörpern wurden mit der Kety-Schmidt-Methode von WECHSLER und
Mitarb. (625a), SCHEINBERG und JAYNE (537a) und von GOTTSTEIN
(12) ausgeführt. Die Autoren fanden nach intravenöser Applikation verschiedener Theophyllinpräparate übereinstimmend regelmäßig eine Abnahme der Hirndurchblutung zwischen 20 und 30%.
Die von uns erhobenen Befunde (Tabelle 30 - 32) stehen mit den
früheren nach der Kety-Schmidt-Methode ermittelten Untersuchungsergebnissen in guter Übereinstimmung. Sowohl bei Normalpersonen
als auch bei Patienten mit einer cerebralen Mangeldurchblutung
fanden wir nach Verabreichung von Theophyllinderivaten regelmäßig
eine Abnahme der Hirndurchblutung in allen Regionen des Gehirns
zwischen 16 und 25%. Durch Untersuchungen in oberflächlicher
Allgemeinnarkose mit konstantem arteriellen CO_2-Druck konnte
nachgewiesen werden, daß der hirndurchblutungssenkende Effekt
nicht auf die im Wachzustand zu beobachtende Hyperventilation
nach Theophyllingabe zurückzuführen ist. Den Nachweis einer direkten vasoconstrictorischen Wirkung der Theophyllinkörper hatten
1972 GOTTSTEIN und PAULSON erbracht, die nach intracarotidealer
Injektion von Theophyllin-Äthylendiamin eine sofortige Reduktion
der Hirndurchblutung in der gleichseitigen Hirnhemisphäre bei
unverändertem $apCO_2$-Druck feststellen konnten. Eine Ausnahme von
der für alle Hirnareale gleichsinnigen Wirkung der Theophyllinpräparate haben wir bei 3 von 10 Patienten mit akuter cerebraler
Ischämie beobachtet, die innerhalb der ersten 24 Std nach dem
cerebrovasculären Insult der Hirndurchblutungsmessung zugeführt
wurden. Bei diesen Patienten erfolgte eine mäßige Zunahme der
Durchblutung im ischämischen Areal bei gleichzeitiger Reduktion
der Durchblutung im bekannten Ausmaß in den normaldurchbluteten
Gehirnregionen. SKINHØJ und PAULSON (581) haben bei Patienten
mit akuter cerebraler Mangeldurchblutung bei einer kleinen Zahl
die gleiche paradoxe Reaktion der Hirngefäße auf Theophyllinkörper beobachtet. Diese paradoxe Zunahme der Durchblutung im
ischämischen Focus bei gleichzeitiger Abnahme der Durchblutung
in den übrigen Gehirnregionen stellt ein intracerebrales Blutentzugsphänomen dar. Es ist als Folge einer Vasoparalyse der
cerebralen Gefäße im ischämischen Focus zu deuten, wobei durch
Konstriktion der normal reagierenden Gefäße in gesunden Gehirnregionen eine Durchblutungsumverteilung in das mangelversorgte
Gebiet erfolgen kann. Da dieses Phänomen von SKINHØJ und PAULSON
nur bei Einzelfällen innerhalb der ersten 24 Std nach einer
akuten cerebralen Mangeldurchblutung beobachtet wurde, läßt sich
daraus eine therapeutische Konsequenz nicht ableiten. Mehr als
zwei Drittel der Patienten in der eigenen Untersuchungsreihe,
die in den ersten 24 Std nach dem cerebrovasculären Insult der

Hirndurchblutungsmessung zugeführt wurden, zeigten bereits eine
gleichartige Durchblutungsabnahme in allen Regionen, unabhängig
von der Ausgangslage der Durchblutung in den einzelnen Regionen.
Möglicherweise sind die immer wieder in der Literatur mitgeteilten Fälle dramatischer Besserungen nach intravenöser Theophyl-
linbehandlung in den ersten Stunden bei einem cerebrovasculären
Insult pathophysiologisch auf diese paradoxe Reaktion der Hirngefäße zurückzuführen. Andererseits liegt die Zahl der Spontan-
remissionen mit und ohne Applikation von Theophyllinkörpern in
größeren vergleichenden Untersuchungsserien annähernd gleich
hoch. Eine Übersicht über die klinische Literatur mit kritischer
Würdigung des therapeutischen Effektes der Theophyllinderivate
findet sich bei GOTTSTEIN (12).

Neben den Theophyllinabkömmlingen fanden in der Behandlung cerebraler Durchblutungsstörungen die Nicotinsäurederivate eine
häufige Verwendung. Nach den Untersuchungen von SCHEINBERG (518)
und GOTTSTEIN (12) ließ sich mit der Stickoxydulmethode nach
intravenöser Applikation von Nicotinsäurederivaten (β-Pyridyl-
Carbinol, Xantinolniacinat) in keinem Fall eine Verbesserung
der cerebralen Durchblutung erreichen. Die Hirndurchblutung
blieb entweder unverändert oder nahm sogar bei einem Teil der
Patienten ab. Unsere Untersuchungsergebnisse zeigen, daß die
regionale Gehirndurchblutung sowohl bei Normalpersonen als auch
bei Patienten mit cerebraler Mangeldurchblutung im Wachzustand
und leichter Allgemeinnarkose stets abnimmt. Für Xantinolniacinat besteht eine dosisabhängige Beziehung der Durchblutungsabnahme, wobei Einzeldosen von 1,5 g drastische cerebrale Durch-
blutungsminderungen mit Abnahme der rCBF-Werte um 40 - 50% bewirken. Bei Verminderung der Einzeldosis auf 900, 600 und 300 mg
verringert sich der Durchblutungssenkende Effekt des Präparates
auf annähernd 30%, 20% und 10%. Bei kleineren Einzeldosen als
300 mg konnte ein statistisch signifikanter Effekt des Xantinol-
niacinats auf die Hirndurchblutung nicht mehr nachgewiesen werden. Der hirndurchblutungssenkende Effekt des β-Pyridyl-Carbinol
ist geringer. Bei einer Dosis von 300 mg resultiert noch eine
globale Reduktion der cerebralen Durchblutung um nahezu 15%.

Das Verhalten der Hirndurchblutung unter dem Einfluß von Raubasin
wurde 1962 von GOTTSTEIN tierexperimentell und am wachen Menschen
mit Hilfe der Stickoxydul-Methode untersucht. Nach i.v. Infusion
von 6 mg Raubasin zeigte die Hirndurchblutung eine leichte, statistisch nicht signifikante Abnahme. Bei i.v. Infusion einer
hohen Dosis von 25 mg innerhalb von 20 min fanden wir eine durchschnittliche Abnahme um 15%. Dabei sank der arterielle Mitteldruck von 128 auf 110 mm Hg ab.

Quantitative Untersuchungen über die Veränderung der globalen
oder regionalen Gehirndurchblutung unter dem Einfluß von Naphthidrofuryl sind bisher nicht ausgeführt worden.

Bei Untersuchungen von HAFKENSCHIEL und Mitarb. (221, 222),
McCALL und Mitarb. (402) und GOTTSTEIN und Mitarb. (12) zeigte
die Hirndurchblutung nach intravenöser oder intracarotidialer
Injektion von Dihydroergotamin, Dihydrocornin und Hydergin keine
Änderung. Unter Verwendung der intraarteriellen Isotopen-Clearance
bestätigten 1971 McHENRY und Mitarb. (422) und 1972 OLESEN und

SKINHØJ (466b) diese und die von uns ermittelten Untersuchungsergebnisse. Auch die tierexperimentellen Untersuchungen von
BALDY-MOULINIER (37a), BRAWLEY und Mitarb. (507a) und SZEWCZY-
KOWSKI und Mitarb. (661) stehen im Einklang mit den klinisch-
experimentellen Befunden.Aufgrund der bisher vorliegenden quantitativen Untersuchungsergebnisse besitzen Dihydroergotamin,
Dihydroergocristin sowie das zu gleichen Teilen aus Dihydro-
ergocornin, Dihydroergocristin und Dihydroergocryptin zusammengesetzte Hydergin keinerlei Effekt auf die Gehirngefäße und
cerebrale Durchblutung.

Die nach unseren Untersuchungsergebnissen unveränderte Hirndurchblutung nach i.v. Applikation von Proxazol und Bencyclan
steht in einem gewissen Gegensatz zu den Befunden von HEISS und
Mitarb. (245a, 245b), der nach i.v. Infusion von 80 mg Proxazol
eine leichte Zunahme der Hirndurchblutung beschrieb. Im Gegensatz zu unseren Befunden berichtete KOHLMEYER (318) über eine
ausgeprägte Steigerung der Hirndurchblutung nach i.v. Bencyclan-
Infusion, besonders bei Patienten mit cerebraler Mangeldurchblutung. Eine detaillierte Diskussion der divergenten Untersuchungsergebnisse über Bencyclan ist an anderer Stelle erfolgt (250a,
250b).

Quantitative Messungen der Hirndurchblutung unter dem Einfluß
von Papaverin haben 1951 SCHEINBERG und Mitarb. (534a) und
SHENKIN und Mitarb. (564a) sowie 1962 GOTTSTEIN (12) vorgenommen. Mit Hilfe der Stickoxydulmethode konnte nach i.v. Applikation von Papaverin eine leichte Zunahme der Hirndurchblutung
beobachtet werden. Ein ausgeprägter durchblutungssteigernder
Effekt wurde nach Applikation von 10 mg Papaverin in die A.
carotis interna bei Patienten mit akuter cerebraler Mangeldurchblutung von GOTTSTEIN (12) und OLESEN und Mitarb. (466b) berichtet. Die Dauer der Papaverinwirkung wurde von OLESEN und PAULSON
mit wenigen Minuten, von MEYER und Mitarb. (435a) bei Papaverin-
dauerinfusion als länger anhaltend berichtet. Aufgrund der eigenen Untersuchungen mit Papaverinhydrochlorid, Eupaverin forte
und Kollateral ist sowohl nach einmaliger i.v. Injektion als auch
bei i.v. Infusion eine Zunahme der Hirndurchblutung zwischen 10
und 15% zu beobachten. Durch Wiederholungsmessungen im zeitlichen
Abstand von 5, 10 und 15 min nach erfolgter Papaveringabe ließ
sich die Wirkungsdauer des Präparates auf 8 - 10 min festlegen.
Diese kurze Wirkungsdauer entspricht den Befunden von GOTTSTEIN,
OLESEN und PAULSON. Aufgrund der nur sehr kurzen Wirkungsdauer
und der bei höherer Dosierung einsetzenden unangenehmen Neben-
wirkungen (Tachykardien, Blutdrucksenkung) hat der mit den Papaverinderivaten beobachtete hirndurchblutungssteigernde Effekt
klinisch keine therapeutischen Konsequenzen. Schließlich muß bei
Anwendung von Papaverinderivaten in den ersten 24 - 48 Std nach
einer akuten cerebralen Mangeldurchblutung mit dem Auftreten
eines unerwünschten intracerebralen Blutenzugsphänomens gerech-
net werden, wobei durch Dilatation der normal ansprechenden Gehirngefäße in den gesunden Regionen den nicht mehr reaktions-
fähigen Gefäßen im ischämischen Areal - durch einen Umvertei-
lungseffekt - zusätzlich Blut entzogen wird. Solche Stealphäno-
mene wurden in unseren drei Untersuchungsserien jedoch nicht beobachtet, wobei anzumerken ist, daß die Untersuchungen alle später
als 3 Tage nach der akuten cerebralen Ischämie ausgeführt wurden.

Die von uns unter dem Einfluß von Centrophenoxin, Pyrithiocin
und Actihaemyl beobachteten Zunahmen der Durchblutung in der
grauen Substanz bei nahezu unveränderter Durchblutung der weißen
Substanz ist mit einer direkten Einwirkung des Präparates auf
die cerebralen Gefäße nicht erklärbar. Aufgrund der tierexperimentell gesicherten stoffwechselsteigernden Wirkung von Centrophenoxin und Pyrithioxin ist der durchblutungssteigernde Effekt
dieser Substanzen wahrscheinlich als Ausdruck einer durch diese
Präparate induzierten Aktivierung des Hirngewebsstoffwechsels
mit konsekutiver Hirndurchblutungszunahme zu deuten. Die von
STOIKA und Mitarb. (192) beschriebene Zunahme der Hirndurchblutung um 30% bei Applikation von Pyrithioxin in die A. vertebra-
lis ist möglicherweise auf eine unspezifische Aktivierung eines
für die Kreislaufregulierung wichtigen Hirnstammzentrums zurückzuführen. Nach i.v. Infusion konnten entsprechende Durchblutungs-
steigerungen von den Autoren nicht beobachtet werden.

Eine Zunahme der Hirndurchblutung nach i.v. Applikation von
500 ml Rheomacrodex berichteten GOTTSTEIN und HELD (195a, 195b),
HEISS und Mitarb. (245b) und EISENBERG und Mitarb. (120a). Die
Untersuchungsergebnisse entsprechen den von uns ermittelten
Resultaten, nach denen eine globale Zunahme der Durchblutung um
10 - 15% einsetzt. Tierexperimentell wurden diese Untersuchungen
von HÄGGENDAHL und Mitarb. (220a) und MICHENFELDER und THEYE
(435a) bestätigt. Die durch Infusion einer Lösung von niedermolekularem Dextran hervorgerufene Viscositätsänderung mit Abnahme des Hämatokrits und der Sauerstofftransportkapazität des
Blutes ist dabei ursächlich für die Durchblutungssteigerung des
Gehirns verantwortlich zu machen.

Zusammenfassung

Die quantitative Messung der örtlichen Hirndurchblutung beim
Menschen bedeutet einen entscheidenden Fortschritt in der Diagnostik und Therapie der cerebralen Durchblutungsstörungen.
Darüber hinaus liefert dieses Untersuchungsverfahren zuverläs-
sige Kriterien für die Beurteilung der Wirksamkeit von Pharmaka
auf die lokale Gehirndurchblutung.

Die Untersuchungen in der vorliegenden Arbeit wurden nach dem
von INGVAR und LASSEN 1961 inaugurierten Prinzip der intraarteriellen Isotopen-Clearance vorgenommen. Für die Anwendung des
Untersuchungsverfahrens in der Neurologie ist eine möglichst
weitgehende meßtechnische Ausrichtung an den anatomischen Gegebenheiten des Gehirns zu fordern. Da die bisher bekannten Meßapparaturen diesen Erfordernissen in befriedigender Weise nicht
gerecht wurden, haben wir einen eigenen Meßplatz entwickelt,
dessen Konstruktion von der Siemens AG übernommen wurde. Im
Gegensatz zu den herkömmlichen Apparaturen sind bei diesem Meßplatz verwirklicht:

1. Überlagerungsfreie, innerhalb einer Großhirnhemisphäre nach
   Lage, Größe und Form definierbare Meßräume,

2. eine exakte Zuordnung anatomisch bestimmter Hirnregionen und
   -strukturen mit bekannter Gefäßversorgung zu diesen Meßräumen
   und

3. die Darstellung der Meßfeldbegrenzungen auf dem seitlichen
   Carotisangiogramm, die eine direkte Korrelation von örtlicher
   cerebraler Durchblutung mit dem morphologischen Bild der Gehirngefäße zum Zeitpunkt der Hirndurchblutungsmessung erlauben.

In einer ausführlichen Analyse werden die Vorzüge und Nachteile
der verschiedenen Meßplätze gewürdigt.

Um die Aufrechterhaltung konstanter Untersuchungsbedingungen
über die gesamte Meßzeit, die bei wiederholten Messungen (Funk-
tions- und Vergleichsuntersuchungen) bis zu 45 min betragen kann,
zu gewährleisten, wurden die Untersuchungen in einer oberflächlichen Allgemeinnarkose durchgeführt. Die Unterschiede der örtlichen Hirndurchblutungsmessung in Allgemeinnarkose und im Wachzustand werden diskutiert.

Die Berechnung der örtlichen Hirndurchblutungswerte erfolgte
mittels elektronischer Datenverarbeitung nach einem von BACHMANN
und KRAUSE entwickelten Computer-Programm, das sich an das von
SVEINSDOTTIR 1965 veröffentlichte Rechenprogramm für die Bestimmung der örtlichen Hirndurchblutung anlehnt. Alle Durchblutungs-

messungen wurden grundsätzlich nach der 2-Funktionen-Analyse,
die eine getrennte Bestimmung der örtlichen Hirndurchblutung in
der grauen und weißen Substanz gestattet, und nach der stochastischen Analyse, welche die mittlere regionale Gesamtdurchblutung erfaßt, ausgewertet. Gleichzeitig erfolgte auch eine regionale Bestimmung des relativen Gewichtes der grauen und weißen
Substanz aus den cerebralen Durchblutungswerten nach den von
LASSEN und HØEDT-RASMUSSEN angegebenen Kriterien. Alle Untersuchungsergebnisse wurden einer statistischen Auswertung unter-
worfen.

Die Normalwerte der örtlichen Hirndurchblutung wurden bei 22 Patienten in 10 annähernd gleichmäßig über eine Großhirnhemisphäre
verteilten Regionen bestimmt. Dabei traten statistisch signifikante interregionäre Durchblutungsunterschiede zutage. Bei demselben Patientenkollektiv wurden auch die örtlichen Normalwerte
für die Verteilung des relativen Gewichtes der grauen und weißen
Substanz ermittelt. Auch hier lagen statistisch signifikante
interregionäre Unterschiede vor. Die Prüfung auf Reproduzierbarkeit der örtlichen Hirndurchblutungswerte bei 2 im Abstand von
15 min aufeinanderfolgenden Messungen zeigte keine statistisch
signifikanten Unterschiede. Die durchschnittliche Differenz
zwischen den Werten der ersten und zweiten Hirndurchblutungsmessung betrug für alle Hirnsubstanzanteile weniger als ± 7%.

Da die Hirndurchblutungsmessungen in Allgemeinnarkose und nach
der cerebralen Angiographie vorgenommen wurden, waren Untersuchungen über den Einfluß der Narkosemittel und Röntgenkontrastmittel auf den Hirnkreislauf notwendig.

Bezüglich des <u>Röntgenkontrastmittels</u> konnten wir durch prä-post-
angiographische Hirndurchblutungsmessungen feststellen, daß bei
Ausführung der Angiographie in der von uns beschriebenen Form
5 min nach Beendigung der Kontrastmittelinjektion statistisch
signifikante Durchblutungsunterschiede zwischen den zwei Untersuchungen nicht mehr bestehen. Die prozentuale Veränderung des
rCBF entsprach in engen Grenzen den bei zwei im Abstand von
15 min auch ohne Angiographie ermittelten Werten.

Der Einfluß der <u>Allgemeinnarkose</u> in der von uns angewandten Form
zeigte sich beim Vergleich zu den von anderen Autoren im Wachzustand erzielten Untersuchungsergebnissen in durchschnittlich
um 10 - 20% höheren Durchblutungswerten. Sie betrugen im eigenen
Krankengut in ml/100 g/min: Für die graue Substanz 106,5, für
die weiße Substanz 24,4 und für die mittlere regionale Gesamtdurchblutung 63,1 (2-Funktionen-Analyse) bzw. 56,5 (stochastische Analyse). Das Verhalten der Hirndurchblutung bei passiver
Hyperventilation in N_2O-Halothan-Narkose ergab in Übereinstimmung mit den zuvor mit anderen Untersuchungsverfahren ermittelten Ergebnissen eine lineare Beziehung in einem $apCO_2$-Bereich
von 20 - 60 mm Hg.

Bei 86 Patienten haben wir den Einfluß der intravenös applizier-
baren Narkosemittel Thiopental, Propanidid und Ketamine auf die
Hirndurchblutung nach Applikation der für die Narkoseeinleitung
üblichen Einzeldosis in Abhängigkeit von der Zeit und vom Meßbeginn bestimmt. Unter Thiopental zeigte sich bei Meßbeginn im

zeitlichen Abstand von 30 sec, 5 min und 10 min nach beendeter
i.v. Injektion des Narkosemittels eine gleichbleibende Abnahme
der cerebralen Durchblutung in allen Hirnsubstanzanteilen um
durchschnittlich 40%. Beim Propanid war eine zunehmende Verringerung der cerebralen Durchblutungssenkung von ebenfalls 40%
beim Meßbeginn im zeitlichen Abstand von 30 sec, über 25%, im
zeitlichen Abstand von 5 min und ± 0% im zeitlichen Abstand von
10 min nach erfolgter i.v. Injektion des Narkosemittels zu beobachten. Die geringste Blutdrucksenkung fand sich beim Ketamine,
das beim Meßbeginn im zeitlichen Abstand von 30 sec eine CBF-
Abnahme um 30%, nach 5 min nur noch um 18% und nach 10 min um
± 0% zur Folge hatte. Auf Grund dieser Untersuchungsergebnisse
haben wir ausschließlich Propanidid als Einleitungsmittel zur
Narkose bei unseren Hirndurchblutungsmessungen eingesetzt.

Nach Ermittlung der Normalwerte und Bestimmung des Einflusses
der cerebralen Angiographie und Allgemeinnarkose haben wir das
Verhalten der regionalen und globalen Hirndurchblutung bei 87
Patienten mit cerebrovasculären Erkrankungen untersucht. Das
Patientengut wurde nach ätiologischen Gesichtspunkten in zwei
große Gruppen aufgeteilt. In der ersten Gruppe sind 56 Patienten
mit einer Verschlußkrankheit der A. carotis interna zusammengefaßt. Ursächlich lagen der Gefäßerkrankung zugrunde: Eine Carotisstenose (n = 21), ein Kinking der A. carotis interna (n = 18),
ein einseitiger Carotisverschluß (n = 11) sowie die Kombination
von einem Carotisverschluß auf der einen mit einer Carotisstenose auf der Gegenseite (n = 9). In der zweiten Gruppe waren
31 Patienten mit intrakraniellen cerebrovasculären Erkrankungen
enthalten. In 10 Fällen lag ein Total- oder Teilverschluß der
A. cerebri media, anterior oder posterior vor, und bei 21 Fällen
handelte es sich um Patienten mit manifesten neurologischen Ausfallserscheinungen und normalem Angiogramm.

Die Auswertung der Ergebnisse der Hirndurchblutungsmessungen erfolgte nach 4 verschiedenen Gesichtspunkten:

1. In den einzelnen Untersuchungsreihen haben wir für jeden Patienten einen Vergleich der aus jeweils 8 - 10 Regionen berechneten Durchschnittsmittelwerte für die Durchblutung der
   grauen und weißen Substanz sowie für die Gesamtsubstanzdurchblutung mit den entsprechenden Durchschnittsmittelwerten eines
   N o r m a l k o l l e k t i v s durchgeführt.

2. Das Verhalten der Hirndurchblutung wurde darüber hinaus
   r e g i o n a l in 8 Meßarealen einer Großhirnhemisphäre
   für das jeweilige Patientenkollektiv im Vergleich zu den
   entsprechenden regionalen Durchblutungswerten eines Normal-
   kollektivs untersucht.

3. Bei den Patientenkollektiven mit gefäßchirurgischer Behandlung wurden außerdem prä-/postoperative Vergleichsuntersuchungen vorgenommen und die globale und regionale Veränderung
   des CBF sowohl intraindividuell als auch für das Gesamtkollektiv ermittelt.

4. Zur Veranschaulichung der erheblichen interindividuellen Unterschiede in der globalen und/oder regionalen Beeinträchti-

gung der Hirndurchblutung bei den Verschlußkrankheiten der
A. carotis interna haben wir aus jeder Untersuchungsserie
2 - 3 Einzeldarstellungen ausgewählt, die den einzelnen Kapiteln als kasuistische Beiträge angefügt sind.

Die Ergebnisse der Hirndurchblutungsmessungen bei den Verschlußkrankheiten der A. carotis interna zeigen übereinstimmend bei
annähernd 4/5 aller Kranken der 4 Patientenkollektive (Carotisstenose, Kinking, Carotisverschluß und Kombination von Carotisverschluß auf der einen und Carotisstenose auf der Gegenseite)
eine globale und/oder regionale Abnahme der cerebralen Durchblutung um 20 - 50%. Die in einem hohen Prozentsatz der Fälle vorhandene beträchtliche Verminderung der Durchblutung in einer
Großhirnhemisphäre beim Vorliegen eines ausgeprägten, örtlich
umschriebenen Strömungshindernisses an der zuführenden Halsschlagader wird im Sinne der hämodynamischen Hypothese für die
Entstehung cerebraler Mangeldurchblutungen bei diesen Gefäßkrank-
heiten interpretiert. Die Ursachen der erheblichen interindividuellen Unterschiede in der Senkung des CBF und des Fehlens von
signifikanten Durchblutungssenkungen bei annähernd 20% der Fälle
in allen Patientenkollektiven werden diskutiert.

Die bei 23 Patienten mit einer Stenose oder einem Kinking der
A. carotis interna durchgeführten prä-postoperativen Durchblutungsmessungen zeigten nach der Gefäßoperation im Vergleich zum
präoperativen Ausgangswerte eine durchschnittliche Verbesserung
der Gehirndurchblutung um 20 - 100%. Ursachen und Bedeutung dieser postoperativen cerebralen Durchblutungsverbesserungen werden
besprochen.

Die örtlichen Hirndurchblutungsmessungen bei den intrakraniellen
vasculären Erkrankungen deckten bei allen Patienten mit einem
Total- oder Teilverschluß der A. cerebri media, anterior oder
posterior einen ischämischen Focus unterschiedlicher Ausdehnung
und Stärke mit einer Reduktion des CBF um 20 - 40% auf. Darüber
hinaus lag bei 50% der Fälle eine globale Verminderung der Durchblutung in der zugehörigen Hirnhemisphäre mit einer durchschnittlichen Abnahme des CBF um 25% vor.

Von 21 Patienten mit manifesten neurologischen Ausfallserscheinungen und normalem Angiogramm waren bei 9 Fällen umschriebene
ischämische Herde nachweisbar. Bei 3 Fällen lagen ausschließlich
und bei 2 Patienten über den ischämischen Focus hinaus eine globale Abnahme der Durchblutung in der gesamten Hirnhemisphäre vor.

Die vorliegenden Ergebnisse bei den cerebrovasculären Erkrankungen weisen die quantitative Messung der örtlichen Hirndurchblutung als ein Untersuchungsverfahren aus, welches das diagnosti-
sche Rüstzeug in der Neurologie erheblich erweitert und die neuroradiologischen Untersuchungsmethoden bei den cerebralen Durchblutungsstörungen wesentlich zu ergänzen vermag.

Nach den bisherigen Erfahrungen hat sich die regionale Hirndurchblutungsmessung darüber hinaus zu einem der wichtigsten Nachweisverfahren für die Beurteilung der Wirksamkeit von Pharmaka auf
den global oder regional gestörten Hirnkreislauf entwickelt.
Die Untersuchungsergebnisse über die Veränderung der regionalen

Gehirndurchblutung unter dem Einfluß vaso- und stoffwechselaktiver Pharmaka bei 215 Patienten mit cerebraler Mangeldurchblutung sind in tabellarischer Übersicht mitgeteilt, an typischen Fallbeispielen veranschaulicht und diskutiert. Entsprechend ihrem Effekt auf die regionale Hirndurchblutung lassen sich diese Pharmaka in drei Gruppen unterteilen. Die erste Gruppe umfaßt diejenigen Präparate, die regelmäßig eine Senkung der Hirndurchblutung bewirken. Es handelt sich hierbei um die Theophyllinderivate, Nicotinsäurederivate sowie um Raubasin und Naphthidrofuryl. Die zweite Gruppe umfaßt Pharmaka, die keinerlei Einfluß auf die normale oder gestörte regionale Hirndurchblutung erkennen ließen oder solche, die, wie das Centrophenoxin, Pyrithioxin und Actihaemyl, eine leichte Zunahme der Durchblutung in der grauen Substanz aufwiesen. Die dritte Gruppe umfaßt solche Pharmaka, die im Akutversuch regelmäßig zu einer Hirndurchblutungssteigerung führen. Es handelt sich hierbei im wesentlichen um Papaverin und papaverinähnliche Substanzen sowie Lösungen von niedermolekularem Dextran. Die klinisch-therapeutische Relevanz der Untersuchungsergebnisse wird abschließend diskutiert.

Literatur

Monographien und zusammenfassende Darstellungen

1. Regional Cerebral Blood Flow: An International Symposium, University
   of Lund 1964 (Eds. D.H. INGVAR, N.A. LASSEN). Acta neurol. scand.
   Suppl. 14, 15-197 (1965).
2. Cerebral Blood Flow and Cerebro Spinal Fluid: IIIrd International
   Symposium on Cerebral Blood Flow and Cerebro Spinal Fluid, Lund-Copen-
   hagen 1968 (Eds. D.H. INGVAR, N.A. LASSEN, B.K. SIESJÖ, E. SKINHØJ).
   Scand. J. clin. Lab. Invest. Suppl. 102 (1968).
3. Cerebral Blood Flow: The International Symposium on the Clinical Applications of Isotope Clearance Measurement of Cerebral Blood Flow,
   Mainz 1969 (Eds. M. BROCK, C. FIESCHI, D.H. INGVAR, N.A. LASSEN,
   K. SCHÜRMANN). Berlin-Heidelberg-New York: Springer 1969.
4. Brain and Blood Flow: Proceedings of the Fourth International Symposium
   on the Regulation of Cerebral Blood Flow, London 1970 (Ed. R.W. ROSS
   RUSSELL). London: Pitman Medical 1971.
5. Cerebral Blood Flow and Intracranial Pressure: Proceedings of the 5th
   International Symposium on Cerebral Blood Flow Regulation, Acid-Base
   and Energy Metabolism in Acute Brain Injuries, Rom-Siena 1971 (Ed.
   C. FIESCHI). Basel: Karger 1972.
6. Der Hirnkreislauf in Forschung und Klinik: Kongreßband des 1. Internationalen Salzburger Symposions (Hrsg. H. BERTHA, O. EICHHORN, H. LECH-
   NER). Wien: Brüder Hollinek 1962.
7. Der Hirnkreislauf in Forschung und Klinik: Kongreßband des 2. Internationalen Salzburger Symposions (Hrsg. O. EICHHORN, H. LECHNER). Wien:
   Brüder Hollinek 1964.
8. Research on the Cerebral Circulation: Third International Salzburg
   Conference (Eds. J.S. MEYER, H. LECHNER, O. EICHHORN). Springfield/Ill.:
   Ch. C. Thomas 1969.
9. Research on the Cerebral Circulation: Fourth International Salzburg
   Conference (Eds. J.S. MEYER, H. LECHNER, M. REIVICH, O. EICHHORN).
   Springfield/Ill.: Ch. C. Thomas 1970.
9a. Cerebral Vascular Disease: 5th International Salzburg Conference (Eds.
   J.S. MEYER, H. LECHNER, U. REIVICH, O. EICHHORN). Stuttgart: Thieme 1973.
10. Cerebral Vascular Disease: 7th Princeton Conference (Eds. J. MOOSSY,
   R. JANEWAY). New York: Grune & Stratton 1971.
10a. GÄNSHIRT, H.: Der Hirnkreislauf. Stuttgart: Thieme 1973.
11. GOTTSTEIN, U.: Der Hirnkreislauf unter dem Einfluß vasoaktiver Substanzen. Heidelberg: Hüthig 1962.
12. Pharmakologie der lokalen Gehirndurchblutung. Meßmethoden und Ergebnisse:
   Ein internationales Symposium in Bonn 1968. (Hrsg. E. BETZ, R. WÜLLEN-
   WEBER). München-Gräfelfing: Banaschewski 1969.
13. Clinical Anesthesia - Neurologic Considerations (Ed. M.H. HARMEL).
   Philadelphia: F.A. Davis 1967.
14. The Pharmacology of Cerebral Circulation: International Encyclopedia of
   Pharmacology and Therapeutics, Section 33 (Ed. AMILCARE CARPI). Oxford:
   Pergamon Press 1972.

14a. Gehirnkreislauf (Hsg. R. THAUER, K. PLESCHKA). Darmstadt: Dr. Dietrich
     Steinkopf 1973.
14b. OLESEN, J.: Cerebral Blood Flow. Methods for Measurement, Regulation,
     Effects of Drugs and Changes in Disease. København–Arhus–Odense: Fadls
     Forlag 1974.

Einzelarbeiten

14c. ACKERMANN, R.H.: The relationship of regional cerebrovascular CO_2 reac-
     tivity to blood pressure and regional resting flow. Stroke <u>4</u>, 725 (1973).
15. ADAMS, J.E., SEVERINGHAUS, J.W.: Oxygen tension of human·cerebral grey
     and white matter. J. Neurosurg. <u>19</u>, 539 (1960).
16. AGNOLI, A., FIESCHI, C., BOZZAO, L., BATTISTINI, N.: Aspects fonctionnels
     de la circulation cérébrale dans les Lèsions Ischemiques du Cerveau.
     In: Der Hirnkreislauf in Forschung und Klinik. Kongreßband des II. In-
     ternationalen Salzburger Symposions (Eds. O. EICHHORN, H. LECHNER),
     S. 187. Wien: Brüder Hollinek 1964.
17. AGNOLI, A., BATTISTINI, N., BOZZAO, L., FIESCHI, C.: Drug action on
     regional cerebral blood flow in cases of acute cerebrovascular involve-
     ment. Acta neurol. scand. Suppl. <u>14</u>, 142 (1965).
18. AGNOLI, A., BATTISTINI, N., BOZZAO, L., FIESCHI, C.: Derangement de
     l'autoregulation dans les foyers ischemiques cérébraux: Possibilités
     terapeutiques au moyen des medicamentes hypertenseurs. Symposium Inter-
     national sur la Circulation Cérébrale. Paris: Sandoz Editeur 1965, 114.
19. AGNOLI, A., FIESCHI, C., BOZZAO, L., BATTISTINI, N., PRENCIPE, M.:
     Autoregulation of cerebral blood flow studies during drug-induced
     hypertension in normal subjects and in patients with cerebral vascular
     diseases. Circulation <u>38</u>, 800 (1968).
20. AGNOLI, A., PRENCIPE, M., PRIORI, A.M., BOZZAO, L., FIESCHI, C.: Mea-
     surements of rCBF by intravenous injection of ^{133}Xe. A comparative
     study with the intra-arterial injection method. In: Cerebral Blood Flow
     (Eds. M. BROCK, C. FIESCHI, D.H. INGVAR, N.A. LASSEN, K. SCHÜRMANN),
     S. 31. Berlin–Heidelberg–New York: Springer 1969.
21. AGNOLI, A., PRENCIPE, M., PRIORI, A.M., BOZZAO, L., GULLOTTA, C.,
     FIESCHI, C.: Present status of the technique employing intravenous
     injection of 133 Xe for measuring regional cerebral blood flow. In:
     Brain and Blood Flow, p. 57. London: Pitman Medical 1971.
22. AGNOLI, A., FIESCHI, C., PRENCIPE, M., PISTOLESE, G.R., CITONE, G.,
     FARAGLIA, V., SEMPREBENE, L., FIORANI, P.: rCBF studies during carotid
     surgery. In: Brain and Blood Flow, p. 346. London: Pitman Medical 1971.
23. ALEXANDER, S.C., WOLLMAN, H., COHEN, P.J., CHASE, P.E., MELMAN, E.,
     DRIPPS, R.D.: Cerebral blood flow and metabolism during Halothane
     anaethesia in man. Fed. Proc. <u>22</u>, 187 (1963).
24. ALEXANDER, S.C., WOLLMAN, H., COHEN, P.J., CHASE, P.E., BEHAR, M.:
     Cerebrovascular response to apCO_2 during Halothane anaesthesia in man.
     J. appl. Physiol. <u>19</u>, 561 (1964).
25. ALEXANDER, S.C., WOLLMAN, H., COHEN, P.J., CHASE, P.E., MELMAN, E.,
     BEHAR, M.: Krypton 85 and nitrous oxide uptake of the human brain during
     anaesthesia. Anesthesiology <u>25</u>, 37 (1964).
26. ALEXANDER, S.C., COHEN, P.J., WOLLMAN, H., SMITH, T.C., REIVICH, M.,
     VAN DER MOLEN, R.A.: Cerebral carbohydrate metabolism during hypocarbia
     in man. Anesthesiology <u>26</u>, 624 (1965).
27. ALEXANDER, S.C., SMITH, T.C., STROBEL, G., STEPHEN, G.W., WOLLMAN, H.:
     Cerebral carbohydrate metabolism of man during respiration and metabolic
     alkalosis. J. appl. Physiol. <u>24</u>, 66 (1968).

28. ALEXANDER, S.C., LASSEN, N.A.: Cerebral circulatory response to acute
brain disease. Anesthesiology 32, 1, 60 (1970).
29. ANGER, H.O.: Scintillation camera. Rev. Sci. Instr. 29, 27 (1958).
30. AUKLAND, K.: Hydrogen polarography in measurement of local blood flow;
theoretical and empirical basis. Acta neurol. scand. Suppl. 14, 42
(1965).
31. AUKLAND, K.: Measurement of local blood flow with hydrogen gas. In:
Blood flow through organs and tissues (Eds. W.H. BAIN, A.M. HARPER,
W.A. MACKEY), p. 157. Edinburgh-London: Livingstone 1968.
32. ARNOT, R.N., CLARK, J.C., GLASS, H.I.: Investigation of 127 Xenon as
a tracer for the measurement of regional cerebral blood flow. In:
Brain and Blood Flow, p. 16. London: Pitman Medical 1971.
33. ASTRUP, P., JØRGENSEN, K., ANDERSEN, O.S., ENGEL, K.: Acid-base metabolism: New approach. Lancet 1960 I, 1035.
34. AUSTIN, G., HORN, N., ROUHE, S.: Perfusion cerebral blood flow measured
by argon inhalation and the mass spectrometer. In: Brain and Blood Flow,
p. 22. London: Pitman Medical 1971.
35. BACHMANN, H.G., KRAUSE, W.: Computer-Programm zur Auswertung von cerebralen Clearance-Kurven. Elektromedica (in Vorbereitung).
36. BALDY-MOULINIER, M.: CBF and membrane ionic pump. Europ. Neurol. 6,
107 (1971).
37. BALDY-MOULINIER, M., FREREBEAU, P.H.: Cerebral blood flow in cases of
coma following severe head injury. In: Cerebral Blood Flow (Eds. M.
BROCK, C. FIESCHI, D.H. INGVAR, N.A. LASSEN, K. SCHÜRMANN), p. 216.
Berlin-Heidelberg-New York: Springer 1969.
38. BATTEY, L.L., HEYMAN, A., PATTERSON, J.L.: Effects of ethyl alcohol on
cerebral blood flow and metabolism. J. Amer. med. Ass. 152, 6 (1953).
39. BATTEY, L.L., PATTERSON, J.L., HEYMAN, A.: Effects of methyl and ethyl
alcohol on cerebral blood flow and oxygen consumption. Amer. J. Med.
13, 105 (1952).
40. BATTISTINI, N., CASACCHIA, M., BARTOLINI, A.: Effects of hyperventilation on focal brain damage following middle cerebral artery occlusion.
In: Cerebral Blood Flow (Eds. M. BROCK, C. FIESCHI, D.H. INGVAR, N.A.
LASSEN, K. SCHÜRMANN), p. 249. Berlin-Heidelberg-New York: Springer
1969.
41. BERNSMEIER, A., SIEMONS, K.: Der Hirnkreislauf bei der gesteuerten
experimentellen Hypotension (Hypotension controlée). Schweiz. med.
Wschr. 83, 210 (1953).
42. BERNSMEIER, A., SIEMONS, K.: Hirndruck und Hirndurchblutung. Klin.
Wschr. 31, 166 (1953).
43. BERNSMEIER, A., SIEMONS, K.: Die Messung der Hirndurchblutung mit der
Stickoxydulmethode. Pflügers Arch. ges. Physiol. 258, 149 (1953).
44. BERNSMEIER, A., SACK, H., SIEMONS, K.: Hochdruck und Hirndurchblutung.
Klin. Wschr. 32, 971 (1954).
45. BERNSMEIER, A., GOTTSTEIN, U.: Die Sauerstoffaufnahme des menschlichen
Gehirns unter Phenothiazinen, Barbituraten und in der Ischämie.
Pflügers Arch. ges. Physiol. 263, 102 (1956).
46. BERNSMEIER, A., GOTTSTEIN, U., SCHIMMLER, W.: Die cerebrale Durchblutung
bei der Hochdruckbehandlung mit Reserpin. Klin. Wschr. 35, 631 (1957).
47. BERNSMEIER, A.: Der oxydative Stoffwechsel des Hirngewebes im sogenann-
ten "Winterschlaf". Anaesthesist 3, 149 (1954).
48. BES, A., VERGNES, J.P.M., ESCANDE, M., DELPLA, M., CHARLET, J.P.:
Cerebral blood flow and metabolism in three types of coma: apoplectic
coma, barbituric coma, "comas dépassés". In: Brain and Blood Flow,
p. 138. London: Pitman Medical 1971.

48a. BES, A., ARBUS, L., LAZORTHES, Y., ESCANDE, M., DELPLA, M., VERGNES, J.P.M.: Hemodynamic and metabolic studies in "coma dépassé". A search for a biological test of death of the brain. In: Cerebral Blood Flow (Eds. M. BROCK, C. FIESCHI, D.H. INGVAR, N.A. LASSEN, K. SCHÜRMANN), p. 213. Berlin-Heidelberg-New York: Springer 1969.

49. BESSMANN, A.N., ALMAN, R.W., FAZEKAS, J.F.: Effect of acute hypotension on cerebral hemodynamics and metabolism of elderly patients. Arch. intern. Med. $\underline{89}$, 893 (1952).

50. BETZ, E.: Local heat clearance from the brain as a measure of blood in acute and chronic experiments. Acta neurol. scand. Suppl. $\underline{14}$, 29 (1965).

51. BETZ, E.: Thermische Methoden zur Messung der lokalen Gehirndurchblutung. In: Pharmakologie der lokalen Gehirndurchblutung. Internationales Symposium in Bonn, 1968 (Hrsg. E. BETZ, R. WÜLLENWEBER), S. 24. München-Gräfelfing: Dr. Edmund Banaschewski 1969.

51a. BETZ, E.: Regulation der Gehirndurchblutung. Verh. Deutsch. Ges. Kreisl.-Forsch. $\underline{39}$, 1-10 (1973).

52. BETZ, E., OEHMIG, H., WÜNNENBERG, W.: Die Wirkung verschiedener Narkotika auf die lokale Gehirndurchblutung der Katze. Z. Kreisl.-Forsch. $\underline{54}$, 5 (1965).

53. BETZ, E., INGVAR, D.H., SCHMAHL, F.W.: Regional blood flow in the cerebral cortex, measured simultaneously by heat and inert gas clearance. Acta Physiol. scand. $\underline{67}$, 1 (1966).

54. BETZ, E., PICKERODT, V., WEIDNER, A.: Respiratory alkalosis: effect on cerebral blood flow pO_2, and acid-base relations in cerebral cortex with a note on watercontent. Scand. J. clin. Lab. Invest. Suppl. $\underline{102}$, IV:D (1968).

55. BETZ, H.S., SCHÜTTLER, E., HAVERS, L., FELIX, R.: Die cerebrale Zirkulation in der Halothane-Narkose. Röntgenkinematographische Untersuchungen. In: Pharmakologie der lokalen Gehirndurchblutung. Internationales Symposium in Bonn, 1968 (Hrsg. E. BETZ, R. WÜLLENWEBER), S. 201. München-Gräfelfing: Dr. Edmund Banaschewski 1969.

56. BETZ, E., ROOS, W.: CBF, brain tissue volume and CSF pressure. In: Brain and Blood Flow, p. 294. London: Pitman Medical 1971.

57. BLAIR, R.D.G., WALTZ, A.G.: Regional cerebral blood flow during acute ischemia: correlation of autoradiographic measurements with observations of cortical microcirculation. Neurology (Minneap.) $\underline{20}$, 802 (1970).

58. BODECHTEL, G.: Zur Klinik der cerebralen Kreislaufstörungen mit besonderer Berücksichtigung ihrer cardialen Genese. Verhandl. Deut. Ges. Kreislaufforsch. $\underline{19}$, 109 (1953).

59. BODECHTEL, G.: Die Hirndurchblutung bei inneren Krankheiten. Münch. med. Wschr. $\underline{96}$, 507 (1954).

60. BOYSEN, G.: Cerebral blood flow measurement as a safeguard during carotid endarterectomy. Stroke $\underline{2}$, 1 (1969).

60a. BOYSEN, G., LADEGAARD-PEDERSEN, H.J., VALENTIN, N.: Cerebral blood flow and internal carotid artery flow during carotid surgery. Stroke $\underline{1}$, 253 (1970).

61. BOYSEN, G., LADEGAARD-PEDERSEN, H.J., ENGELL, H.C.: Cerebral blood flow studies during carotid surgery. In: Cerebral Blood Flow (Eds. M. BROCK, C. FIESCHI, D.H. INGVAR, N.A. LASSEN, K. SCHÜRMANN), p. 155. Berlin-Heidelberg-New York: Springer 1969.

62. BOYSEN, G., LADEGAARD-PEDERSEN, H.J., VALENTIN, N., ENGELL, H.C.: Preoperative cerebral blood flow measurements. Cerebral 133 Xenon clearance during reconstruction of the carotid and subclavian arteries. Scand. J. clin. Lab. Invest. $\underline{23}$, 137 (1969).

63. BOYSEN, G., LADEGAARD-PEDERSEN, H.J., HENRIKSEN, H., OLESEN, J., PAULSON, O.B., ENGELL, H.C.: The effects of $paCO_2$ on regional cerebral blood flow and internal carotid arterial pressure during carotid clamping. Anesthesiology $\underline{35}$, 3, 286 (1971).

64. BOYSEN, G., LADEGAARD-PEDERSEN, H.J., HENRIKSEN, H., ENGELL, H.C.:
Effect of induced hypertension on rCBF and internal carotid artery
pressure during temporary clamping of the carotid artery. International
Symposium on Cerebral Blood Flow Regulation Acid-Base and Energy Metabolism in Acute Brain Injuries. Europ. Neurol. 6, 355 (1972).

65. BOZZAO, L., FIESCHI, C., AGNOLI, A., NARDINI, M.: Autoregulation of
cerebral blood flow studies in brain of cat. In: Blood Flow Through
Organs and Tissues (Eds. N.W. BAIN, A.M. HARPER, W.A. MACKEY).
Edinburgh-London: Livingstone 1968.

66. BOZZAO, L., AGNOLI, A., BARTOLINI, A., FIESCHI, C.: Local cerebral
blood flow measured by clearance curves of hydrogen gas. In: Research
on the Cerebral Circulation. III. Intern. Salzburg Conference (Eds.
J.St. MEYER, H. LECHNER, O. EICHHORN). Springfield/Ill.: Ch.C. Thomas
1969.

67. BRAWLEY, W.B., STANDNESS, D.E., KELLY, A.: The physiologic response to
the therapy in cerebral ischemia. Arch. neurol. (Chic.) 17, 180 (1967).

68. BREGENTZ, S.E., HÄGGENDAL, E., NILSSON, N.J.: Pre- and postoperative
cerebral blood flow in patients with carotid surgery. In: Cerebral
Blood Flow (Eds. M. BROCK, C. FIESCHI, D.H. INGVAR, N.A. LASSEN,
K. SCHÜRMANN), p. 161. Berlin-Heidelberg-New York: Springer 1969.

69. BROBEIL, A., HÄRTER, O., HERMANN, E., KRAMER, K.: Vergleichende Untersuchungen über das Arteriogramm der Hirngefäße und der Gehirndurchblutung beim Menschen nach Kety und Schmidt. Klin. Wschr. 32, 1030
(1954).

70. BROCK, M., HADJIDIMOS, A.A., SCHÜRMANN, K., ELLGER, M., FISCHER, F.:
Zur klinischen Messung der örtlichen Hirndurchblutung nach der inter-
arteriellen Isotopen-Clearance-Methode. Dtsch. med. Wschr. 94, 1377,
(1969).

71. BROCK, M., HADJIDIMOS, A.A., SCHÜRMANN, K.: Possible adverse effects
of hyperventilation on rCBF during the acute phase of total proximal
occlusion of a main artery. In: Cerebral Blood Flow (Eds. M. BROCK,
C. FIESCHI, D.H. INGVAR, N.A. LASSEN, K. SCHÜRMANN), p. 254. Berlin-
Heidelberg-New York: Springer 1969.

72. BROCK, M., HADJIDIMOS, A.A., SCHÜRMANN, K., ELLGER, M., FISCHER, F.:
Regional cerebral blood flow in cases of brain tumor. In: Cerebral
Blood Flow (Eds. M. BROCK, C. FIESCHI, D.H. INGVAR, N.A. LASSEN,
K. SCHÜRMANN), p. 169. Berlin-Heidelberg-New York: Springer 1969.

73. BROCK, M., HADJIDIMOS, A.A., DERUAZ, J.P., FISCHER, F., DIETZ, H.,
KOHLMEYER, K., PÖLL, W., SCHÜRMANN, K.: The effects of hyperventilation
on regional cerebral blood flow. In: Cerebral Vascular Disease, p. 114.
New York: Grune and Stratton 1970.

74. BROCK, M., HADJIDIMOS, A.A., DERUAZ, J.P., SCHÜRMANN, K.: Regional
cerebral blood flow and vascular reactivity in cases of brain tumor.
In: Brain and Blood Flow, p. 281. London: Pitman Medical 1971.

75. BROWN, A.S., DONALDSON, A.A.: The effect of x-ray contrast medium
(angiografin) on regional cerebral blood flow. In: Brain and Blood Flow,
p. 289. London: Pitman Medical 1971.

76. BROWN, A.S., DONALDSON, A.A.: Clinical vertebral artery CBF measurement.
Europ. Neurol. 6, 274 (1971).

77. BURKE, G., HALKO, A.: Cerebral blood flow studies with sodium pertech-
netate Tc 99m and the scintillation camera. J. Amer. med. Ass. 204,
319 (1968).

78. CANNON, J.L.: Estimation of cerebral blood flow and cerebral oxygen
utilization from arterial carbon dioxide tension. I. Development of
method, US Naval School of Aviation Medicine, Project No. NM001 059.
06.07 (1952).

79. CERVOS-NAVARRO, J., HERRERA-GÜEMES, C., MATAKAS, F.: The effect of hyperventilation on CBF. International Symposium on Cerebral Blood Flow Regulation Acid-Base and Energy Metabolism in Acute Brain Injuries. Europ. Neurol. 6, 127 (1971).
80. CHARLET, I.P., MARC-VERGNES, I.P.: About experimental analysis of short clearance curves of 133 Xe in monitoring CBF. International Symposium on Cerebral Blood Flow Regulation Acid-Base and Energy Metabolism in Acute Brain Injuries. Europ. Neurol. 6, 224 (1971).
81. CHISU, V.G.: A new therapeutical method for cerebral circulatory disturbances. In: Cerebral Blood Flow (Eds. M. BROCK, C. FIESCHI, D.H. INGVAR, N.A. LASSEN, K. SCHÜRMANN), p. 152. Berlin-Heidelberg-New York: Springer 1969.
82. CHRISTENSEN, M.S.: Stroke treated with prolonged hyperventilation. In: Brain and Blood Flow, p. 358. London: Pitmann Medical 1971.
83. CHRISTENSEN, M.S., HØEDT-RASMUSSEN, K., LASSEN, N.A.: The cerebral blood flow during Halothane anaethesia. Acta neurol. scand. Suppl. 14, 152 (1965).
84. CHRISTENSEN, M.S., HØEDT-RASMUSSEN, K., LASSEN, N.A.: Cerebral vasodilation by Halothane anaesthesia in man and its potentiation by hypotension and hypercapnia. Brit. J. Anasth. 39, 927 (1967).
84a. CHRISTENSEN, M.S., BRODERSEN, P., OLESEN, J., PAULSON, O.B.: Cerebral apoplexy treated with or without prolonged hyperventilation. 1. Cerebral circulation, clinical course, and cause of death. Stroke 4, 568 (1973).
85. CHRISTENSEN-LOU, H.O., VAN WOWERN, F.: Cerebral blood flow measurements in the evaluation of carotid surgery. In: Cerebral Blood Flow (Eds. M. BROCK, C. FIESCHI, D.H. INGVAR, N.A. LASSEN, K. SCHÜRMANN), p. 163. Berlin-Heidelberg-New York: Springer 1969.
86. CLIFTON, J., POTCHEN, E.J., HILL, R.: A digital data acquisition system for nuclear medicine. Int. J. appl. Radiat. 19, 505 (1968).
87. COHEN, M.M.: The effect of anoxia on the chemistry and morphology of cerebral cortex slices in vitro. J. Neurochem. 9, 337 (1962).
88. COHEN, P.J., WOLLMAN, H., ALEXANDER, S.G., CHASE, P.E., BEHAR, M.G.: Cerebral carbohydrate metabolism in man during Halothane anaesthesia. Anesthesiology 25, 185 (1964).
89. COHEN, P.J., REIVICH, M., GREENBAUM, L.: The electroencephalogram of awake man during hyperventilation: effects of oxygen at three atmospheres (absolute) pressure. Anesthesiology 27, 211 (1966).
90. COHEN, P.J., ALEXANDER, S.C., SMITH, T.C., REIVICH, M., WOLLMAN, H.: Effects of hypoxia and normocarbia on cerebral blood flow and metabolism in conscious man. J. appl. Physiol. 23, 183 (1967).
91. COHEN, P.J., ALEXANDER, S.C., WOLLMAN, H.: Effects of hypocarbia and of hypoxia with normocarbia on cerebral blood flow and metabolism. Scand. J. clin. Lab. Invest. Suppl. 102, IV:A (1968).
92. COOPER, R., HULME, A., CHAWLA, J.C.: Changes in cortical blood flow, ICP and other variables during induction of general anaesthesia. In: Brain and Blood Flow, p. 327. London: Pitman Medical 1971.
93. COTEV, S., CULLEN, D., SEVERINGHAUS, J.: Cerebral extracellular fluid acidosis induced by hypoxia at normal and low pCO_2. Scand. J. clin. Lab. Invest. Suppl. 102, III:E (1968).
94. COTEV, S., LEE, J., SEVERINGHAUS, J.W.: The effects of acetazolamide on cerebral blood flow and cerebral tissue pO_2. Anesthesiology 29, 3, 471 (1968).
95. CRAWLEY, J.C.W., O'BRIEN, M.D., VEALL, N.: The gamma spectrum subtraction technique applied to cerebral blood flow measurement by the inhalation of 133 Xenon. In: Brain and Blood Flow, p. 54. London: Pitman Medical 1971.

96. CRONQVIST, S.: Regional cerebral blood flow and angiographic findings
     in 61 cases with cerebrovascular disorders. Acta Radiol. (Therapia)
     878 (1969).
97. CRONQVIST, S.: Transitory hyperaemia in focal cerebral ischemic lesions.
     III. Intern. Symposium on Cerebral Circulation, Salzburg 1969 (Eds.
     J.St. MEYER, H. LECHNER, O. Eichhorn), p. 71. Springfield/Ill.: Ch. C.
     Thomas 1969.
98. CRONQVIST, S., EKBERG, R., INGVAR, D.H.: Regional cerebral blood flow
     related to neuroradiological findings. Acta neurol. scand. Suppl. $\underline{14}$,
     176 (1965).
99. CRONQVIST, S., INGVAR, D.H., LASSEN, N.A.: Quantitative measurements
     of regional cerebral blood flow related to neuroradiological findings.
     Acta radiol. (Stockh.) $\underline{5}$, 760 (1966).
100. CRONQVIST, S., LAROCHE, F.: Transitory hyperemia in focal cerebral
     vascular lesions, studied by angiography and regional cerebral blood
     flow measurements. Brit. J. Radiol. $\underline{40}$, 270 (1967).
101. CRONQVIST, S., AGEE, F.: Regional cerebral blood flow in intracranial
     tumors. Acta radiol. (Stockh.) $\underline{7}$, 393 (1968).
102. CRONQVIST, S., LUNDBERG, N.: Regional cerebral blood flow in intra-
     cranial tumors with special regard to cases with intracranial hyper-
     tension. Scand. J. clin. Lab. Invest. Suppl. $\underline{102}$, XV:A (1968).
103. CRONQVIST, S., GREITZ, T.: Cerebral circulation time and cerebral blood
     flow - a comparison of angiography and the 133 Xenon method. Acta
     Radiol. $\underline{8}$, 296 (1969).
104. CULLEN, S.C., EGER, E.J., CULLEN, B.F., GREGORY, P.: Observations on
     the anesthetic effect of the combination of Xenon and Halothane.
     Anesthesiology $\underline{31}$, 4, 305 (1969).
105. D'AMICO, P., SANGUINETTI, I., MINAZZI, M.: Correlations between CBF
     and clinical results in cerebrovascular patients. A statistical anal-
     ysis. In: Cerebral Blood Flow (Eds. M. BROCK, C. FIESCHI, D.H. INGVAR,
     N.A. LASSEN, K. SCHÜRMANN), p. 143. Berlin-Heidelberg-New York: Springer
     (1969).
106. DAVIES, P.W., BRONK, D.W.: Oxygen tension in mammalian brain. Fed.
     Proc. $\underline{16}$, 689 (1957).
107. DAWEKE, H., HAHN, F., OBERDORF, A.: Einfluß von barbituratantagonischen
     Analepticis auf EEG, Sauerstoffaufnahme und Durchblutung des Gehirns
     bei schwerer Veronalvergiftung des Hundes. Arch. exp. Path. Pharmakol.
     $\underline{235}$ (1959).
108. DEWAR, H.A., DAVIDSON, L.A.G.: The cerebral blood flow in mitral ste-
     nosis and its response to carbon dioxide. Brit. Heart J. $\underline{20}$, 516 (1958).
109. DEWAR, H.A., OWEN, S.G., JENKINS, A.R.: Influence of tolazoline hydro-
     chloride (Priscol) on cerebral blood flow in patients with mitral
     stenosis. Lancet $\underline{1953}$, 867.
110. DOLLERY, C.T., WEST, J.B.: Metabolism of oxygen 15. Nature $\underline{187}$, 1121
     (1960).
111. DU BOULAY, G.: The reactivity of cerebral arteries in spasm determined
     by angiography. Scand. J. clin. Lab. Invest. Suppl. $\underline{102}$, VII:D (1968).
112. DUNDEE, J.W.: Thiopentone. London: Livingstone 1956.
113. DYKEN, M.L.: Intracranial "steal" in complete occlusion of the internal
     carotid artery. Variations in Response to 5% Carbon dioxide and 100%
     Oxygen. Europ. Neurol. $\underline{8}$, 301 (1972).
114. DYKEN, M.L., NELSON, G.: The effects of cerebral angiography on cerebral
     circulation and metabolism. Acta neurol. scand. $\underline{44}$, 137 (1968).
115. EASTON, J.D., PALVÖLGYI, R.: The dissociation of cerebral vasoconstric-
     tor response to hypocapnia and hypertension. Scand. J. clin. Lab.
     Invest. Supp. $\underline{102}$, V:J (1968).

116. EDVINSSON, L., NIELSEN, K.G., OWMAN, CH., WEST, K.A.: Sympathetic
     acrenergic influence on brain vessels as studied by changes in cerebral
     blood volume of mice. Europ. Neurol. 6, 193 (1971).
117. EKBERG, R., CRONQVIST, S., INGVAR, D.H.: Regional cerebral blood flow
     in cerebrovascular disease. Acta neurol. scand. Suppl. 14, 164 (1965).
118. EKSTRÖM-JODAL, B., HÄGGENDAL, E., NILSSON, N.J.: Comments on the inert
     gas elimination method for the determination of cerebral blood flow.
     In: Cerebral Blood Flow (Eds. M. BROCK, C. FIESCHI, D.H. INGVAR,
     N.A. LASSEN, K. SCHÜRMANN), p. 4. Berlin-Heidelberg-New York: Springer
     1969.
119. EKSTRÖM-JODAL, B., HÄGGENDAL, E.: Cerebral blood flow and metabolism
     in patients with respiratory insufficiency with special regard to
     induced acute changes of the blood gas situation. In: Cerebral Blood
     Flow (Eds. M. BROCK, C. FIESCHI, D.H. INGVAR, N.A. LASSEN, K. SCHÜR-
     MANN), p. 82. Berlin-Heidelberg-New York: Springer 1969.
120. EKSTRÖM, JODAL, B., HÄGGENDAL, E., LINDER, L.E., NILSSON, N.J.:
     Cerebral blood flow autoregulation at high arterial pressures and dif-
     ferent levels of carbon dioxide tension in dogs. Europ. Neurol. 6, 6
     (1971).
120a. EISENBERG, S.: Cerebral circulatory effects of hypervolemia in human
     subjects. Circulat. Res. 10, 767 (1962).
121. ELLIS, F.R.: Dependence of halothane potency on pH. Brit. J. Anesth.
     41, 664 (1969).
122. ESPAGNO, J., LAZORTHES, Y.: Measurement of regional cerebral blood
     flow in man by local injections of Xenon 133. Acta neurol. scand.
     Suppl. 14, 41, 58 (1965).
123. ESPAGNO, J., LAZORTHES, Y.: Cerebral blood flow in brain tumours.
     Scand. J. clin. Lab. Invest. Suppl. 102, XV:C (1968).
124. ESPAGNO, J., ARBUS, L., LAZORTHES, Y.: Clearance of Xenon 133 in phar-
     macological studies of cerebral blood flow. In: Pharmakologie der
     lokalen Gehirndurchblutung (Hrsg. E.BETZ, R. WÜLLENWEBER), S. 155.
     München-Gräfelfing: Dr. Edmund Banaschewski 1969.
125. FAZEKAS, J.F., ALMAN, W., BESSMAN, A.N.: Cerebral physiology of the
     aged. Amer. J. med. Sci. 223, 245 (1952).
126. FAZEKAS, J.F., BESSMAN, A.N.: Coma mechanism. Amer. J. Med. 15, 804
     (1953).
127. FAZEKAS, J.F., BESSMAN, A.N., COTSONAS, N.J., ALMAN, R.W.: Cerebral
     hemodynamics in cerebral arteriosclerosis. J. Gerontol. 8, 137 (1953).
128. FAZEKAS, J.F., ALMAN, W., PARRISH, A.E.: The influence of shock on
     cerebral hemodynamics and metabolism. Amer. J. med. Sci. 229, 41 (1955).
129. FAZEKAS, J.F., ALMAN, R.W., PARRISH, A.E.: Irreversible posthypoglycemic
     coma. Amer. J. med. Sci. 222, 640 (1951).
130. FAZEKAS, J.F., TICKTIN, H.E., EHRMANTRAT, R.W., ALMAN, R.W.: Cerebral
     metabolism in hepatic insufficiency. Amer. J. Med. 21, 843 (1956).
131. FAZEKAS, J.F., YUAN, R.H., CALLOW, A.D., PAUL, R.E., ALMAN, R.W.:
     Studies of cerebral hemodynamics in aortocranial disease. New Engl. J.
     Med. 266, 224 (1962).
132. FEINDEL, W., GARRETSON, H., YAMAMOTO, L.Y., HASLAM, C., HEUFF, M.:
     Analysis of blood flow patterns in the pial cortical circulation in
     man. Acta neurol. scand. Suppl. 14, 187 (1965).
133. FEINDEL, W., YAMAMOTO, Y.L., HODGE, C.P.: Red cerebral veins as an
     index of cerebral steal. Scand. J. clin. Lab. Invest. Suppl. 102, X:C
     (1968).
134. FEINDEL, W., YAMAMOTO, Y.L., PHILIPPS, K.: Methodology of focal cerebral
     blood flow measurements by mini-probe scintillation and lithium-drift
     silicon radioactive detector systems. In: Brain and Blood Flow, p. 29.
     London: Pitman Medical 1971.

135. FELIX, R.: Das Karotisangiogramm in Halothane-induzierter Hypotension. Fortschr. Röntgenstr. 110, 1, 8 (1969).
136. FIESCHI, C.: Regional cerebral blood flow in acute apoplexy, including pharmacodynamic studies. Scand. J. clin. Lab. Invest. Suppl. 102, XVI:E (1968).
137. FIESCHI, C., AGNOLI, A., GAIBO, E.: Effects of carbon dioxide on cerebral hemodynamics in normal subjects and in cerebrovascular disease studied by carotid injection of radioalbumin. Circulat. Res. 13, 436 (1963).
138. FIESCHI, C., AGNOLI, A., BOZZAO, L.: Blood flow measurements in the brain of cats by analysis of the clearance-curves of hydrogen gas with implanted electrodes, and of Kr 85 with external counting of gamma activity. In: Der Hirnkreislauf in Forschung und Klinik; II. International. Salzburger Symposium (Hrsg. O. EICHHORN, H. LECHNER), S. 180. Wien: Brüder Hollinek 1964.
139. FIESCHI, C., BOZZAO, L., AGNOLI, A.: Regional clearance of hydrogen as a measure of cerebral blood flow. Acta neurol. scand. Suppl. 14, 46 (1965).
140. FIESCHI, C., AGNOLI, A., BATTISTINI, N., BOZZAO, L.: Regional cerebral blood flow in patients with brain infarcts: a study with the 85 Kr clearance technique. Arch. Neurol. (Chic.) 15, 653 (1966).
141. FIESCHI, C.: Mean transit time of a nondiffusible indicator as an index of regional cerebral blood flow: an experimental study in man with albumin Iodine-131 and Krypton-85. Trans. Amer. Neurol. Ass. 91, 224 (1966).
142. FIESCHI, C., AGNOLI, A., BATTISTINI, N., BOZZAO, L., PRENCIPE, M.: Derangement of regional cerebral blood flow and of its regulatory mechanisms in acute cerebrovascular lesions. Neurology (Minneap.) 18, 12, 1166 (1968).
143. FIESCHI, C., AGNOLI, A., BATTISTINI, N., BOZZAO, L.: Autoregulation of cerebral blood flow during drug-induced hypertension in man. III. International Symposium on the Cerebral Circulation, Salzburg (Eds. J.St. MEYER, H. LECHNER, O. EICHHORN). Springfield/Ill.: Ch.C. Thomas 1969.
144. FIESCHI, C., AGNOLI, A., BOZZAO, L., BATTISTINI, N., PRENCIPE, M.: Discrepancies between autoregulation and CO_2 reactivity of cerebral vessels. In: Cerebral Blood Flow (Eds. M. BROCK, C. FIESCHI, D.H. INGVAR, N.A. LASSEN, K. SCHÜRMANN), p. 120. Berlin-Heidelberg-New York: Springer 1969.
145. FIESCHI, C., AGNOLI, A., PRENCIPE, M., BATTISTINI, N., BOZZAO, L., NARDINI, M.: Impairment of regional vasomotor response of cerebral vessels to hypercarbia in vascular diseases. Europ. Neurol. 2, 13 (1969).
146. FIESCHI, C., AGNOLI, A., BATTISTINI, N., BOZZAO, L., NARDINI, M., PRENCIPE, M.: Vasomotor responses of cerebral vessels in brain disease. In: Pharmakologie der lokalen Hirndurchblutung. Internationales Symposium in Bonn, 1968 (Hrsg. E. BETZ, R. WÜLLENWEBER), S. 181. München-Gräfelfing: Dr. Edmund Banaschewski 1969.
147. FIESCHI, C., PRENCIPE, M., AGNOLI, A., BATTISTINI, N., BOZZAO, L.: Experimental errors of the intracarotid injection method for rCBF measurement, and their statistical evaluation. In: Brain and Blood Flow, p. 8. London: Pitman Medical 1971.
148. FIESCHI, C., AGNOLI, A., BATTISTINI, N., NARDINI, M., PRENCIPE, M.: Cerebral vasomotor control and CSF pH in matabolic and respiratory coma. In: Cerebral Blood Flow (Eds. M. BROCK, C. FIESCHI, D.H. INGVAR, N.A. LASSEN, K. SCHÜRMANN), p. 222. Berlin-Heidelberg-New York: Springer 1969.

149. FIESCHI, C., BEDUSCHI, A., AGNOLI, A., BATTISTINI, N., COLLICE, M., PRENCIPE, M., RISSO, N.: Regional cerebral blood flow and intracranial pressure in acute brain injuries. Europ. Neurol. 8, 192 (1972).

150. FIESCHI, C., BOZZAO, L., AGNOLI, A.: Regional clearance of hydrogen as a measure of cerebral blood flow. Acta neurol. scand. Suppl. 14, 46 (1965).

151. FINNERTY, F.A., WITKIN, L., FAZEKAS, J.F.: Cerebral hemodynamics during cerebral ischemia induced by acute hypotension. J. clin. Invest. 33, 1227 (1954).

152. FINNERTY, F.A., GUILLAUDEU, R.L., FAZEKAS, J.F.: Cardiac and cerebral hemodynamics in drug induced postural collapse. Circulat. Res. 5, 34 (1957).

153. FITCH, W., BARKER, J., McDOWALL, D.G., JENNETT, W.B.: The effect of methoxyflurane on cerebrospinal fluid pressure in patients with and without intracranial space-occupying lesions. Brit. J. Anaesth. 41, 7, 564 (1969).

154. FITCH, W., BARKER, J., JENNETT, W.B., McDOWALL, D.G.: The influence of neuroleptanalgesie drugs on cerebrospinal fluid pressure. Brit. J. Anaesth. 41, 10, 800 (1969).

155. FOG, M.: Autoregulation of cerebral blood flow and its abolition by local hypoxia and/or trauma. Scand. J. clin. Lab. Invest. Suppl. 102, V:B (1968).

156. FOG, M., INGVAR, D.H.: Neurogenic mechanisms controlling cerebral blood flow. Scand. J. clin. Lab. Invest. Suppl. 102, V:B (1968).

157. FOURCADE, H.E., LARSON, C.P., EHRENFELD, W.K., HAMILTON, F.N., HICKEY, R.F., NEWTON, T.H., SEVERINGHAUS, J.W.: Cerebral perfusion pressures during carotid endarterectomy. In: Brain and Blood Flow, p. 342. London: Pitman Medical 1971.

158. FREEMAN, J.: Elimination of brain cortical blood flow autoregulation following hypoxia. Scand. J. clin. Lab. Invest. Suppl. 102, V:E (1968).

159. FREYHAN, F.A., WOODFORD, R.B., KETY, S.S.: Cerebral blood flow and metabolism in psychoses of senility. J. nerv. ment. Dis. 113, 449 (1951).

160. GÄNSHIRT, H.: Hirndurchblutungsmessungen beim Tumor cerebri. Verh. Deut. Ges. Kreisl.-Forsch. 19, 218 (1953).

161. GÄNSHIRT, H., BRILMAYER, H.: Hirnatmung und Hirndurchblutung im Winterschlaf. Zbl. Neurochir. 14, 344 (1954).

162. GÄNSHIRT, A., SCHIEFER, W.: Kreislaufpathologie des arteriovenösen Hirnangioms und des multiformen Glioblastoms. Dtsch. Z. Nervenheilk. 172, 58 (1954).

163. GÄNSHIRT, H., TÖNNIS, W.: Durchblutung und Sauerstoffverbrauch des Hirns bei intracraniellen Tumoren. Dtsch. Z. Nervenheilk. 174, 305 (1956).

164. GÄNSHIRT, H., POECK, K., SCHLIEP, H., VETTER, K., GÄNSHIRT, L.: Durchblutung und Sauerstoffversorgung des Gehirns im Elektrokrampf bei Katze und Hund. Arch. Psychiat. Nervenkr. 198, 601 (1959).

165. GAIN, E.A., PALETZ, S.G.: Attempt to correlate clinical signs of fluothane anaesthesia with electroencephalographic levels. Canad. Anaesth. Soc. J. 4, 289 (1952).

166. GALINDO, A.: Hemodynamic changes in the internal carotid artery produced by sympathetic block and carbon dioxide. Anaesthesiology 43, 276 (1964).

167. GALINDO, A., BALDWIN, M.: Intracranial pressure and internal carotid blood flow during Halothane anaesthesia in the dog. Anesthesiology 24, 3, 318 (1963).

168. GALINDO, A., SAVOLAINEN, V.P., SUUTARINEN, T., BALDWIN, M.: Craniotomy and internal carotid blood flow. Ann. Surg. 159, 437 (1964).

169. GARFUNKEL, J.M., BAIRD, H.W., ZIEGLER, J.: Relationship of oxygen
consumption to cerebral functional activity. J. Pediat. 44, 64 (1954).
170. GERAUD, J., BES, A., DELPLA, M., MARC-VERGNES, J.P., GUIRAUD, B.:
Measurement of regional cerebral blood flow by intra-carotid injection
of Xenon 133 in cerebral vascular accidents. Acta neurol. scand. Suppl.
14, 169 (1965).
171. GERAUD, J., BES, A., DELPLA, M., MARC-VERGNES, J.P.: Les methodes de
mesure du débit sanguin cérébral chez l'homme. Path. et Biol. 12, 335
(1964).
172. GERAUD, J., BES, A., RASCOL, A., DELPLA, A., MARC-VERGNES, J.P.:
Mesure du débit sanguin cérébral au Krypton 85. Quelques applications
physiopathologiques et cliniques. Rev. Neurol. 108, 542 (1963).
173. GIBBS, F.A.: Thermoelectric blood flow recorder in form of needle.
Proc. Soc. exp. Biol. (N.Y.) 31, 141 (1933).
174. GIBBS, F.A., GIBBS, E.L., LENNOX, W.G.: Changes in human cerebral
blood flow consequent on alteration in blood gases. Amer. J. Physiol.
11, 557 (1935).
175. GIBBS, F.A., MAXWELL, H., GIBBS, E.L.: Volume of blood flow through
the human brain. Arch. Neurol. Psychiat. (Chic.) 57, 137 (1947).
176. GIBBS, E.L., GIBBS, F.A., HAYNE, R., MAXWELL, H.: Chapter IX: Cerebral
blood flow in epilepsy. Res. Publ. Ass. nerv. ment. Dis. 26, 131 (1947).
177. GIBBS, F.A., LENNOX, W.G., GIBBS, E.L.: Cerebral blood flow preceding
and accompanying epileptic seizures in man. Arch. Neurol. Psychiat.
(Chic.) 32, 257 (1934).
178. GLASS, H.I., HARPER, A.M.: Measurement of regional blood flow in cerebral cortex of man through intact skull. Brit. Med. J. 1963 I, 593.
179. GLASS, H.I., DE GARRETA, A.C.: The quantitative limitations of exponential curve fitting. Phys. Med. Biol. 16, 119 (1971).
180. GLASS, H.I., ARNOT, R.N., CLARK, J.C., ALLAN, R.N.: The use of a new
cyclotron produced isotope Krypton 85m for the measurement of cerebral
blood flow. In: Cerebral Blood Flow (Eds. M. BROCK, C. FIESCHI, D.H.
INGVAR, N.A. LASSEN, K. SCHÜRMANN), p. 63. Berlin-Heidelberg-New York:
Springer 1969.
181. GLEICHMANN, U., LÜBBERS, D.: Die Messung des Kohlensäuredruckes in
Gasen und Flüssigkeiten mit der pCO_2-Elektrode unter besonderer Berücksichtigung der gleichzeitigen Messung von pCO_2, pO_2 und pH im Blut.
Pflügers Arch. ges. Physiol. 271, 456 (1960).
182. GLEICHMANN, U., INGVAR, D.H., LÜBBERS, D., SIESJÖ, B., THEWS, G.:
Tissue pO_2 and pCO_2 of the cerebral cortex, related to blood gas tensions. Acta physiol. scand. 55, 127 (1962).
183. GLEICHMANN, U., INGVAR, D.H.: Regional cerebral cortical metabolic rate
of oxygen and carbon dioxide, related to the EEG in the anesthetized
dog. Acta physiol. scand. 55, 82 (1962).
184. GORDON, E., ROSSANDA, M.: Artificial hyperventilation in the treatment
of patients with severe brain lesions. In: Cerebral Blood Flow (Eds.
M. BROCK, C. FIESCHI, D.H. INGVAR, N.A. LASSEN, K. SCHÜRMANN), p. 258.
Berlin-Heidelberg-New York: Springer 1969.
185. GORDON, E., GREITZ, T., WIDEN, L.: Global luxury perfusion in deeply
comatose patients: report of 3 cases. In: Brain and Blood Flow, p. 285.
London: Pitman Medical 1971.
186. GOTOH, F., TAZAKI, Y., MEYER, J.S.: Transport of gases through the
brain and their extravascular vasomotor action. Exp. Neurol. 4, 48
(1961).
187. GOLDBERG, H.I., McHENRY, L.C., JAFFE, M.E.: Relationship of regional
angiographic circulation time to rCBF values in focal cerebrovascular
disease. In: Brain and Blood Flow, p. 59. London: Pitman Medical 1971.

188. GOTOH, F., MEYER, J.S., TOMITA, M.: Hydrogen method for determining
     cerebral blood flow in man. Arch. Neurol. (Chic.) 15, 549 (1966).
189. GOTTSTEIN, U.: Untersuchungen des menschlichen Hirnkreislaufs mit der
     Stickoxydulmethode. In: Der Hirnkreislauf in Forschung und Klinik.
     I. Internat. Salzburger Symposium (Hrsg. H. BERTHA, O. EICHHORN,
     H. LECHNER). Wien: Brüder Hollinek 1962.
190. GOTTSTEIN, U., BERNSMEIER, A.: Herzinfarkt und cerebrale Zirkulation.
     Int. Kongr. Ges. Erkr. Thoraxorgane, Köln 1956.
191. GOTTSTEIN, U., BERNSMEIER, A., BLÖMER, H.: Der Hirnkreislauf bei ange-
     borenen Herzfehlern mit Blausucht. Verh. Dtsch. Ges. Kreisl.-Forsch.
     23, 290 (1957).
192. GOTTSTEIN, U., NIEDERMAYER, W.: Tierexperimentelle Untersuchungen über
     die Wirkung von Adenosinmono- und Adenosintriphosphat auf die Hirn-
     durchblutung. Klin. Wschr. 36, 972 (1958).
193. GOTTSTEIN, U., BERNSMEIER, A., BLÖMER, H., SCHIMMLER, W.: Die cerebrale
     Hämodynamik bei Kranken mit Mitralstenose und kombiniertem Mitralvitium.
     Klin. Wschr. 38, 1025 (1960).
194. GOTTSTEIN, U., BERNSMEIER, A., LEHN, H., NIEDERMAYER, W.: Hämodynamik
     und Stoffwechsel des Gehirns bei Schlafmittelvergiftung. Dtsch. med.
     Wschr. 86, 2170 (1961).
195. GOTTSTEIN, U., HELD, K., SEBENTING, H., STEINER, K.: Is the decrease
     of CBF after intravenous injections of theophylline due to a direct
     vasoconstrictory action of the drug? Europ. Neurol. 6, 153 (1971).
195a. GOTTSTEIN, U., HELD, K.: Effekt der Hämodilution nach intravenöser
     Infusion von niedermolekularen Dextranen auf die Hirnzirkulation des
     Menschen. Dtsch. med. Wschr. 94, 522 (1969).
196. GOTTSTEIN, U., BERGHOFF, W., HELD, K., GABRIEL, H., TEXTOR, Th.,
     ZAHN, U.: Cerebral metabolism during hyperventilation and inhalation
     of CO_2. In: Brain and Blood Flow, p. 170. London: Pitman Medical 1971.
197. GOTTSTEIN, U.: Physiologie und Pathophysiologie des Hirnkreislaufs.
     Med. Welt (Stuttg.) 1965, 715.
198. GRANHOLM, L., LUKJANOVA, L., SIESJÖ, B.K.: Evidence of cerebral hypoxia
     in pronounced hyperventilation. Scand. J. clin. Lab. Invest. Suppl.
     102, IV:C (1968).
199. GRANT, F.C., SPITZ, E.B., SHENKIN, H.A., SCHMIDT, C.F., KETY, S.S.:
     The cerebral blood flow and metabolism in idiopathic epilepsy. Trans.
     Amer. neurol. Ass. 72, 82 (1947).
200. GREENE, N.M.: Halothane, clinical anaesthesia, p. 17. Oxford: Blackwell
     1968.
201. GREENE, N.M.: Halothane, clin. Anaesthesia, p. 28: Blood flow in spe-
     cific areas. Oxford: Blackwell 1968.
202. GREGG, D.E., SHIPLEY, R.E.: Experimental approaches to study of the
     cerebral circulation. Fed. Proc. 3, 144 (1944).
203. GREITZ, T.: Cerebral circulation in adult hydrocephalus studied with
     angiography and the 133 Xenon method. Scand. J. clin. Lab. Invest.
     Suppl. 102, XII:C (1968).
204. GREITZ, T.: A radiologic study of brain circulation by rapid serial
     angiography. Acta radiol. Suppl. 140 (1956).
205. GREITZ, T.: Normal cerebral circulation time as determined by carotid
     angiography with sodium and methylglucamine diatrizoate (Urografin(R)).
     Acta radiol. 46, 285 (1965).
206. GREITZ, T., CRONQVIST, S.: Angiographic evaluation of cerebral circu-
     lation time and regional cerebral blood flow. A comparative study.
     Scand. J. clin. Lab. Invest. Suppl. 102, XI:A (1968).
207. GRODINS, R.S.: Respiratory responses to CO_2 inhalation: theoretical
     study of nonlinear biological regulator. J. appl. Physiol. 7, 283
     (1954).

208. GROTE, J., KREUSCHER, H., VAUPEL, P., GÜNTHER, H.: The influence of reduced paO_2 during respiratory and non-respiratory acidosis on cerebral oxygen supply and cerebral metabolism. Europ. Neurol. 6, 335 (1972).

209. HADJIDIMOS, A.A., BROCK, M., HAAS, J.P., DIETZ, H., WOLF, R., ELLGER, M., FISCHER, F., SCHÜRMANN, K.: Correlation between rCBF, angiography, EEG and scanning in brain tumors. In: Cerebral Blood Flow (Eds. M. BROCK, C. FIESCHI, D.H. INGVAR, N.A. LASSEN, K. SCHÜRMANN), p. 190. Berlin-Heidelberg-New York: Springer 1969.

210. HADJIDIMOS, A.A., BROCK, M., BRAUN, P., SCHÜRMANN, K.: Cessation of cerebral blood flow in total irreversible loss of brain function. In: Cerebral Blood Flow (Eds. M. BROCK, C. FIESCHI, D.H. INGVAR, N.A. LASSEN, K. SCHÜRMANN), p. 209. Berlin-Heidelberg-New York: Springer 1969.

211. HADJIDIMOS, A.A., OECONOMOS, D.S., LASSEN, N.A., INGVAR, D.H.: Débit sanguin cérébral regional et ses aspects cliniques. Rev. neurol. 119, 211 (1968).

212. HACKER, H.: Messung der Gehirndurchblutung mit [133]Xenon. Elektromedica 2, 189 (1970).

213. HACKER, H.: Die Untersuchung des Hirnkreislaufs mit radioaktiven Isotopen. Radiologe 9, 11, 407 (1969).

214. HACKER, H.: Problems in control studies for the evaluation of drugs. In: Cerebral Blood Flow (Eds. M. BROCK, C. FIESCHI, D.H. INGVAR, N.A. LASSEN, K. SCHÜRMANN), p. 15-16. Berlin-Heidelberg-New York: Springer 1969.

215. HÄGGENDAL, E.: Elimination of autoregulation during arterial and cerebral hypoxia. Scand. J. clin. Lab. Invest. Suppl. 102, V:D (1968).

216. HÄGGENDAL, E., NILSSON, N.J., NORBÄCK, B.: On the components of Kr 85 clearance curves from the brain of the dog. Acta physiol. scand. 66, Suppl. 258, 5 (1965).

217. HÄGGENDAL, E., JOHANSSON, B.: Effects of arterial carbon dioxide tension and oxygen saturation on cerebral blood flow autoregulation in dogs. Acta physiol. scand. 66, Suppl. 258, 27 (1965).

218. HÄGGENDAL, E., LÖFGREN, J., NILSSON, N.J., ZWETNOW, N.: Effects of experimental short term variations in cerebrospinal fluid pressure on cerebral blood flow in dogs. Acta physiol. scand. 79, 262 (1970).

219. HÄGGENDAL, E., INGVAR, D.H., LASSEN, N.A., NILSSON, N.J., NORLEN, G., WICKBOM, I., ZWETNOW, N.: Pre- and postoperative measurements of regional cerebral blood flow in three cases of intracranial arteriovenous aneurysm. J. Neurosurg. 22, 1 (1965).

220. HÄGGENDAL, E., LÖFGREN, J., NILSSON, N.J., ZWETNOW, N.: Die Gehirndurchblutung bei experimentellen Liquordruckänderungen. Jahrestagung der Deutschen Gesellschaft für Neurochirurgie, Bad Dürkheim 1966.

221. HAFKENSCHIEL, J.H., CRUMPTON, C.W., MOYER, J.H.: The effects of intramuscular dihydroergocornine on the cerebral circulation in normotensive patients. J. Pharmacol. exp. Ther. 98, 144 (1950).

222. HAFKENSCHIEL, J.H., CRUMPTON, C.W., MOYER, J.W., JEFFERS, W.A.: The effects of dihydroergocornine on the cerebral circulation of patients with essential hypertension. J. clin. Invest. 29, 408 (1950).

223. HAFKENSCHIEL, J.H., CRUMPTON, C.W., SHENKIN, H.A., MOYER, J.H., ZINTEL, H.A., WENDEL, H., JEFFERS, W.A.: The effects of twenty degree lead-up tilt upon the cerebral circulation of patients with arterial hypertension before and after sympathectomy. J. clin. Invest. 30, 793 (1951).

224. HAFKENSCHIEL, J.H., FRIEDLAND, C.K.: Physiology of the cerebral circulation in essential hypertension: the effects of inhalation of 50% carbon dioxide oxygen mixtures on cerebral hemodynamics and oxygen metabolism. J. Pharmacol. exp. Ther. 106, 391 (1952).

225. HAFKENSCHIEL, J.H., CRUMPTON, C.W., FRIEDLAND, C.K.: Cerebral oxygen
consumption in essential hypertension. Constancy with age, severity
of the disease, sex and variations of blood constituents, as observed
in 101 patients. J. clin. Invest. 33, 63 (1954).
226. HAFKENSCHIEL, J.H., SELLERS, A.M., LANGFELD, S., ZINTEL, H.A.: Observations on the cerebral hemodynamic response following inhalation of
5% carbon dioxide-21% oxygen mixtures in hypertensive patients after
90-100% adrenalectomy. J. Pharmacol. exp. Ther. 113, 26 (1955).
227. HAINING, J.L., TURNER, M.D., PANTALL, R.M.: Measurement of local cerebral blood flow in the anesthetized rat using a hydrogen clearance
method. Circulat. Res. 23, 313 (1968).
228. HALSEY, J.H., CARPA, N.F.: Intracranial pressure, luxury perfusion
and progression of experimental infarction. International Symposium
on Cerebral Blood Flow Regulation Acid-Base and Energy Metabolism in
Acute Brain Injuries. Rom-Siena: Europ. Neurol. 6, 296 (1971).
229. HAMPTON, L.J., FLICKINGER, H.: Closed circuit anesthesia utilizing
known increments of Halothane. Anesthesiology 22, 413 (1961).
230. HARPER, A.M.: Inter-relationship between pCO_2 and blood pressure in
regulation of blood flow through cerebral cortex. Acta neurol. scand.
Suppl. 14, 94 (1965).
231. HARPER, A.M.: Physiology of cerebral blood flow. Brit. J. Anaesth. 37,
225 (1965).
232. HARPER, A.M.: Autoregulation of cerebral blood flow: influence of arterial blood pressure on blood flow through cerebral cortex. J. Neurol.
Neurosurg. Psychiat. 29, 398 (1966).
233. HARPER, A.M., GLASS, H.I., GLOVER, M.M.: Measurement of blood flow in
the cerebral cortex of dogs by the clearance of Krypton 85. Scot. med.
J. 6, 12 (1961).
234. HARPER, A.M., BELL, R.A.: The effect of metabolic acidosis and alkalosis
on the blood flow through the cerebral cortex. J. Neurol. Neurosurg.
Psychiat. 26, 341 (1963).
235. HARPER, A.M., GLASS, H.I.: Effect of alterations in the arterial carbon
dioxide tension on the blood flow through the cerebral cortex at normal
and low arterial blood pressures. J. Neurol. Neurosurg. Psychiat. 28,
449 (1965).
236. HARPER, A.M., ROWAN, J.O., JENNETT, W.B.: Oldendorf's non-diffusible
indicator transit approach. Scand. J. clin. Lab. Invest. Suppl. 102,
XI:B (1968).
237. HARPER, A.M., HÄGGENDAL, E.: Autoregulation of cerebral blood flow:
discussion and comments. Scand. J. clin. Lab. Invest. Suppl. 102, V:K
(1968)..
238. HARPER, A.M., McDOWALL, D.G.: Luxury perfusion. Scand. J. clin. Lab.
Invest. Suppl. 102, X:B (1968).
239. HARPER, A.M., DESHMUKH, V.D., ROWAN, J.O., JENNETT, W.B.: Studies on
neurogenic control of cerebral circulation. Europ. Neurol. 6, 166 (1971).
240. HAYES, G.J., SLOCUM, H.C.: Achievement of optimal brain relaxation by
hyperventilation technics of anesthesia. J. Neurosurg. 19, 65 (1962).
241. HEILBRUN, M.P., OLESEN, J.: rCBF studies in subarachnoid hemorrhage.
International Symposium on Cerebral Blood Flow Regulation Acid-Base
and Energy Metabolism in Acute Brain Injuries. Rom-Siena: Europ.
Neurol. 8, 1 (1972).
242. HEISS, W.D., PROSENZ, P., ROSZOUCZKY, A., TSCHABITSCHER, T.: A quantitative gamma-camera technique. Scand. J. clin. Lab. Invest. Suppl. 102,
XI:L (1968).
243. HEISS, W.D., TSCHABITSCHER, H.: Die Verwendung von Gamma-Kamera und
Vielkanalspeicher zur Messung der gesamten und regionalen Hirndurchblutung. Nucl. Med. (Amst.) 4, 297 (1968).

244. HEISS, W.D., TSCHABITSCHER, H.: Die Auswertung von Gamma-Kamera-
     Szintigramm durch Vielkanalspeicher, Computer und Farbfernsehsystem.
     Fortschr. Röntgenstr. 1, 108 (1969).
245. HERRSCHAFT, H., SCHMIDT, H.: Der Einfluß von Methohexital-Natrium auf
     die globale und regionale Hirndurchblutung des Menschen. Anaesthesist
     45, 340 (1974).
246. HERRSCHAFT, H., GLEIM, F., SCHMIDT, H.: Effects of angiographic con-
     trast media on regional cerebral blood flow and haemodynamics in man.
     Neuroradiology 7, 95 (1974).
247. HERRSCHAFT, H.: Cerebrale Mangeldurchblutung bei abnormer Schlingen-
     bildung ("Kinking") der Ateria carotis interna. Radiologe 9, 11, 431
     (1969).
248. HERRSCHAFT, H.: Die quantitative Messung der örtlichen Hirndurchblutung
     beim Menschen. Herz/Kreislauf 6, 220 (1974).
249. HERRSCHAFT, H., GLEIM, F.: Relationship between circulation time and
     regional cerebral blood flow in cerebral vascular disease. Neuro-
     radiology 3, 199 (1972).
250. HERRSCHAFT, H., SCHMIDT, H.: Die quantitative Messung der örtlichen
     Hirndurchblutung in Allgemeinnarkose unter Normo-Hypo- und Hypercapnie.
     Anaesthesist 22, 443 (1973).
251. HERRSCHAFT, H., SCHMIDT, H.: Das Verhalten der globalen und regionalen
     Hirndurchblutung unter dem Einfluß von Propanidid, Ketamine und Thio-
     pental-Natrium. Anaesthesist 22, 486 (1973).
252. HERRSCHAFT, H.: Regional cerebral blood flow changes effected by vaso-
     active substances. In: Cerebral Vascular Disease (Eds. J.S. MEYER,
     M. REIVICH, H. LECHNER, O. EICHHORN). Stuttgart: Thieme 1973.
253. HEYMAN, A., PATTERSON, J.L., DUKE, T.W., BATTEY, L.L.: The cerebral
     circulation and metabolism in arteriosclerotic and hypertensive cere-
     brovascular disease. New Engl. J. Med. 249, 223 (1953).
254. HILL, A.B.: Handbook of Principles of Medical Statistics. London:
     Lancet 1961.
255. HILL, R., CLIFTON, J., GALLAGER, T., POTCHEN, E.J.: Regional cerebral
     blood flow in man. II. Data acquisition and analysis. Arch. Neurol.
     (Chic.) 20, 384 (1969).
256. HIMWICH, H.E., BOWMAN, K.M., DALY, D., FAZEKAS, J.F., WORTIS, J.,
     GOLDFARB, W.: Cerebral blood flow and metabolism during insulin hypo-
     glycaemia. Amer. J. Physiol. 132, 640 (1941).
257. HIMWICH, W.A., HOMBURGER, E., MARESCA, R., HIMWICH, H.: Brain metabolism
     in man unaesthetized and in pentothalnarcosis. Amer. J. Psychiat. 103,
     689 (1947).
258. HOMBURGER, E., HIMWICH, W.A., EPSTEIN, B., YORK, G., MARESCA, R.,
     HIMWICH, H.E.: Effect of pentothal anaesthesia on canine cerebral cor-
     tex. Amer. J. Physiol. 147, 348 (1968).
259. HØEDT-RASMUSSEN, K.: Regional cerebral blood flow in man. In: Der Hirn-
     kreislauf in Forschung und Klinik. Kongreßband des II. Internationalen
     Salzburger Symposions (Hrsg. O. EICHHORN, H. LECHNER), S. 166. Wien:
     Brüder Hollinek 1964.
260. HØEDT-RASMUSSEN, K.: Regional cerebral blood flow: The intra-arterial
     injection-method. Acta neurol. scand. 43, Suppl. 27, 1 (1967).
261. HØEDT-RASMUSSEN, K.: Regional cerebral blood flow in man measured ex-
     ternally following intra-arterial administration of 85 krypton or
     133 xenon dissolved in saline. Acta neurol. scand. Suppl. 14, 65 (1965).
262. HØEDT-RASMUSSEN, K.: Kr^{85} and X^{133} injected intra-arterially to measure
     regional blood flow in brain. In: Radioactive Isotope in der klin.
     Forsch. (Hrsg. K. FELLINGER, R. HÖFER), Band VI, S. 34, 232. München-
     Berlin: Urban & Schwarzenberg, 1965.

263. HØEDT-RASMUSSEN, K.: Regional variations in cerebral blood flow in cerebrovascular disease studied under variations of blood pressure and arterial pCO_2. In: Research on the Cerebral Circulation. 3. International Salzburg Conference (Eds. J.St. MEYER, H. LECHNER, O. EICHHORN). Springfield/Ill.: Ch.C. Thomas 1969.

264. HØEDT-RASMUSSEN, K., SKINHØJ, E.: Transneural depression of the cerebral hemispheric metabolism in man. Acta neurol. scand. 40, Supp. 41 (1964).

265. HØEDT-RASMUSSEN, K., SKINHØJ, E.: In vivo measurements of the relative weights of grey and white matter in the human brain. Neurology (Minneap.) 16, 515 (1966).

266. HØEDT-RASMUSSEN, K., LASSEN, N.A., SVEINSDOTTIR, E.: The inert gas intra-arterial injection method for determining regional blood flow in man through the intact skull. J. clin. Invest. 45, 488 (1966).

267. HØEDT-RASMUSSEN, K., SVEINSDOTTIR, E., LASSEN, N.A.: Regional cerebral blood flow in man determined by intra-arterial injection of radioactive inert gas. Circulat. Res. 18, 237 (1966).

268. HØEDT-RASMUSSEN, K., SVEINSDOTTIR, E.: Cerebral krypton-85 clearance curves evaluated by digital computer analysis. J. clin. Invest. 44, 357 (1965).

269. HØEDT-RASMUSSEN, K., SKINHØJ, E., PAULSON, O., EWALD, J., BJERRUM, J.K., FAHRENKRUG, A., LASSEN, N.A.: Regional cerebral blood flow in acute apoplexy. The luxury perfusion syndrome of brain tissue. Arch. Neurol. (Chic.) 17, 271 (1967).

270. HØEDT-RASMUSSEN, K., PAULSON, O.B., SKINHØJ, E., LASSEN, N.A.: Regional cerebral blood flow in apoplexy (acute hemiparesis) without arterial occlusion. Scand. J. clin. Lab. Invest. Suppl. 102, XVI:F (1968).

271. HOLMQUIST, B., INGVAR, D.H., SIESJÖ, B.: Cerebral sympathetic vasoconstriction and EEG. Acta physiol. scand. 40, 146 (1957).

272. HOOP, B., OJEMANN, R.G., BRWONELL, G.L.: A stochastic model of regional cerebral circulation. J. nucl. Med. 12, 8, 540 (1972).

273. HORNBEIN, T.F., MARTIN, W.E., BONICA, J.J., FREUND, F.G., PARMENTIER, P.: Nitrous oxide effects on the circulatory and ventilatory responses to halothane. Anesthesiology 31, 250 (1969).

274. HUTTEN, H.: The influence of diffusion of inert gases on the determination of blood flow by the clearance method. Scand. J. clin. Lab. Invest. Suppl. 102, II:C (1968).

275. HUTTEN, H., BROCK, M.: The two-minutes-flow index (TMFI). In: Cerebral Blood Flow (Eds. M. BROCK, C. FIESCHI, D.H. INGVAR, N.A. LASSEN, K. SCHÜRMANN), p. 19. Berlin-Heidelberg-New York: Springer 1969.

276. HUTTEN, H., SCHWARZ, W., SCHULZ, V.: Dependence of 85 Kr (β)-clearance rCBF determination on the input function. In: Cerebral Blood Flow (Eds. M. BROCK, C. FIESCHI, D.H. INGVAR, N.A. LASSEN, K. SCHÜRMANN), p. 1. Berlin-Heidelberg-New York: Springer 1969.

277. INGVAR, D.H.: Quantitative measurement of regional metabolism, pO_2 and pCO_2 in the cerebral cortex. Lancet 1961 II, 68.

278. INGVAR, D.H.: Measurements of regional gaseous metabolism and blood flow in the cerebral cortex. In: Regional Neurochemistry (Eds. S.S. KETY, J. ELKES), p. 540, 118. Oxford: Pergamon Press 1961.

279. INGVAR, D.H.: Regional cerebral blood flow in focal cerebral disorders. In: Der Hirnkreislauf in Forschung und Klinik. Kongreßband des II. International. Salzburger Symposions (Hrsg. O. EICHHORN, H. LECHNER), S. 172. Wien: Brüder Hollinek 1964.

280. INGVAR, D.H.: The pathophysiology of occlusive cerebrovascular disorders. Acta neurol. scand. 43, Suppl. 93 (1966).

281. INGVAR, D.H.: The pathophysiology of the stroke related to findings
in EEG and to measurements of regional cerebral blood flow. In: Stroke.
Thule, Intern. Symposium (Eds. A. ENGEL, T. LARSSON), p. 228, 105.
Stockholm: Nord. Bokhandelns Förlag 1967.

282. INGVAR, D.H.: Correlation between cerebral function and cerebral blood
flow and its disappearance following anoxia. In: Pharmakologie der
lokalen Gehirndurchblutung. Internat. Symposium in Bonn, 1968.
(Hrsg. E. BETZ, R. WÜLLENWEBER), S. 66. München-Gräfelfing: Dr. Edmund
Banaschewski 1969.

283. INGVAR, D.H.: Cerebral blood flow in organic dementia. In: Research on
the Cerebral Circulation. Fourth Internat. Salzburg Conference (Eds.
J.St. MEYER, H. LECHNER, M. REIVICH, O. EICHHORN). Springfield/Ill.:
Ch.·C. Thomas 1970.

284. INGVAR, D.H., LÜBBERS, D.W., SIESJö, B.K.: Measurements of oxygen
tension on the surface of the cerebral cortex of the cat during hyper-
oxia and hypoxia. Acta physiol. scand. 48, 373 (1960).

285. INGVAR, D.H., LASSEN, N.A.: Quantitative determination of regional
cerebral blood flow in man. Lancet 1961 II, 806.

286. INGVAR, D.H., LASSEN, N.A.: The blood flow of the cerebral cortex
determined by krypton-85. Acta physiol. scand. 54, 325 (1962).

286a. INGVAR, D.H., LASSEN, N.A.: Cerebral complications following of regional
cerebral blood flow (rCBF) with intraarterial 133 Xenon injection method.
Stroke 4, 658 (1973).

287. INGVAR, D.H., HÄGGENDAL, E., NILSSON, N.J., SOURANDER, P., WICKBOM, I.,
LASSEN, N.A.: Cerebral circulation and metabolism in a comatose patient.
Arch. neurol. (Chic.) 11, 13 (1964).

288. INGVAR, D.H., CRONQVIST, S., EKBERG, R.: Multiple simultaneous measurements of regional blood flow in man under normal and pathological
conditions. Scand. Neurol. Congress, Göteborg 1964.

289. INGVAR, D.H., CRONQVIST, S., EKBERG, R., RISBERG, J., HØEDT-RASMUSSEN,
K.: Normal values of regional cerebral blood flow in man, including
flow and weight estimates of gray and white matter. Acta neurol. scand.
14, 72 (1965).

290. INGVAR, D.H., BALDY-MOULINIER, M., SULG, I., HÖRMAN, S.: Regional cerebral blood flow related to EEG. Acta neurol. scand. Suppl. 14, 179
(1965).

291. INGVAR, D.H., LASSEN, N.A.: Treatment of focal cerebral ischemia with
hyperbaric oxygen. Acta neurol. scand. Suppl. 41, 192 (1965).

292. INGVAR, D.H., RISBERG, J.: Influence of mental activity upon regional
cerebral blood flow in man. Acta neurol. scand. Suppl. 14, 183 (1965).

293. INGVAR, D.H., LASSEN, N.A.: Methods for cerebral blood flow measurements in man. Brit. J. Anaesth. 37, 216 (1965).

294. INGVAR, D.H., RISBERG, J.: Increase of regional cerebral blood flow
during mental effort in normals and in patients with focal brain disorders. Exp. Brain. Res. 3, 195 (1967).

295. INGVAR, D.H., LUNDMARK, T., RISBERG, J., SABSAY, E., BURKLINT, U.,
SUNDELIN, S.: Recording of multiple clearance curves by means of a
magnetic core memory. Scand. J. clin. Lab. Invest. Suppl. 102, XI:H
(1968).

296. INGVAR, D.H., SODERBERG, U.: Cortical blood flow related to EEG patterns
evoked by stimulation of the brain stem. Acta physiol. scand. 42, 130
(1958).

297. INGVAR, D.H., OBRIST, W., CHIVIAN, E., CRONQVIST, S., RISBERG, J.,
GUSTAFSON, L., HÄERDAL, M., WITTBOM-CIGEN, G.: General and regional
abnormalities of cerebral blood flow in senile and "presenile"
dementia. Scand. J. clin. Lab. Invest. Suppl. 102, XII:B (1968).

298. INGVAR, D.H., SULG, I.: Regional cerebral blood flow and EEG frequency content in man. 14. Jahrestagg. der Deutschen EEG-Gesellschaft, Münster 1968.

299. INGVAR, D.H., RISBERG, J., CRONQVIST, S., ZÄTTERSTRÖM, H., GUSTAVSSON, L., LJUNDBERG, K.: Regional cerebral blood flow in chronic alcoholism. In: Cerebral Blood Flow (Eds. M. BROCK, C. FIESCHI, D.H. INGVAR, N.A. LASSEN, K. SCHÜRMANN), p. 231. Berlin-Heidelberg-New York: Springer 1969.

300. ISBISTER,W.H., SCHOFIELD, P.F., TORRANCE, H.B.: Measurement of the solubility of xenon-133 in blood and human brain. Phys. in Med. Biol. 10, 243 (1965).

301. JACKSON, G.L., BLOSSER, N.: Nondestructive method for measuring cerebral hemispheric blood flow. A preliminary report using a gamma camera. J. nucl. Med. 10, 7, 501 (1969).

302. JAFFE, M.E., McHENRY, L.C., GOLDBERG, H.I.: Regional cerebral blood flow measurements with small probes. II. Clinical application of the method. Neurology (Minneap.) 20, 225 (1970).

303. JAFFE, M.E., McHENRY, L.C., GOLDBERG, H.I.: Regional cerebral blood flow studies in middle cerebral artery occlusion and stenosis. Circulation 38, Suppl. 6, 106 (1968).

304. JAMES, I.M., MILLAR, R.A., PURVES, M.J.: Observations on the extrinsic neural control of cerebral blood flow in the baboon. Circulat. Res. 25, 77 (1969).

305. JANEWAY, R., MAYNARD, C.D., WITCOFSKI, R.L.: Radioisotope arteriography: a new diagnostic technique for evaluation of cerebrovascular disorders. Circulation Suppl. 38, 107 (1968).

306. JANEWAY, R., MAYNARD, C.D., WITCOFSKI, R.L., KEMP, R., TOOLE, J.F.: Clinical applications of the gamma camera in the evaluation of patients with cerebrovascular disease. In: Cerebral Blood Flow (Eds. M. BROCK, C. FIESCHI, D.H. INGVAR, N.A. LASSEN, K. SCHÜRMANN), p. 134. Berlin-Heidelberg-New York: Springer 1969.

307. JANEWAY, R., SCHWEITZER, G., ADDARIO, D., WITCOFSKI, R.L., MAYNARD, C.D.: Precision analysis of intravenous rapid sequence scintiphotography: Further experience with the gamma-camera. In: Brain and Blood Flow, p. 48. London: Pitman Medical 1971.

308. JENNETT, W.B., HARPER, M.A., GILLESPIE, F.C.: Measurement of regional cerebral blood flow during carotid ligation. Lancet 1966 II, 1162.

309. JENNETT, W.B., McDOWALL, D.G., BARKER, J.: The effect of halothane on intracranial pressure in cerebral tumors. Report of two cases. J. Neurosurg. 26, 270 (1967).

310. JENNETT, W.B., ROWAN, J.O., CROSS, J.N.: Cerebral blood flow studies in neurosurgery. Scand. J. clin. Lab. Invest. Suppl. 102, XVI:G (1968).

311. JENNETT, W.B., BARKER, J., FITCH, W., McDOWALL, G.D.: Effect of anaesthesia on intracranial pressure in patients with space-occupying lesions. Lancet 1969 I, 7585, 61.

312. JENNETT, W.B., LEDINGHAM, I. Mc A., HARPER, A.M., SMELLIE, G.D., MILLER, J.D.: The effect of hyperbaric oxygen during carotid surgery. In: Cerebral Blood Flow (Eds. M. BROCK, C. FIESCHI, D.H. INGVAR, N.A. LASSEN, K. SCHÜRMANN), p. 159. Berlin-Heidelberg-New York: Springer 1969.

313. JENNETT, W.B., HARPER, A.M., ROWAN, J.O., FERGUSON, G.: Cerebral blood flow measurements after spontaneous subarachnoid haemorrhage. Europ. Neurol. 8, 15 (1972).

314. JENSEN, K.B., HØEDT-RASMUSSEN, K., SVEINSDOTTIR, E., STEWART, B.M., LASSEN, N.A.: Cerebral blood flow evaluated by inhalation of Xe-133 and extracranial recording. A methodological study. Clin. Sci. 30, 485 (1966).

315. JONKMANN, E.J., MOSMANS, P.C.M., VAN DER DRIFT, J.H.A., MAGNUS, O.:
Problems concerning the correlation of rCBF and EEG. In: Brain and
Blood Flow, p. 150. London: Pitman Medical 1971.

316. KAPPERS, C.U.A.: The relative weight of the brain cortex in human
races. J. nerv. ment. Dis. 64, 113 (1926).

317. KASSELL, N.F., REIVICH, M.: On line analysis of cerebral blood flow
clearance curves. In: Brain and Blood Flow, p. 34. London: Pitman
Medical 1971.

318. KOHLMEYER, K.: Der Einfluß eines neuen Vasodilators (Bencyclan) auf
die allgemeine und regionale Hirndurchblutung. Untersuchungen mit der
Xenon-133-Clearance-Methode. Herz/Kreislauf 5, 196 (1972).

319. KENNADY, J.C., POTTER, R., CHIN, F., SWANSON, L.: Assessment of cerebral lesions by rapid sequential scintigraphy. Preliminary note.
J. nucl. Med. 9, 423 (1968).

320. KETY, S.S.: The quantitative determination of cerebral blood flow in
man. Methods in medical research, Vol. 13. Chicago: Year Book Publish-
ers 1945.

321. KETY, S.S.: Measurement of regional circulation by the local clearance
of radioactive sodium. Amer. Heart J. 38, 321 (1949).

322. KETY, S.S.: Circulation and metabolism of the human brain in health
and disease. Amer. J. Med. 8, 205 (1950).

323. KETY, S.S.: Theory and applications of exchange of inert gas at lungs
and tissues. Pharmacol. Rev. 3, 1 (1951).

324. KETY, S.S.: Cerebral vascular diseases. Transf. Conf. Amer. Heart Ass.
Princeton/N.Y. 97 (1954).

325. KETY, S.S.: Measurement of local circulation within the brain by means
of inert diffusible tracer: Examination of the theory, assumptions and
possible sources of error. Acta neurol. scand. Suppl. 14, 20 (1965).

326. KETY, S.S.: Observations on the validity of a two compartmental model
of the cerebral circulation. Acta neurol. scand. Suppl. 14, 85 (1965).

327. KETY, S.S.: General principles and problems in the measurement of cerebral circulation by means of inert, diffusible tracers. In: Der Hirnkreislauf in Forschung und Klinik. Kongreßband des II. Internationalen
Salzburger Symposions (Hrsg. O. EICHHORN, H. LECHNER), S. 150. Wien:
Brüder Hollinek 1964.

328. KETY, S.S., SCHMIDT, C.F.: The determination of cerebral blood flow
in man by the use of nitrous oxide in low concentrations. Amer. J.
Physiol. 143, 53 (1945).

329. KETY, S.S., SCHMIDT, C.F.: The effects of active and passive hyperventilation on cerebral blood flow, cerebral oxygen consumption, cardiac output, and blood pressure of normal young men. J. clin. Invest.
25, 107 (1946).

330. KETY, S.S., SCHMIDT, C.F.: The nitrous oxide method for determination
of cerebral blood flow in man: Theory, procedure, and normal values.
J. clin. Invest. 27, 476 (1948).

331. KETY, S.S., SCHMIDT, C.F.: The effect of altered arterial tensions of
carbon dioxide and oxygen on cerebral blood flow and cerebral oxygen
consumption of normal young men. J. clin. Invest. 27, 484 (1948).

332. KETY, S.S., SHENKIN, H.A., SCHMIDT, C.F.: Effects of increased intracranial pressure on cerebral circulatory functions in man. J. clin.
Invest. 27, 493 (1948).

333. KETY, S.S., POLIS, B.D., NADLER, C.S., SCHMIDT, C.F.: The blood flow
and oxygen consumption of the human brain in diabetic acidosis and coma.
J. clin. Invest. 27, 500 (1948).

334. KETY, S.S., HAFKENSCHIEL, J.H., JEFFERS, W.A., LEOPOLD, J.H., SHENKIN,
H.A.: The blood flow vascular resistance and oxygen consumption of the
brain in essential hypertension. J. clin. Invest. 27, 511 (1948).

335. KETY, S.S., WOODFORD, R.B., HARMEL, M.H., FREYHAN, F.A., APPEL, K.E.,
     SCHMIDT, C.F.: Cerebral blood flow and metabolism in schizophrenia;
     the effects of barbiturate seminarcosis, insulin coma and electroshock.
     Amer. J. Psychiat. 104, 765 (1948).
336. KETY, S.S., LUKENS, F.D., WOODFORD, R.B., HARMEL, M.H., FREYHAN, F.A.:
     The effects of insulinhypoglycemia and coma on human cerebral metabolism
     and blood flow. Fed. Proc. 7, 64 (1948).
337. KETY, S.S., HARMEL, M.H., BROOMELL, H.T., RHODE, C.B.: The solubility
     of nitrous oxide in blood and brain. J. biol. Chem. 48, 487 (1948).
338. KETY, S.S., KING, B.D., HORVATH, S.M., JEFFERS, W.A., HAFKENSCHIEL,
     J.H.: The effect of an acute reduction in blood pressure by means of
     differential spinal sympathetic block on the cerebral circulation of
     hypertensive patients. J. clin. Invest. 29, 402 (1950).
339. KETY, S.S., LANDAU, W.N., FREYGANG, W.H., ROWLAND, L.P., SOKOLOFF, L.:
     Estimation of regional circulation in the brain by the uptake of an
     inert gas. Fed. Proc. 14, 85 (1955).
340. KINDT, G., YOUMANS, J.: Experimental studies of the effect of carbon
     dioxide on cerebral blood flow during carotid insufficiency. Scand. J.
     clin. Lab. Invest. Suppl. 102, XVI:H (1968).
341. KJÄLLQUIST, A., SIESJÖ, B.K., ZWETNOW, N.: Variation of extracellular
     fluid pH: Effect on cerebral blood flow. Scand. J. clin. Lab. Invest.
     Suppl. 102, VIII:H (1968).
342. KLASSEN, A.C., RESCH, J.A., LOKEN, M.K., JOHNSON, E.A.: Cerebral cir-
     culation studies using inhaled 133-xenon and the gamma camera. Stroke
     1, 7 (1970).
343. KLASSEN, A.C., KUSH, G.S., RESCH, J.A., LOKEN, M.K., MEYER, M.W.:
     Gamma-camera evaluation of cerebral circulation using inhalation and
     intra-carotid injection of 133 Xenon. In: Brain and Blood Flow, p. 42.
     London: Pitman Medical 1971.
344. KLEH, J., FAZEKAS, J.F.: The use of reserpine in the hypertensive
     arteriosclerotic syndrome. Amer. J. med. Sci. 228, 560 (1954).
345. KLEH, J., FAZEKAS, J.F.: The effects of hypertensive agents on patients
     with cerebral vascular insufficiency. J. Geront. 9, 4, 485 (1954).
346. KLEINERMAN, J., SANCETTA, S.M., LYNN, R.B., STAHL, R., HACKEL, D.B.:
     Studies of hemodynamic changes in human beings following induction of
     high spinal anesthesia. III. The effects on cerebral blood flow, cere-
     bral oxygen, and glucose metabolism. J. Lab. clin. Med. 40, 819 (1952).
347. KLEINERMAN, J., SANCETTA, S.M., HACKEL, D.B.: Effects of high spinal
     anesthesia on cerebral circulation and metabolism in man. J. clin.
     Invest. 37, 285 (1958).
348. KLEINERMAN, J., HOPKINS, A.L.: Effects of hypothermia on cerebral blood
     flow and metabolism in dogs. Fed. Proc. 14, 410 (1955).
349. KONTOS, H.A., RAPER, A.J., PATTERSON, J.L.: Mechanism of action of CO_2
     on pial vessels. Europ. Neurol. 6, 114 (1971).
350. KREUSCHER, H., GROTE, J.: Die Wirkung des Phencyclidinderivates Ketamine
     (CI581) auf die Durchblutung und Sauerstoffaufnahme des Gehirns beim
     Hund. Anaesthesist 16, 10, 304 (1967).
351. KREUSCHER, H., GROTE, J.: Effects of hyper- and hypoventilation on CBF
     during anesthesia. In: Cerebral Blood Flow (Eds. M. BROCK, C. FIESCHI,
     D.H. INGVAR, N.A. LASSEN, K. SCHÜRMANN), p. 244. Berlin-Heidelberg-
     New York: 1969.
352. KREUSCHER, H., GROTE, J.: Die Hirndurchblutung und cerebrale Sauerstoff-
     aufnahme in Narkose. In: Pharmakologie der lokalen Gehirndurchblutung.
     Internationales Symposium in Bonn, 1968 (Hrsg. E. BETZ, R. WÜLLENWEBER),
     S. 120. München-Gräfelfing: Dr. Edmund Banaschewski 1969.
353. KUHN,R.A.: Speed of cerebral circulation. New Engl. J. Med. 267, 689
     (1962).

354. KUSCHINSKY, M., WAHL, M., BOSSE, O., THURAU, K.: The dependecy of the
     pial arterial and arteriolar resistance on the perivascular H^+ and K^+
     concentrations. A micropuncture study. Europ. Neurol. 6, 92 (1971).
355. LADEGAARD-PEDERSEN, H.J., BOYSEN, G., HENRIKSEN, H., ENGELL, H.C.:
     Relation of regional cerebral blood flow to distal internal carotid
     artery pressure during clamping of the carotid artery. In: Brain and
     Blood Flow, p. 336. London: Pitman Medical 1971.
356. LAMBERTSEN, C.J.: Chemical factors in respiratory control. In: Medical
     Physiology (Ed. P. BARD), p. 633. St. Louis: Mosby 1961.
357. LAMBERTSEN, C.J., KOUGH, R.H., COOPER, D.Y., EMMEL, G.L., LOESCHKE,
     H.H., SCHMIDT, C.F.: Oxygen toxicity. Effects in man of oxygen inhala-
     tion at 1 and 3,5 atmospheres upon blood gas transport, cerebral cir-
     culation and cerebral metabolism. J. appl. Physiol. 5, 471 (1953).
358. LAMBERTSEN, C.J., SEMPLE, S.J.G., SMYTH, M.G., GELFAND, R.: H^+ and
     pCO_2 as chemical factors in respiratory and cerebral circulatory con-
     trol. J. appl. Physiol. 16, 473 (1961).
359. LANGFITT, T.W., KASSEL, N.F., WEINSTEIN, T.D.: Cerebral blood flow
     with intracranial hypertension. Neurology (Minneap.) 15, 671 (1965).
360. LANGFITT, T.W., KUMAR, V.S., MILLER, J.D.: Cerebral oedema caused by
     anoxia and changes in intracranial vascular pressures. In: Brain and
     Blood Flow, p. 386. London: Pitman Medical 1971.
361. LASSEN, N.A.: Cerebral blood flow and oxygen consumption in man.
     Physiol. Rev. 39, 183 (1959).
362. LASSEN, N.A.: Autoregulation of cerebral blood flow. Circulat. Res.
     Suppl. 1, 201, 14 (1964).
363. LASSEN, N.A.: Regional cerebral perfusion studies by intra-arterial
     injection of Kr^{85} and Xe^{133}: Theoretical considerations. In: Der Hirn-
     kreislauf in Forschung und Klinik. Kongreßband des II. Internat. Sym-
     posions in Salzburg (Hrsg. O. EICHHORN, H. LECHNER), S. 159. Wien:
     Brüder Hollinek 1964.
364. LASSEN, N.A.: Assessment of tissue radiation dose in clinical use of
     radioactive inert gases, with examples of absorbed doses from H_2^3,
     Kr^{85} and Xe^{133}. In: Radioaktive Isotope in Klinik und Forschung
     (Hrsg. K. FELLINGER, R. HÖFER), Vol. 6, S. 37. München-Berlin: Urban
     & Schwarzenberg 1965.
365. LASSEN, N.A.: Blood flow of the cerebral cortex calculated from ^{85}kryp-
     ton-beta-clearance recorded over the exposed surface; evidence of in-
     homogenity of flow. Acta neurol. scand. Suppl. 14, 24 (1965).
366. LASSEN, N.A.: The luxury-perfusion syndrome and its possible relation
     to acute metabolic acidosis localised within the brain. Lancet 1966 II,
     1113.
367. LASSEN, N.A.: Preliminary experience with oscilloscope and polaroid
     camera as recorded unit in a multichannel scintillation detector in-
     strument. Scand. J. clin. Lab. Invest. Suppl. 102, XI:I (1968).
368. LASSEN, N.A.: The luxury perfusion syndrome. Scand. J. clin. Lab.
     Invest. Suppl. 102, X:A (1968).
369. LASSEN, N.A., MUNCK, O.: The cerebral blood flow in man determined by
     the use of radioactive krypton. Acta physiol. scand. 33, 30 (1955).
370. LASSEN, N.A., HØEDT-RASMUSSEN, K.: Human cerebral blood flow measured
     by two inert gas techniques. Neurology (Minneap.) 19, 681, 46 (1966).
371. LASSEN, N.A., FEINBERG, I., LANE, M.H.: Bilateral studies of cerebral
     oxygen uptake in young and aged normal subjects and in patients with
     organic dementia. J. clin. Invest. 39, 491 (1960).
372. LASSEN, N.A., INGVAR, D.H.: The blood flow of the cerebral cortex
     determined by radioactive krypton-85. Experientia (Basel) 17, 42 (1961).

373. LASSEN, N.A., HØEDT-RASMUSSEN, K., SØRENSEN, S.C, SKINHØJ, E., CRON-
QVIST, S., BODFORSS, B., ENG, E., INGVAR, D.H.: Regional cerebral
blood flow in man determined by krypton^{85}. Neurology (Minneap.) 13,
719 (1963).

374. LASSEN, N.A., KLEE, A.: Cerebral blood flow determined by saturation
and desaturation with krypton-85. Circulat. Res. 16, 26 (1965).

375. LASSEN, N.A., INGVAR, D.H.: Regional cerebral blood flow in apoplexy:
Studies of its pathophysiology using 8 to 15 external detectors with
the xenon-133-method. In: 3. Internat. Symposium on Cerebral Circulation. Salzburg, 1966 (Eds. J.S. MEYER, H. LECHNER, O. EICHHORN).
Springfield/Ill.: Ch.C. Thomas 1970.

375a. LASSEN, N.A., INGVAR, D.H.: Die regionale Durchblutung des Gehirns
und ihre Störungen. Verh. Deutsch. Ges. Kreisl.-Forsch. 39, 10-22
(1973).

376. LASSEN, N.A., HØEDT-RASMUSSEN, K.: Human cerebral blood flow measured
by two inert gas techniques: Comparison of the Kety-Schmidt-method
and the intra-arterial injection method. Circulat. Res. 19, 681 (1966).

377. LASSEN, N.A., PALVÖLGYI, R.: Cerebral steal during hypercapnia and the
inverse reaction during hypocapnia observed by the 133-xenon technique
in man. Scand. J. clin. Lab. Invest. Suppl. 102, XIII:D (1968).

378. LASSEN, N.A., PAULSON, O.: Discussion and comments to section XI on
techniques for measurement of cerebral blood flow. Scand. J. clin.
Lab. Invest. Suppl. 102, XI:M (1968).

379. LASSEN, N.A., PAULSON, O.: Partial cerebral vasoparalysis in patients
with apoplexy: Dissociation between carbon dioxide responsiveness and
autoregulation. In: Cerebral Blood Flow (Eds. M. BROCK, C. FIESCHI,
D.H. INGVAR, N.A. LASSEN, K. SCHÜRMANN), p. 117. Berlin-Heidelberg-
New York: Springer 1969.

380. LASSEN, N.A., HØEDT-RASMUSSEN, K., CHRISTENSEN, M.S.: Halothane:
A cerebral vasodilator drug. In: Pharmakologie der lokalen Gehirndurch-
blutung. International. Symposium in Bonn, 1968 (Hrsg. E. BETZ, R. WÜL-
LENWEBER), S. 111. München-Gräfelfing: Dr. Edmund Banaschewski 1969.

381. LASSEN, N.A., SKINHØJ, E.: Regional cerebral blood flow measurements
disclosing abnormally perfused tissue components and "intracerebral
steal" in cases of apoplexy and brain tumors. In: Research on the
Cerebral Circulation. Fourth Internat. Salzburg Conference (Eds. J.St.
MEYER, H. LECHNER, M. REIVICH, O. EICHHORN). Springfield/Ill.: Ch.C.
Thomas 1970.

382. LASSEN, N.A.: Discussion on compartmental analysis of the human brain
blood flow. Acta neurol. scand. Suppl. 14, 89 (1965).

382a. LENINGER-FOLLERT, E., LÜBBERS, D.W.: Mikrozirkulation und Sauerstoff-
transport im Gehirn. Verh. Deutsch. Ges. Kreisl.-Forsch. 39, 23-29
(1973).

383. LENNOX, W.G., GIBBS, F.A., GIBBS, E.L.: Relationship of unconsciousness
to cerebral blood flow and to anoxemia. Arch. Neurol. Psychiat. (Chic.)
34, 1001 (1935).

384. LEWIS, B.M., SOKOLOFF, L., KETY, S.S.: Use of radioactive krypton to
measure rapid changes in cerebral blood flow. Amer. J. Physiol. 183,
638 (1955).

385. LEWIS, B.M., SOKOLOFF, L., WECHSLER, R.L., WENTZ, W.B., KETY, S.S.:
A method for the continuous measurement of cerebral blood flow in man
by means of radioactive krypton (Kr^{79}). J. clin. Invest. 39, 707 (1960).

386. LINDEN, L.: The effect of stellate ganglion block on cerebral circulation in cerebrovascular accidents. Acta med. scand. Suppl. 301 (1955).

387. LOKEN, M.K., PIERCE, R., RESCH, J., LASSEN, N.A., INGVAR, D.H.: Regional
circulation in the brain using a scintillation (Anger) camera. Minn.
Med. 50, 497 (1967).

388. LORENZ, W.J., ADAM, W.E.: Digitale und analoge Auswertung mit der Szintillationskamera. Nucl. Med. (Amst.) 7, 367 (1967).
389. LÜBBERS, D.W., WODICK, R., STOSSECK, K., ACKER, H.: Problems concerning the H_2 inhalation technique to determine the cerebral blood flow by means of palladinized Pt-electrodes. In: Cerebral Blood Flow (Eds. M. BROCK, C. FIESCHI, D.H. INGVAR, N.A. LASSEN, K. SCHÜRMANN), p. 39. Berlin-Heidelberg-New York: Springer 1969.
390. LÜBBERS, D.W., KESSLER, M., KNAUST, K.R., McDOWALL, D.G., WODICK, R.: Die Verwendung von Wasserstoff und Sauerstoff zur Messung der lokalen Gewebedurchblutung in situ mit der Platinelektrode. Pflügers Arch. ges. Physiol. 289, 99 (1966).
391. LUND, J., JOHANSEN, K., KROG, J., BIRKELAND, St.: The change in vascular resistance of the dogs brain on perfusion with cold blood and the modifying effect of CO_2 and trimethaphancamphorsulphonate. Acta anaesth. scand. 2, 149 (1958).
392. MALLETT, B.L., VEALL, N.: Investigation of cerebral blood flow in hypertension, using radioactive xenon inhalation and extracranial recording. Lancet 1963 I, 1081.
393. MALLETT, B.L., VEALL, N.: The measurement of regional cerebral clearance rates in man using xenon-133 inhalation and extracranial recording. Clin. Sci. 29, 179 (1965).
394. MANGOLD, R.: Stoffwechsel und Kreislauf des menschlichen Gehirns. Schweiz. med. Wschr. 84, 237 (1954).
395. MANGOLD, R., SOKOLOFF, L., CONNER, E., KLEINERMANN, J., THERMAN, P.O.G, KETY, S.S.: The effects of sleep and lack of sleep on the cerebral circulation and metabolism of normal young men. J. clin. Invest. 34, 1092 (1955).
396. MARSHALL, J., FIESCHI, C.: Regional cerebral blood flow in apoplexy: Discussions and comments. Scand. J. clin. Lab. Invest. Suppl. 102, XVI:I (1968).
396a. MARSHALL, J., SYMON, L.: The evaluation and prognosis of acute cerebrovascular insufficiency as determined by rCBF-analysis. In: Cerebral vascular disease (Eds. J.St. MEYER, LECHNER, H., REIVICH, U., EICHHORN, O.), p. 71. Stuttgart: Thieme 1973.
397. MAYNARD, C.P., WITCOFSKI, R.L., JANEWAY, R., COWAN, R.J.: Radioisotope arteriography as an adjunct to the brain scan. Radiology 92, 908 (1969).
398. McCALL, M.L.: Cerebral blood flow and metabolism in normal and toxemic pregnancy. Amer. J. med. Sci. 216, 596 (1948).
399. McCALL, M.L.: Cerebral blood flow and metabolism in toxemias of pregnancy. Surg. Gynec. Obstet. 89, 715 (1949).
400. McCALL, M.L., FINCH, T.V., TAYLOR, H.W.: The cerebral effects of papaverine hydrochloride in toxemia of pregnancy. Amer. J. Obstet. Gynec. 61, 393 (1951).
401. McCALL, M.L., TAYLOR, H.W.: Effects of barbiturate sedation on the brain in toxemia of pregnancy. J. Amer. med. Ass. 149, 51 (1952).
402. McCALL, M.L., TAYLOR, H.W.: The action of hydergine on the circulation and metabolism of the brain in toxemia of pregnancy. Amer. J. med. Sci. 226, 537 (1953).
403. McCALL, M.L., SASS, D.K., WAGSTAFF, C., CUTLER, J.: Cryptenamine and cerebral function. The effects of dryptenamine (unitensen) on cerebral circulation and metabolism in toxemia of pregnancy. Amer. J. Obstet. Gynec. 6, 297 (1955).
404. McCALL, M.L.: Cerebral circulation and metabolism in toxemia of pregnancy. Observations on effect of veratrum viride and apresoline (1-hydrazinophthalazine). Amer. J. Obstet. Gynec. 66, 1015 (1953).
405. McDOWALL, D.G.: The effect of general anaesthetics on cerebral blood flow and cerebral metabolism. Brit. J. Anaesth. 37, 236 (1965).

406. McDOWALL, D.G.: The effects of clinical concentrations of Halothane on
the blood flow and oxygen uptake of the cerebral cortex. Brit. J.
Anaesth. 39, 186 (1967).
407. McDOWALL, D.G., HARPER, A.M., JACOBSON, I.: Cerebral blood flow during
halothane anaesthesia. Brit. J. Anaesth. 35, 394 (1963).
408. McDOWALL, D.G., HARPER, A.M.: Blood flow and oxygen uptake of the
cerebral cortex of the dog during anaesthesia with different volatile
agents. Acta neurol. scand. Suppl. 14, 146 (1965).
409. McDOWALL, D.G., BARKER, J., JENNETT, W.B.: Cerebrospinal fluid pressure measurements during anaesthesia. Anaesthesia 21, 189. (1966).
410. McDOWALL, D.G., HARPER, A.M.: Cerebral oxygen uptake and cerebral
blood flow during the action of certain anaesthetic agents. In: Pharmakologie der lokalen Gehirndurchblutung (Hrsg. E. BETZ, R. WÜLLENWEBER),
S. 108. München-Gräfelfing: Dr. Edmund Banaschewski 1969.
411. McDOWELL, F., KUTT, H.: Complications of angiography. In: Cerebral
vascular diseases. Forth conference, p. 18. New York: Grune and
Stratton 1965.
412. McHENRY, L.C.: Cerebral blood flow. New Engl. J. Med. 274, 82 (1966).
413. McHENRY, L.C.: Determination of cerebral blood flow by a krypton-85
desaturation method. Nature 200, 1297 (1963).
414. McHENRY, L.C.: Quantitative cerebral blood flow determination, application of krypton 85 desaturation technique in man. Neurology (Minneap.)
14, 785 (1964).
415. McHENRY, L.C.: Cerebral blood flow studies in middle cerebral and cortical artery occlusion. Neurology (Minneap.) 16, 12, 1145 (1966).
415a. McHENRY, L.C.: Cerebral vasodilator therapy in stroke. Stroke 3, 686
(1972).
416. McHENRY, L.C., FAZEKAS, J.F., SULLIVAN, J.F.: Cerebral hemodynamics
of syncope. Amer. J. med. Sci. 241, 173 (1961).
417. McHENRY, L.C., SLOCUM, H.C., BIVENS, H.E., MAYES, H.A., HAYES, G.J.:
Hyperventilation in awake and anesthetized man. Effects on cerebral
blood flow and cerebral metabolism. Arch. Neurol. (Chic.) 12, 270 (1965).
418. McHENRY, L.C., JAFFE, M.E., GOLDBERG, H.I.: Regional cerebral blood
flow measurement with small probes. I. Evaluation of the method.
Neurology (Minneap.) 19, 1198 (1969).
419. McHENRY, L.C., JAFFE, M.E., GOLDBERG, H.I.: Evaluation of the rCBF
method of LASSEN and INGVAR, In: Cerebral Blood Flow (Eds. M. BROCK,
C. FIESCHI, D.H. INGVAR, N.A. LASSEN, K. SCHÜRMANN), p. 11. Berlin-
Heidelberg-New-York: Springer 1969.
420. McHENRY, L.C., JAFFE, M.E., KAWAMURA, J., GOLDBERG, H.I.: Effects of
papaverine on regional blood flow in focal vascular disease of the
brain. New Engl. J. Med. 282, 1167 (1970).
421. McHENRY, L.C., JAFFE, M.E., KAWAMURA, J., GOLDBERG, H.I.: The effect
of hexobendine on regional cerebral blood flow in stroke patients.
Neurology (Minneap.) 20, 375 (1970).
422. McHENRY, L.C., JAFFE, M.E., KENTON, E.J., COOPER, E.S., WEST, J.W.,
KAWAMURA, J., OSHIRO, T., GOLDBERG, H.I.: Vasodilator responsiveness.
Implications in cerebrovascular disease. In: Brain and Blood Flow,
p. 258. London: Pitman Medical 1971.
422a. McHENRY, L.C., GOLDBERG, H.I., JAFFE, M.E., KENTON, E.J., WEST, J.W.,
COOPER, E.S.: Regional cerebral blood flow. Arch. Neurol. (Chic.) 27,
403 (1972).
423. MEIER, P., ZIERLER, K.L.: On the theory of the indicator-dilution
method for measurement of blood flow and volume. J. appl. Physiol. 6,
731 (1954).
424. MEYER, J.S.: Comments to chapter III. In: Cerebral Blood Flow (Eds.
M. BROCK, C. FIESCHI, D.H. INGVAR, N.A. LASSEN, K. SCHÜRMANN), p. 154.
Berlin-Heidelberg-New York: Springer 1969.

425. MEYER, J.S., GOTOH, F.: Metabolic and electroencephalographic effects of hyperventilation. Experimental studies of brain oxygen and carbon dioxide tension, pH, EEG and blood flow. Arch. neurol. psychiat. (Chic.) 3, 539 (1960).

426. MEYER, J.S., LAVY, S., ISHIKAWA, S., SYMON, L.: Effects of drugs and brain metabolism on internal carotid arterial flow: electromagnetic flow meter study in monkey. Amer. J. med. Electron. 3, 169 (1964).

427. MEYER, J.S., GOTOH, F., GILROY, J., NARA, N.: Improvement in brain oxygenation and clinical improvement in patients with strokes treated with papaverine hydrochloride. J. Amer. med. Ass. 194, 957 (1965).

428. MEYER, J.S., SAWADA, T., KITAMURA, A., TOYODA, M.: Cerebral blood flow after control of hypertension in stroke. Neurology (Minneap.) 18, 8, 772 (1968).

429. MEYER, J.S., TOYODA, M., SHINOHARA, Y., KITAMURA, A., RUY, T., WIEDER-HOLT, I., GUIRAUD, B.: Regional cerebral blood flow (carotid perfusion) measured by clearance of hydrogen from cerebral venous blood. Scand. J. clin. Lab. Invest. Suppl. 102, XI:G (1968a).

430. MEYER, J.S., SAWADA, T., KITAMURA, A., TOYODA, M.: Cerebral oxygen glucose, lactate and pyuvate metabolism in stroke. Therapeutic considerations. Circulation 37, 1036 (1968b).

431. MEYER, J.S., WIEDERHOLT, I.C., TOYODA, M., RUY, T., SHINOHARA, Y., GUIRAUD, B.: A new method for continuous sampling of cerebral venous blood without extracranial contamination in man. Neurology (Minneap.) 19, 353 (1969).

432. MEYER, J.S., SHINOHARA, Y., KANDA, T., FUKUUCHI, Y., ERICSSON, A.D., KOK, N.K.: Effects of hexobendine on cerebral blood flow and metabolism in cerebrovascular disease. Arch. Neurol. (Chic.) 23, 241 (1970).

433. MEYER, J.S., SHINOHARA, Y., KANDA, F., FUKUUCHI, Y., KOK, N.K., ERICSSON, A.D.: Abnormal hemispheric blood flow and metabolism despite normal angiograms in patients with stroke. Stroke 1, 219 (1970).

434. MEYER, J.S., SHINOHARA, Y.: A method for measuring cerebral hemispheric blood flow and metabolism. Stroke 1, 219 (1970).

435. MILLER, J.D., LEDINGHAM, I. Mc A., JENNETT, W.B.: The effect of hyperbaric oxygen on intracranial pressure and cerebral blood flow in experimental cerebral edema. In: Cerebral Blood Flow (Eds. M. BROCK, C. FIESCHI, D.H. INGVAR, N.A. LASSEN, K. SCHÜRMANN), p. 268. Berlin-Heidelberg-New York: Springer 1969.

436. MORRIS, G., MOYER, J.H., SNYDER, H.B., HAYNES, B.W.: Vascular dynamics in controlled hypotension: A study of cerebral and renal hemodynamics and blood volume changes. Amer. Surg. 138, 706 (1953).

437. MOYER, J.H., MILLER, S.I., TASHNEK, A.B., SNYDER, H., BOWMAN, R.O.: Malignant hypertension and hypertensive encephalopathy - cerebral hemodynamic studies and therapeutic response to continuous infusion of intravenous veriolid. Amer. J. Med. 14, 175 (1953).

438. MOYER, J.H., MORRIS, G.: Cerebral hemodynamics during controlled hypotension induced by the continuous infusion of ganglionic blocking agents. J. clin. Invest. 33, 1081 (1954).

439. MOYER, J.H., MORRIS, G., SNYDER, H.: Comparison of cerebral hemodynamic response to aramine and norepinephrine in normotensive and hypotensive subjects. Circulation 10, 265 (1954).

440. MOYER, J.H., MILLER, S.J., SNYDER, H.: Effect of increased jugular pressure on cerebral hemodynamics. J. appl. Physiol. 7, 245 (1954).

441. MUNCK, O., LASSEN, N.A.: Bilateral cerebral blood flow and oxygen consumption in man by use of krypton-85. Circulat. Res. 5, 163 (1957).

442. NEWHOUSE, M.T.: Use of scintillation camera and xenon-133 for study of topographic pulmonary function. Resp. Physiol. 4, 119 (1968).

443. NGAI, S.H., NELSON, C.E.: Effect of induced hypotension on carotid portion of cerebral blood flow. J. appl. Physiol. $\underline{7}$, 176 (1954).
444. NILSSON, N.J.P.: Oximetry. Physiol. Rev. $\underline{40}$, 1 (1960).
445. NOELL, W., SCHNEIDER, M.: Zur Haemodynamik der Gehirndurchblutung bei Liquordrucksteigerung. Z. Neurol. $\underline{180}$, 713 (1948).
446. NOELL, W., SCHNEIDER, M.: Über die Durchblutung und Sauerstoffversorgung des Gehirns. IV. Die Rolle der Kohlensäure. Plfügers Arch. ges. Physiol. $\underline{247}$, 514 (1944).
447. NOELL, W., SCHNEIDER, M.: Quantitative Angaben über Durchblutung und Sauerstoffversorgung des Gehirns. Pflügers Arch. ges. Physiol. $\underline{250}$, 35 (1948).
448. NORNES, H.: Rate of reduction of cerebral blood flow during voluntary step-wise reduction of $paCO_2$ in man. Scand. J. clin. Lab. Invest. Suppl. $\underline{102}$, VII:C (1968).
449. NORNES, H., SUNDBÄRG, G.: Simultaneous recording of the ventricular fluid pressure and epidural pressure. Europ. Neurol. $\underline{7}$, 364 (1972).
450. NOVACK, P., SHENKIN, H.A., BORTIN, L., GOLUBOFF, B., SAFFEE, A.: The effects of carbon dioxide inhalation upon the cerebral blood flow and cerebral oxygen consumption in vascular disease. J. clin. Invest. $\underline{32}$, 696 (1953).
451. NOVACK, P., GOLUBOFF, B., BORTIN, L., SAFFEE, A., SHENKIN, H.A.: Studies of the cerebral circulation and metabolism in congestive heart failure. Circulation $\underline{7}$, 724 (1953).
452. NYLIN, G., BLÖWER, H.: Studies on distribution of cerebral blood flow with thorium b-labelled erythrocytes: Preliminary report. Circulat. Res. $\underline{3}$, 79 (1955).
453. O'BRIEN, M.D., HAGGITH, J.W.: An evaluation of the use of cerebral blood volume measurements as an index of change in cerebral blood flow. In: Brain and Blood Flow, p. 5. London: Pitman Medical 1971.
454. OBRIST, W.D., THOMPSON, H.K., KING, C.H., WANG, H.S.: Determination of regional cerebral blood flow by inhalation of 133-xenon. Circulat. Res. $\underline{20}$, 124 (1967).
455. OBRIST, W.D., CHIVIANE, E., CRONQVIST, S., INGVAR, D.H.: Regional cerebral blood flow in senile and presenile dementia. Neurology (Minneap.) $\underline{20}$, 315 (1970).
456. OBRIST, W.D., THOMPSON, H.K., WANG, H.S., CRONQVIST, S.: A simplified procedure for determining fast compartment rCBFs by 133 xenon inhalation. In: Brain and Blood Flow, p. 11. London: Pitman Medical 1971.
457. OECONOMOS, D.: Stochastic analysis and slope determination of linear and semilogatihmic clearance curves respectively. Practical considerations. In: Cerebral Blood Flow (Eds. M. BROCK, C. FIESCHI, D.H. INGVAR, N.A. LASSEN, K. SCHÜRMANN), p. 24. Berlin-Heidelberg-New York: Springer 1969.
458. OECONOMOS, D., KOSMAOGLOU, B., PROSSALENTIS, A.: rCBF studies in patients with arteriovenous malformations of the brain. In: Cerebral Blood Flow (Eds. M. BROCK, C. FIESCHI, D.H. INGVAR, N.A. LASSEN, K. SCHÜRMANN), p. 146. Berlin-Heidelberg-New York: Springer 1969.
459. OECONOMOS, D., KOSMAOGLOU, B., PROSSALENTIS, A.: rCBF studies in intracranial tumors. In: Cerebral Blood Flow (Eds. M. BROCK, C. FIESCHI, D.H. INGVAR, N.A. LASSEN, K. SCHÜRMANN), p. 172. Berlin-Heidelberg-New York: Springer 1969.
460. OJEMANN, R.G., HOOP, B., BROWNELL, G.L., SHEA, W.H.: Extracranial measurement of regional cerebral circulation. J. nucl. Med. $\underline{12}$, 8, 532 (1971).
461. OLDENDORF, W.H.: Absolute measurement of brain blood flow using non-diffusible isotops. In: Cerebral Blood Flow (Eds. M. BROCK, C. FIESCHI, D.H. INGVAR, N.A. LASSEN, K. SCHÜRMANN), p. 53. Berlin-Heidelberg-New York: Springer 1969.

462. OLDENDORF, W.H.: Some sources of error in external measurements of
      isotops in human brain. In: Research on the Cerebral Circulation.
      Fourth Internat. Salzburg Conference (Eds. J.St. MEYER, H. LECHNER,
      M. REIVICH, O. EICHHORN). Springfield/Ill.: Ch.C. Thomas 1970.
463. OLDENDORF, W.H., KITANO, M.: The free passage of I^{131} antipyrine
      through brain as an indication of A-V shunting. Neurology (Minneap.)
      14, 1078 (1964).
464. OLDENDORF, W.H., KITANO, M.: Radioisotope measurement of blood brain
      turnover time as a clinical index of brain circulation. J. nucl. Med.
      8, 570 (1967).
465. OLDENDORF, W.H., IISAKA, Y.: Interference of scalp and skull with
      external measurements of brain isotope content. Part 1: Isotope content
      of scalp and skull. J. nucl. Med. 10, 177 (1969).
466. OLESEN, J.: The influence of adrenaline, noradrenaline and angiotension
      on the cerebral blood flow in man. In: Brain and Blood Flow, p. 265.
      London: Pitman Medical 1971.
466a. OLESEN, J.: Quantitative evaluation of normal and pathologic cerebral
      blood flow regulation to perfusion pressure. Changes in man. Arch.
      Neurol. (Chic.) 28, 143 (1973).
466b. OLESEN, J., SKINHØJ, E.: Effects of ergot alkaloids (Hydergine) on
      cerebral haemodynamics in man. Acta pharm. int. (Kbh.) 31, 75 (1972).
467. OPITZ, E., SCHNEIDER, M. Über die Sauerstoffversorgung des Gehirns
      und den Mechanismus von Mangelwirkungen. Ergebn. Physiol. 46, 126
      (1950).
467a. OTT, O.E., MATHEW, N.T., MEYER, J.S.: Redistribution of regional cere-
      bral blood flow after glycerol infusion in acute cerebral infarction.
      Neurology (Minneap.) 24, 1117 (1974).
468. PALLESKE, H., HERRMANN, H.D.: Untersuchungen zur Regulation der Hirn-
      durchblutung im Hirnödem. In: Pharmakologie der lokalen Gehirndurch-
      blutung. Internationales Symposium in Bonn, 1968 (Hrsg. E. BETZ,
      R. WÜLLENWEBER), S. 54. München-Gräfelfing: Dr. Edmund Banaschewski
      1969.
469. PALVÖLGYI, R.: Regional cerebral blood flow in tumor patients. Scand.
      J. clin. Lab. Invest. Suppl. 102, XV:B (1968).
470. PALVÖLGYI, R.: Regional cerebral blood flow in patients with intra-
      cranial tumors. J. Neurosurg. 31, 149 (1969).
471. PALVÖLGYI, R.: Paradoxical rCBF reactions in intracranial tumors. In:
      Cerebral Blood Flow (Eds. M. BROCK, C. FIESCHI, D.H. INGVAR, N.A.
      LASSEN, K. SCHÜRMANN), p. 176. Berlin-Heidelberg-New York: Springer
      1969.
472. PANNIER, J.L., WEYNE, J., LEUSEN, I.: Effects of changes in acid-base
      composition in the cerebral ventricles on local and general CBF.
      International Symposium on Cerebral Blood Flow Regulation Acid-Base
      and Energy Metabolism in Acute Brain Injuries. Rom-Siena: 1971 Europ.
      Neurol. 6, 123 (1971).
473. PATTERSON, J.L., HEYMAN, A., DUKE, T.: Cerebral circulation and metab-
      olism in chronic pulmonary emphysema, with observations on the effects
      of inhalation of oxygen. Amer. J. Med. 12, 382 (1952).
474. PATTERSON, J.L., HEYMAN, A., BATTEY, L.L., FERGUSON, R.W.: Threshold
      of response of cerebral vessels of man to increase in blood carbon
      dioxide. J. clin. Invest. 34, 1857 (1955).
475. PAULSON, O.B.: Regional cerebral blood flow in middle cerebral artery
      occlusion. Scand. J. clin. Lab. Invest. Suppl. 102, XVI:C (1968).
476. PAULSON, O.B.: Regional cerebral blood flow at rest and during function-
      al tests in occlusive and non-occlusive cerebrovascular disease. In:
      Cerebral Blood Flow (Eds. M. BROCK, C. FIESCHI, D.H. INGVAR, N.A.LASSEN,
      K. SCHÜRMANN), p. 111. Berlin-Heidelberg-New York: Springer 1969.

477. PAULSON, O.B.: Restoration of autoregulation by hypocapnia. In: Brain and Blood Flow. London: Pitman Medical 1971.
478. PAULSON, O.B.: Regional cerebral blood flow studies in various types of cerebrovascular disease. In: Research on the Cerebral Circulation. Fourth Internat. Salzburg Conference (Eds. J.St. MEYER, H. LECHNER, M. REIVICH, O. EICHHORN). Springfield/Ill. Ch.C. Thomas 1970.
479. PAULSON, O.B.: Regional cerebral blood flow in apoplexy due to occlusion of the middle cerebral artery. Neurology (Minneap.) 20, 63 (1970).
480. PAULSON, O.B., CRONQVIST, S., RISBERG, J.: Regional cerebral blood flow: A comparison of 8-detector and 16-detector instrumentation. J. nucl. Med. 10, 164 (1969).
481. PAULSON, O.B., LASSEN, N.A., SKINHØJ, E., HØEDT-RASMUSSEN, K.: Pathophysiology of cerebral circulation in apoplexy with a discussion of drug effects. In: Pharmakologie der lokalen Gehirndurchblutung. Internationales Symposium in Bonn, 1968 (Hrsg. E. BETZ, R. WÜLLENWEBER), S. 126. München-Gräfelfing: Dr. Edmund Banaschewski 1969.
482. PAULSON, O.B., LASSEN, N.A., SKINHØJ, E.: Regional cerebral blood flow in apoplexy without arterial occlusion. Neurology (Minneap.) 20, 125 (1970).
483. PETERS, J.P., SLYKE, D.D.: Quantitative clinical chemistry methods, Vol. 2. Baltimore: Williams & Wilkins 1931.
484. PICHLMAYR, I.: Das Verhalten der Hirndurchblutung bei Hunden unter verschiedenen Narkosearten. Z. Kreisl.-Forsch. 56, 6, 662 (1969).
485. PICHLMAYR, I.: Über den Einfluß verschiedener Narkosearten auf Durchblutung und Funktion der Leber sowie die Durchblutung der Hirnrinde. Fortschr. Med. 87, 2, 47 (1969).
486. PICHLMAYR, I., DROST, R., SOGA, D., BEER, R.: Über das Verhalten der Hirndurchblutung des Hundes unter Narkose mit Propanidid und Methohexital-Natrium. Anaesthesist 19, 4, 144 (1970).
487. PICHLMAYR, I., EICHENLAUB, D., KEIL-KURI, E., KLEMM, J.: Veränderung der Hirndurchblutung unter Thiopental, Halothan und Fentanyl-Droperidol. Anaesthesist 19, 6, 202 (1970).
488. PICHLMAYR, I.: Die Bedeutung zentraler Kreislaufveränderungen in Narkose. Fortschr. Med. 89, 28, 1087 (1971).
489. PIERCE, E.C., LAMBERTSEN, C.J., DEUTSCH, S., CHASE, P.E., LINDE, H.W., DRIPPS, R.D., PRICE, H.L.: Cerebral circulation and metabolism during thiopental anesthesia and hyperventilation in man. J. clin. Invest. 41, 1664 (1962).
490. PISTOLESE, G.R., CITONE, G., FARAGLIA, V., BENEDETTI, F., PASTORE, E., SEMPREBENE, L., DE LEO, G., SPERANZA, V., FIORAMI, P.: Effects of hypercapnia on cerebral blood flow during clamping of the carotid arteries in surgical management of cerebrovascular insufficiency. Neurology (Minneap.) 21, 1, 95 (1971).
491. PISTOLESE, G.R., AGNOLI, A., DE LEO, G., FARAGLIA, V., FIESCHI, C., PASTORE, E., PISARRI, F., PRENCIPE, M., SEMPREBENE, L., SPARTERA, C.: Effect of hyperventilation on rCBF during carotid surgery. Europ. Neurol. 6, 350 (1972).
492. PLUM, F., POSNER, J.B., ZEE, D.: The relationship of cerebral blood flow to CO_2 tension in the blood and pH in the cerebrospinal fluid, respectively. Scand. J. clin. Lab. Invest. Suppl. 102, VIII:F (1968).
493. PONTEN, U., KJÄLLQUIST, A., SIESJÖ, B.K., SUNDBÄRG, G., SVENDGAARD, N.: Relation of selective acidosis of cerebrospinal fluid to increased lactate concentrations and a discussion of the lactate: pyruvate rations. Scand. J. clin. Lab. Invest. Suppl. 102, IX:D (1968).
494. POTCHEN, E.J., DAVIS, D.O., WHARTON, T., CLIFTON, J.: The effect of compton scatter on regional cerebral blood flow determinations with xenon-133. Clin. Res. 15, 410 (1967).

495. POTCHEN, E.J., WELCH, M.: $^{13}N_2O$ coincidence counting for rCBF measurement: Theoretical considerations. Scand. J. clin. Lab. Invest. Suppl. 102, XI:J (1968).

496. POTCHEN, E.J., DAVIS, D.O., WHARTON, T.: Regional cerebral blood flow in man. I. A study of the xenon 133 washout method. Arch. Neurol. (Chic.) 20, 378 (1969).

497. POTCHEN, E.J.: The effect of cerebral arteriography on regional cerebral blood flow measurement. In: Cerebral Blood Flow (Eds. H. FISCHGOLD, J.M. TAVERAS). Springfield/Ill.: Ch.C. Thomas 1970.

498. POTCHEN, E.J., HOLMAN, B.L., EVENS, R.G.: Some factors which limit the precision in the inert gas washout and its significance. In: Brain and Blood Flow, p. 94. London: Pitman Medical 1972.

499. RADFORD, E.P., FERRIS, B.G., KRIETE, B.C.: Clinical use of nomogram to estimate proper ventilation during artificial respiration. New Engl. J. Med. 251, 877 (1954).

500. RAICHLE, M.E., STONE, H.L.: Cerebral blood flow autoregulation and graded hypercapnia. Europ. Neurol. 1, 1 (1971).

501. RAICHLE, M.E., POSNER, J.B., PLUM, F.: Cerebral blood flow during and after hyperventilation. In: Brain and Blood Flow, p. 223. London: Pitman Medical 1971.

502. RAPELA, C.E., GREEN, H.D.: Autoregulation of cerebral blood flow during hypercarbia and controlled (H^+). Scand. J. clin. Lab. Invest. Suppl. 102, V:C (1968).

503. RAPER, A.J., KONTOS, H.A., PATTERSON, J.L.: Response of pial precapillary vessels to changes in arterial carbon dioxide tension. Circulat. Res. 28, 518 (1971).

504. REES, J.E., DU BOULAY, G., BULL, J.W.D., MARSHALL, J., RUSSEL, R.W., SYMON, L.: Persistence of disturbance of regional cerebral blood flow after transient ischaemic attacks. In: Brain and Blood Flow, p. 277. London: Pitman Medical 1971.

505. REES, J.E., BULL, J.W.D., DU BOULAY, G.H., MARSHALL, J., RUSSEL, R.W., SYMON, L.: A comparison of stochastic, compartmental and flow initial analysis of rCBF data in a group of normal and ischaemic patients. Europ. Neurol. 6, 213 (1971).

506. REES, J.E., BULL, J.W.D., DU BOULAY, G.H.: The comparative analysis of isotope clearance curves in normal and ischaemic brain. Stroke 2, 444 (1971).

507. REGLI, F., YAMAGUCHI, T., WALTZ, A.G.: Effects of hyperventilation, hypocapnia and acetazolamide on experimental cerebral ischemia and infarction. Europ. Neurol. 6, 134 (1971).

508. REINMUTH, O.M., SCHEINBERG, P., BOURNE, B.: Total cerebral blood flow and metabolism. Arch. Neurol. (Chic.) 12, 49 (1965).

509. REIVICH, M.: Arterial pCO_2 and cerebral hemodynamics. Amer. J. Physiol. 206, 25 (1964).

510. REIVICH, M.: Observations on exponential models of cerebral clearance curves. In: Research on the Cerebral Circulation (Eds. J.S. MEYER, H. LECHNER, O. EICHHORN), p. 135. Springfield/Ill: Ch.C. Thomas 1969.

511. REIVICH, M., DICKSON, J., CLARK, J., HEDDEN, M., LAMBERTSEN, C.J.: Role of hypoxia in cerebral circulatory and metabolic changes during hypocarbia in man: Studies in hyperbaric milieu. Scand. J. clin. Lab. Invest. Suppl. 102, IV:B (1968).

512. REIVICH, M., SLATER, R., SANO, N.: Further studies on experimental models of cerebral clearance curves. In: Cerebral Blood Flow (Eds. M. BROCK, C. FIESCHI, D.H. INGVAR, N.A. LASSEN, K. SCHÜRMANN), p. 8. Berlin-Heidelberg-New York: Springer 1969.

513. REIVICH, M., JEHLE, J., SOKOLOFF, L., KETY, S.S.: Measurement of regional cerebral blood flow with C^{14}-antipyrine in awake cats. J. appl. Physiol. $\underline{27}$, 296 (1969).
514. ROBIN, E.D., GARDENER, F.H.: Cerebral metabolism and hemodynamics in pernicious anemia. Clin. Invest. $\underline{32}$, 598 (1953).
515. RICH, M., SCHEINBERG, P., BELLE, M.S.: Relationship between cerebrospinal fluid pressure changes and cerebral blood flow. Circulat. Res. $\underline{1}$, 389 (1953).
516. RISBERG, J., INGVAR, D.H., LUNDMARK, T., VON SABSAY, E., BURKLINT, U., SUNDELIN, S.: Recording of multiple clearance curves by means of a magnetic core memory. Scand. J. clin. Lab. Invest. Suppl. $\underline{22}$, 102, XI:H (1968).
517. RISBERG, J., INGVAR, D.H.: Increase of grey matter blood flow in "association areas" during memorization and abstract thinking. Europ. Neurol. $\underline{6}$, 236 (1971).
518. RISBERG, J., ANCRI, D., INGVAR, D.H.: Regional cerebral blood volume changes related to blood flow variations. Scand. J. clin. Lab. Invest. Suppl. $\underline{102}$, XI:C (1968).
519. RISBERG, J., INGVAR, D.H.: Regional changes in cerebral blood volume during mental activity. Exp. Brain Res. $\underline{5}$, 72 (1968).
520. RISBERG, J., INGVAR, D.H.: Regional variations in cerebral blood volume during mental activity in normals and in psychiatric patients. In: Research on the Cerebral Circulation. Fourth Internat. Salzburg Conference (Eds. J.S. MEYER, H. LECHNER, M. REIVICH, O. EICHHORN), p. 103. Springfield/Ill.: Ch.C. Thomas 1970.
520a. RISBERG, J., INGVAR, D.H.: Patterns of activation in the grey matter of the dominant hemisphere during memorizing and reasoning. Brain $\underline{96}$, 737 (1973).
521. ROMODANOV, A.P., ZOZULIA, Y.A., DANILENKO, G.S., KOVALENKO, N.A., KOSINOV, A.E., SPIRIDONOVA, M.V.: Changes of the rCBF and cerebrovascular reactivity in intracranial tumors. Europ. Neurol. $\underline{8}$, 122 (1972).
522. ROSSEN, R., KABAT, H., ANDERSON, J.P.: Acute arrest of cerebral circulation in man. Arch. Neurol. Psychiat. (Chic.) $\underline{50}$, 510 (1943).
523. ROSOMOFF, H.L.: Distribution of intracranial fluid contents: First meeting of "Neuroanesthesia" Section of World Neurology. Nat. Institutes of Health (1962).
524. ROSSANDA, M.: Prolonged hyperventilation in treatment of unconscious patients with severe brain injuries. Scand. J. clin. Lab. Invest. Suppl. $\underline{102}$, XIII:E (1968).
525. ROSSANDA, M., BOZZA-MARRUBINI, M., BEDUSCHI, A.: Clinical results of respirator treatment in unconscious patients with brain lesions. In: Cerebral Blood Flow (Eds. M. BROCK, C. FIESCHI, D.H. INGVAR, N.A. LASSEN, K. SCHÜRMANN), p. 260. Berlin-Heidelberg-New York: Springer 1969.
526. ROSSANDA, M., GORDON, E.: Cerebrospinal fluid and cerebral venous PO_2 in unconscious patients with brain lesions. In: Cerebral Blood Flow (Eds. M. BROCK, C. FIESCHI, D.H. INGVAR, N.A. LASSEN, K. SCHÜRMANN), p. 263. Berlin-Heidelberg-New York: Springer 1969.
527. ROSENTHALL, L., MATHEWS, G., STRATFORD, J.: Radio-xenon-brain scanning with the gamma-ray-scintillation camera. Radiology $\underline{89}$, 324 (1967).
528. ROWAN, J.O., HARPER, A.M., MILLER, J.D., CROSS, J.N., JENNETT, W.B.: The limitation of mode circulation time measurements. In: Brain and Blood Flow, p. 39. London: Pitman Medical 1971.
529. RUDIN, S., HART, H.: Monitor for ^{133}Xe contamination of air. J. nucl. Med. $\underline{12}$, 3, 145 (1971).

530. SABRI, S., COTTON, L.T., PARKES, J.D., ZILKHA, K.J.: A protective method against cerebral ischemia during surgical treatment of carotid artery stenosis. Europ. Neurol. 6, 361 (1972).
531. SALTZMAN, H.A., HEYMAN, A., SIEKER, H.O.: Correlation of clinical and physiologic manifestations of sustained hyperventilation. New Engl. J. Med. 268, 1431 (1963).
532. SAPIRSTEIN, L.A., MELLETTE, H.: Use of antipyrine in regional blood flow measurements in the dog. Fed. Proc. 14, 129 (1955).
533. SAPIRSTEIN, L.A., HANUSEK, G.E.: Cerebral blood flow in the rat. Amer. J. Physiol. 193, 272 (1958).
534. SCHEINBERG, P.: Cerebral blood flow in vascular disease of the brain. Amer. J. Med. 8, 139 (1950).
535. SCHEINBERG, P.: Cerebral blood flow and metabolism in pernicious anemia. Blood 6, 213 (1951).
536. SCHEINBERG, P., STEAD, E.A.: The cerebral blood flow in normal male subjects as measured by the nitrous oxide technique. Normal values for blood flow, oxygen utilization, glucose utilization and peripheral resistance, with observations on the effect of tilting and anxiety. J. clin. Invest. 28, 1163 (1949).
537. SCHEINBERG, P., SKINHØJ, E.: Site of action of CO_2 in control of cerebral blood flow: Discussion and comments. Scand. J. clin. Lab. Invest. Suppl. 102, VII:G (1958).
538. SCHIEVE, J.F., WILSON, W.P.: Influence of age, anesthesia and cerebral arteriosclerosis on cerebral vascular activity to CO_2. Amer. J. Med. 15, 171 (1953).
539. SCHMAHL, F.W.: Effects of anesthetics on regional cerebral blood flow and the regional content of some metabolites of the brain cortex of the cat. Acta neurol. scand. Suppl. 14, 156 (1965).
540. SCHMIEDEK, P., STEINHOFF, H., GRATZL, O., STEUDE, U., ENZENBACH, R.: rCBF-measurements in patients treated for cerebral ischemia by extra-intracranial vascular anastomosis. Europ. Neurol. 6, 364 (1972).
541. SCHMIDT, C.F.: Central nervous system circulation, fluids and barriers. In: Handbook of Physiology (Ed. H.W. MAGOUN), vol. 3. Washington: Amer. Physiol. Soc. 1960.
542. SCHMIDT, C.F., KETY, S.S., PENNES, H.H.: The gaseous metabolism of the brain of the monkey. Amer. J. Physiol. 143, 33 (1945).
543. SCHNEIDER, M.: Durchblutung und Sauerstoffversorgung des Gehirns. Verh. Dtsch. Ges. Kreisl.-Forsch. 19, 3 (1953).
544. SCHNEIDER, M.: Critical blood pressure in cerebral circulation. In: Selective Vulnerability of Brain in Hypoxaemia (Eds. J.P. SCHADÉ, W.H. McMENEMEY), p. 7. Oxford: Blackwell Scientific Publications 1963.
545. SCHWARTZ, W.B., RELMAN, A.S.: Critique of parameters used in evaluation of acid-base disorders. New Engl. J. Med. 268, 1382 (1963).
546. SENGUPTA, D., HARPER, A.M., DESHMUKH, V.D., ROWAN, J.O., JENNETT, W.B.: Effect of carotid artery ligation on the CO_2 response in baboon. Europ. Neurol. 6, 369 (1972).
547. SENSENBACH, W., MADISON, L., OCHS, L.: Comparison of effects of 1-Norepinephrine, synthetic 1-Epinephrine and USP-Epinephrine upon cerebral blood flow and metabolism in man. Clin. Invest. 32, 226 (1953).
548. SEVERINGHAUS, J.W.: Oxyhemoglobin dissociation curve correction for temperature and pH variation in human blood. J. appl. Physiol. 12, 485 (1958).
549. SEVERINGHAUS, J.W.: Role of cerebrospinal fluid pH in normalization of cerebral blood flow in chronic hypocapnia. Acta neurol. scand. Suppl. 14, 116 (1965).
550. SEVERINGHAUS, J.W., BRADLEY, A.F.: Electrodes for blood PO_2 and pCO_2 determination. J. appl. Physiol. 12, 515 (1958).

551. SEVERINGHAUS, J.W., MITCHELL, R.A., RICHARDSON, B.W., SINGER, M.M.:
Respiratory control at high altitude suggesting active transport
regulation of CSF pH. J. appl. Physiol. 18, 1155 (1963).

552. SEVERINGHAUS, J.W., CARCELEN, A.: Cerebrospinal fluid in man native
to high altitude. J. appl. Physiol. 19, 319 (1964).

553. SEVERINGHAUS, J.W., CHIODI, H., EGER II, E.I., BRANDSTATER, B.,
HORNBEIN, T.F.: Role of cerebrospinal fluid pH in normalization of
flow in chronic hypocapnia. Circulat. Res. 19, 274 (1966).

554. SEVERINGHAUS, J.W., LASSEN, N.A.: Step hypocapnia to separate arterial
from tissue pCO_2 effects on the regulation of cerebral blood flow.
Circulat. Res. 20, 272 (1967).

555. SEVERINGHAUS, J.W., LASSEN, N.A.: Cerebral blood flow control by arterial and not by tissue pCO_2 as evidenced from cerebral blood flow
changes after step hypocapnia. Scand. J. clin. Lab. Invest. Suppl.
102, VII:B (1968).

556. SEYLAZ, J., MAMO, H., GOAS, J.Y., HOUDART, R.: Human CBF regulation
and physiological sleep. In: Brain and Blood Flow, p. 193. London:
Pitman Medical 1971.

557. SHALIT, M.N., SHIMOJYO, S., REINMUTH, O.M.: Carbon dioxide and cerebral
circulatory control. Arch. Neurol. (Chic.) 17, 298 (1967).

558. SHALIT, M.N., REINMUTH, O.M., SHIMOJYO, S., SCHEINBERG, P.: Carbon
dioxide and cerebral circulatory control: III. Effect of brain stem
lesions. Arch. Neurol. (Chic.) 17, 342 (1967).

559. SHALIT, M.N., REINMUTH, O.M., SHIMOJYO, S., SCHEINBERG, P.: Carbon
dioxide and cerebral circulatory control: II. The intravascular effect.
Arch. Neurol. (Chic.) 17, 337 (1967).

560. SHALIT, M.N., REINMUTH, O.M., SHIMOJYO, S., SCHEINBERG, P.: Reaction
to pCO_2 changes in artificial perfusion of a cerebral artery. Scand.
J. clin. Lab. Invest. Suppl. 102, VII:E (1968).

561. SHAPIRO, W., WASSERMAN, A.J., PATTERSON, J.L., RICHMOND, V.A.: Human
cerebrovascular response time to elevation of arterial carbon dioxide
tension. Arch. Neurol. (Chic.) 13, 130 (1965).

562. SHAPIRO, W., WASSERMAN, A.J., PATTERSON, J.L.: Human cerebrovascular
response to combined hypoxia and hypercapnia. Circulat. Res. 19, 903
(1966).

563. SHAPIRO, H.M., GALINDO, A., WYTE, S.R., HARRIS, A.B.: Acute intracranial hypertension during anesthetic induction partial control with
thiopental. Europ. Neurol. 8, 118 (1972).

564. SHENKIN, H.A., CABIESES, F., VAN DEN NOORDT, G., SAYERS, P., COPPERMAN,
R.: The haemodynamic effect of unilateral carotid ligation on the
cerebral circulation of man. J. Neurosurg. 8, 38 (1951).

565. SHEPERD, R.C., WARREN, R.: Studies in the blood flow through the lower
limb in man by the nitrous oxide technique. Clin. Sci. 20, 99 (1960).

566. SHINOHARA, Y., MEYER, J.S., KITAMURA, A., TOYODA, M., TISUKE, R.:
Measurement of cerebral hemispheric blood flow by intracarotid injec-
tion of hydrogen gas. Validation of the method in the monkey. Circulat.
Res. 25, 735 (1969).

567. SIEMONS, K., BERNSMEIER, A.: Winterschlaf und Hirndurchblutung. Zbl.
Neurochir. 14, 229 (1954).

568. SIESJÖ, B.: A method for continuous measurement of the carbon dioxide
tension on the cerebral cortex. Acta physiol. scand. 51, 297 (1961).

569. SIGGAARD-ANDERSEN, O., ENGEL, K., JÖRGENSEN, K., ASTRUP, P.: A micro-
method for determination of pH, carbon dioxide tension, base excess
and standard bicarbonate in capillary blood. Scand. J. clin. Lab.
Invest. 12, 172 (1960).

570. SIMARD, D.: Regional cerebral blood flow and its regulation in dementia.
In: Brain and Blood Flow, p. 322. London: Pitman Medical 1971.

571. SKINHØJ, E.: Bilateral depression of CBF in unilateral cerebral diseases. Acta neurol. scand. Suppl. 14, 161 (1965).
572. SKINHØJ, E.: Regulation of cerebral blood flow as a single function of the interstitial pH in the brain. Acta neurol. scand. 42, 604 (1966).
573. SKINHØJ, E.: CBF adaptation in man to chronic hypo- and hypercapnia and its relation to CSF pH. Scand. J. clin. Lab. Invest. 22, Suppl. 102, VIII:A (1968).
574. SKINHØJ, E.: Cerebral blood flow adaptation in man to chronic hypo- and hypercapnia and its relation to cerebrospinal fluid pH. Scand. J. clin. Lab. Invest. Suppl. 102, VIII:A (1968).
575. SKINHØJ, E.: rCBF at rest and during functional tests in transient ischemic attacks. In: Cerebral Blood Flow (Eds. M. BROCK, C. FIESCHI, D.H. INGVAR, N.A. LASSEN, K. SCHÜRMANN), p. 115. Berlin-Heidelberg-New York: Springer 1969.
576. SKINHØJ, E.: Extracellular pH of the brain and its relation to cerebral blood flow and respiration. In: Research on the Cerebral Circulation. III. International Salzburg Conference (Eds. J.S. MEYER, H. LECHNER, O. EICHHORN), Springfield/Ill.: Ch.C. Thomas 1969.
577. SKINHØJ, E.: The sympathic nervous system and the regulation of CBF. International Symposium on Cerebral Blood Flow Regulation. Europ. Neurol. 6, 190 (1971).
578. SKINHØJ, E., LASSEN, N.A., HØEDT-RASMUSSEN, K.: Cerebellar blood flow in man. Arch. Neurol. (Chic.) 10, 464 (1964).
579. SKINHØJ, E., PAULSON, O.B.: The local site of action of CO_2 on cerebral circulation evidenced by changing the internal carotid artery pCO_2 in awake human subjects. Scand. J. clin. Lab. Invest. Suppl. 102, VII:F (1968).
580. SKINHØJ, E., PAULSON, O.B.: Carbon dioxide and cerebral circulatory control. Evidence of a nonfocal site of action of carbon dioxide on cerebral circulation. Arch. Neurol. (Chic.) 20, 249 (1969).
581. SKINHØJ, E., PAULSON, O.B.: The mechanism of action of aminophylline upon cerebral vascular disorders. Acta neurol scand. 76, 129 (1970).
582. SKINHØJ, E., HØEDT-RASMUSSEN, K., PAULSON, O.B., LASSEN, N.A.: Regional cerebral blood flow and its autoregulation in patients with transient focal cerebral ischemic attacks. Neurology (Minneap.) 20, 485 (1970).
583. SKINHØJ, E., OLESEN, J., STRANDGAARD, S.: Autoregulation and the sympathetic nervous system: A study in a patient with idiopathic orthostatic hypotension. In: Brain and Blood Flow, p. 351. London: Pitman Medical 1971.
584. SMITH, A.L., NEIGH, J.L., HOFFMAN, J.C., WOLLMAN, H.: Effect of blood pressure alterations on CBF during general anesthesia in man. In: Cerebral Blood Flow (Eds. M. BROCK, C. FIESCHI, D.H. INGVAR, N.A. LASSEN, K. SCHÜRMANN), p. 239. Berlin-Heidelberg-New York: Springer 1969.
585. SOKOLOFF, L.: Action of drugs on cerebral circulation. Pharmacol. Rev. 11, 1 (1959).
586. SOKOLOFF, L.: Effects of carbon dioxide on cerebral circulation. Anesthesiology 21, 664 (1969).
587. SOKOLOFF, L., MANGOLD, R., WECHSLER, R.L., KENNEDY, Ch., KETY, S.S.: The effects of mental arithmetic on cerebral circulation and metabolism. J. clin. Invest. 34, 1101 (1955).
588. SMITH, S.M., BROWN, H.O., TOMAN, J.E., GOODMAN, L.S.: The lack of cerebral effects of d-tubocurarine. Anaesthesist 1, 8 (1947).
589. SØNDERGARD, W.: Intracranial pressure during general anesthesia. Dan. med. Bull. 8, 18 (1961).
590. SPIEGLER, P.: Approximate expression for the geometric response and the index of resolution of focused collimators. J. nucl. Med. 12, 8, 547 (1971).

590a. STOICA, E., MEYER, J.S., KAWAMURA, Y., HIROMOTO, H., HASHI, K., AOYAGI, M., PASCU, I.: Central neurogenic control of cerebral circulation. Neurology (Minneap.) 23, 687 (1973).

591. STONE, H.H., McKRELL, T.N., WECHSLER, R.L.: Effect on cerebral circulation and metabolism in man of acute reduction in blood pressure by means of intravenous hexamethonium bromide and headup tilt. Anesthesiology 16, 168 (1955).

592. SUGIOKA, K., DAVIS, D.A.: Hyperventilation with oxygen: Possible cause of cerebral hypoxia. Anesthesiology 31, 135 (1969).

593. SULG, I., INGVAR, D.H.: Regional cerebral blood flow and EEG in occlusions of the middle cerebral artery. Scand. J. clin. Lab. Invest. Suppl. 102, XVI:D (1968).

594. SUNDT, T.M., WALTZ, A.G.: Cerebral ischemia and reactive hyperemia; studies of cortical blood flow and microcirculation before, during, and after temporary occlusion of middle cerebral artery of squirrel monkeys. Circulat. Res. 28, 426 (1971).

595. SVEINSDOTTIR, E.: Clearance curves of Kr^{85} or Xe^{133} considered as a sum of monoexponential outwash functions. Acta neurol. scand. Suppl. 14, 69 (1965).

596. SVEINSDOTTIR, E., LASSEN, N.A., RISBERG, J., INGVAR, D.H.: Regional cerebral blood flow measured by multiple probes: An oscilloscope and a digital computer system for rapid data processing. In: Cerebral Blood Flow (Eds. M. BROCK, C. FIESCHI, D.H. INGVAR, N.A. LASSEN, K. SCHÜRMANN), p. 27. Berlin-Heidelberg-New York: Springer 1969.

597. SVEINSDOTTIR, E., THORLÖF, P., RISBERG, J., INGVAR, D.H., LASSEN, N.A.: Calculation of regional cerebral blood flow (rCBF): Initial-slope-index compared to height-over-total-area values. In: Brain and Blood Flow, p. 85. London: Pitman Medical 1971.

598. SVEINSDOTTIR, E., THORLÖF, P., RISBERG, J., INGVAR, D.H., LASSEN, N.A.: Monitoring regional cerebral blood flow in normal man with a computer controlled 32-detector system. Europ. Neurol. 6, 228 (1971).

599. SYMON, L.: Experimental evidence for "intracerebral steal" following CO_2 inhalation. Scand. J. clin. Lab. Invest. Suppl. 102, XIII:A (1968).

600. SYMON, L., WÜLLENWEBER, R.: Intracerebral steal by vasodilators and inverse steal by vasoconstrictors: Discussion and comments. Scand. J. clin. Lab. Invest. Suppl. 102, XIII:F (1968).

601. SYMON, L., HELD, K., DORSCH, N.W.C.: On the myogenic nature of the autoregulatory mechanism in the cerebral circulation. Europ. Neurol. 6, 11 (1971).

602. SYMON, L., ACKERMANN, R., BULL, J.W.D., DU BOULAY, G.H., MARSHALL, I., REES, J., ROSS RUSSEL, R.W.: The use of xenon clearance method in subarachnoid haemorrhage. Post-operative studies with clinical and angiographic correlations. Europ. Neurol. 8, 8 (1972).

603. TAKESHITA, H., OKUDA, Y., SARI, A.: The effects of ketamine on cerebral circulation and metabolism in man. Anesthesiology 36, 169 (1972).

604. TER-POGOSSIAN, M., SPRATT, J.S., RUDMAN, S., SPENCER, A.: Radioactive oxygen 15 in study of kinetics of oxygen of respiration. Amer. J. Physiol. 201, 582 (1961).

605. TER-POGOSSIAN, M., NIKLAS, W.F., BALL, J., EICHLING, J.O.: An image tube scintillation camera for use with radioactive isotopes emitting low energy photons. Radiology 86, 463 (1966).

606. TER-POGOSSIAN, M., DAVIS, D.O., EICHLING, J.O.: Regional cerebral oxygen metabolism and rCBF compartments in patients with cerebral pathology, measured by means of oxygen-15. In: Cerebral vascular diseases (Eds. J. MOOSSY, R. JANEWAY), p. 103. New York-London: Grune and Stratton 1971.

607. TER-POGOSSIAN, M., EICHLING, J.O., DAVIS, D.O., WELCH, M.J.: The simultaneous measure in vivo of regional cerebral blood flow and regional cerebral oxygen utilization by means of oxyhemoglobin labelled with radioactive oxygen 15. In: Cerebral Blood Flow (Eds. M. BROCK, C. FIESCHI, D.H. INGVAR, N.A. LASSEN, K. SCHÜRMANN), p. 66. Berlin-Heidelberg-New York: Springer 1969.

608. TER-POGOSSIAN, M., EICHLING, J.O., DAVIS, D.O., WELCH, M.J., METZGER, J.M.: The determination of regional cerebral blood flow by means of water labelled with radioactive oxygen 15. Radiology 93, 31 (1969).

609. TER-POGOSSIAN, M., EICHLING, J.O., DAVIS, D.O., WELCH, M.J.: The measure in vivo of regional cerebral oxygen utilization by means of oxyhemoglobin labeled with radioactive oxygen 15. J. clin. Invest. 49, 381 (1970).

610. TER-POGOSSIAN, M., EICHLING, J.O., DAVIS, D.O.: Significance between the rCBF compartments measured by the wash-out of H_2O and of 133 Xe. In: Brain and Blood Flow, p. 1. London: Pitman Medical 1971.

611. TER-POGOSSIAN, M., PHELPS, M.E.: Absolute measure of regional cerebral blood volume by means of excited fluorescent X-radiation and factors affecting this parameter. Europ. Neurol. 6, 218 (1971).

612. THEWS, G.: Die Sauerstoffdiffusion im Gehirn. Pflügers Arch. ges. Physiol. 271, 197 (1960).

613. THEWS, G.: Implications to physiology and pathology of oxygen diffusion at capillary level. In: Selective Vulnerability of Brain in Hypoxaemia (Eds. J.P. SCHADÉ, W.H. MENEMY), p. 27. Oxford: Blackwell Scientific Publications 1963.

614. THEYE, R.A., MICHENFELDER, J.D.: The effect of halothane on canine cerebral metabolism. Anesthesiology 29, 1113 (1968).

615. TÖRMÄ, T., FOGELHOLM, R.: Complications of cerebral angiography with urografin(R). Acta neurol. scand. 43, 616 (1967).

616. TURNER, J., LAMBERTSEN, C.J., OWEN, S.G., WENDEL, H., CHIODI, H.: Effects of 0,08 and 0,8 atmospheres of inspired pO_2 upon cerebral hemodynamics at a constant alveolar pCO_2 of 43 mm Hg. Fed. Proc. 16, 130 (1957).

617. UEDA, H., HATANO, S., KOIDE, T., GONDAIRA, T.: External measurement of regional blood flow in man by common carotid arterial injection of radioactive krypton 85 saline solution. Jap. Heart J. 9, 349 (1968).

618. VOGEL, H., HAKIM, A., PFLÜGER, G.: Rückatmung bei Verwendung von Ruben-Ventilen. Anaesthesist 18, 247 (1969).

619. VEALL, N., MALLETT, B.L.: The two-compartment model using Xe^{133} inhalation and external counting. Acta neurol. scand. Suppl. 14, 83 (1965).

620. VEALL, N., MALLETT, B.L.: Regional cerebral blood flow determination by 133 Xe inhalation and external recording: The effect of arterial recirculation. Clin. Sci. 30, 353 (1966).

621. VEALL, N., CRAWLEY, J.C.W.: The 133 Xe inhalation technique. Scand. J. clin. Lab. Invest. Suppl. 102, XI:F (1968).

622. VEALL, N.: Comment on the paper by AGNOLI et al. In: Cerebral Blood Flow (Eds. M. BROCK, C. FIESCHI, D.H. INGVAR, N.A. LASSEN, K. SCHÜRMANN), p. 35. Berlin-Heidelberg-New York: Springer 1969.

623. WAGNER, H.N., EMMONS, H.: Characteristics of an ideal radiopharmaceutical. In: ANDREWS, A.A., KNISELEY, R.M., WAGNER, H.N.: Radioactive Pharmaceuticals, p. 1. USAEC Div. of Tech. Infi. 1966.

624. WAHL, M., DEETGEN, P., THURAU, K., INGVAR, D.H., LASSEN, N.A.: Micropuncture evaluation of the importance of perivascular pH for the arteriolar diameter on the brain surface. Pflügers Arch. ges. Physiol. 316, 152 (1970).

625. WECHSLER, R.L., DRIPPS, R.D., KETY, S.S.: Blood flow and oxygen consumption of the human brain during anaesthesia, produced by thiopental. Anaesthesiology 12, 308 (1951).

626. WALTZ, A.G., SUNDT, T.M., MICHENFELDER, J.D.: CBF, jugular venous PO_2 and lactate concentration, and arterial-venous oxygen content during carotid endarterectomy. Europ. Neurol. 6, 346 (1972).

627. WALTZ, A.G., WANEK, A.R., ANDERSON, R.E.: Comparison of analytic methods for calculation of cerebral blood flow after intracarotid injection of 133 Xe. J. nucl. Med. 13, 1, 66 (1972).

628. WASSERMAN, A.J., PATTERSON, J.L.: The cerebral vascular response to reduction in arterial carbon dioxide tension. J.clin.Invest. 40, 1297 (1961).

629. WYTE, S.R., SHAPIRO, H.M., TURNER, P., HARRIS, A.B.: Ketamine-induced intracranial hypertension. Anesthesiology 36, 2, 174 (1972).

630. WESTERMANN, B.R., GLASS, H.J.: Physical specification of a gamma-camera. J. nucl. Med. 9, 24 (1968).

631. WHITE, J.C., VERLOT, M., SILVERSTONE, B., BEECHER, H.K.: Changes in brain volume during anesthesia: Effects of anoxia and hypercapnia. Arch. Surg. 44, 1 (1942).

632. WHITE, C.W., ALLARDE, R.R., McDOWALL, H.A.: Anesthetic management for carotid artery surgery. J. Amer. med. Ass. 202, 1023 (1967).

633. WILKINSON, I.M.S., BULL, J.W.D., DU BOULAY, G.H., MARSHALL, J., ROSS RUSSELL, R.W., SYMON, L.: Regional blood flow in the normal cerebral hemisphere. J. Neurol. Neurosurg. Psychiat. 32, 367 (1969).

634. WILKINSON, I.M.S., BULL, J.W.D., DU BOULAY, G.H., MARSHALL, J., ROSS RUSSELL, R.W., SYMON, L.: The heterogeneity of blood flow throughout the normal cerebral hemisphere. In: Cerebral Blood Flow (Eds. M. BROCK, C. FIESCHI, D.H. INGVAR, N.A. LASSEN, K. SCHÜRMANN), p. 17. Berlin-Heidelberg-New York: Springer 1969.

635. WILKINSON, I.M.S., BROWNE, D.R.G.: The influence of anaesthesia and of arterial hypocapnia on regional blood flow in the normal human cerebral hemisphere. Brit. J. Anaesth. 42, 472 (1970).

636. WILKINSON, I.M.S., BULL, J.W.D., DU BOULAY, G.H., MARSHALL, J., ROSS RUSSELL, R.W., SYMON, L.: Regional cerebral blood flow abnormalities in patients with a completed stroke. In: Brain and Blood Flow, p. 354. London: Pitman Medical 1971.

637. WOLLMAN, H.: Comments to chapter VII. In: Cerebral Blood Flow (Eds. M. BROCK, C. FIESCHI, D.H. INGVAR, N.A. LASSEN, K. SCHÜRMANN), p. 273. Berlin-Heidelberg-New York: Springer 1969.

638. WOLLAMN, H., ALEXANDER, S.C., COHEN, P.J., CHASE, P.E., MELMAN, E., BEHAR, M.G.: Cerebral circulation of man during halothane anesthesia, effects of hypocarbia and of d-tubocurarine. Anesthesiology 25, 2, 180 (1964).

639. WOLLMAN, H., ALEXANDER, S.C., COHEN, P.J., STEPHEN, G.W., ZEIGER, L.S.: Two-compartment analysis of the blood flow in the human brain. Acta neurol. scand. Suppl. 14, 79 (1965).

640. WOLLMAN. H.. ALEXANDER. S.C.. COHEN. P.J.. SMITH. T.C., CHASE, P.E., VAN DER MOLEN, R.A.: Cerebral circulation during general anesthesia and hyperventilation in man. Thiopental induction to nitrous oxide and d-tubocurarine. Anesthesiology 26, 3, 329 (1965).

641. WOLLMAN, H., ALEXANDER, S.C., COHEN, P.J.: In: Clinical Anesthesia-Neurologic-Consideration (Ed. H.M. HARMEL), p. 1. Philadelphia: F.A. Davis 1967.

642. WOLLMAN, H., SMITH, T.C., STEPHEN, G.W., COLTON, E.T., GLEATON, H.G., ALEXANDER, S.C.: Effects of extremes of respiratory and metabolic acidosis on cerebral blood flow in man. J. appl. Physiol. 24, 60 (1968).

643. WOLLMAN, H., SMITH, A.L., NEIGH, J.L., HOFFMAN, J.C.: Cerebral blood flow and oxygen consumption in man during electroencephalographic seizure patterns associated with ethrane anesthesia. In: Cerebal Blood Flow (Eds. M. BROCK, C. FIESCHI, D.H. INGVAR, N.A. LASSEN, K. SCHÜR-MANN), p. 246. Berlin-Heidelberg-New York: Springer 1969.

644. WOLLMAN, H., SMITH, A.L., ALEXANDER, S.C.: Effects of general anesthetics in man on the ratio of cerebral blood flow to cerebral oxygen consumption. In: Cerebral Blood Flow (Eds. M. BROCK, C. FIESCHI, D.H. INGVAR, N.A. LASSEN, K. SCHÜRMANN), p. 242. Berlin-Heidelberg-New York: Springer 1969.

645. WÜLLENWEBER, R.: "Intracerebral steal" in man recorded by a heat clearance technique. Scand. J. clin. Lab. Invest. Suppl. 102, XIII:C (1968).

646. WÜLLENWEBER, R.: Anwendung thermischer Methoden zur lokalen Gehirndurchblutungsmessung am Menschen. In: Pharmakologie der lokalen Gehirndurchblutung. Internationales Symposium, Bonn, 1968 (Hrsg. E. BETZ, R. WÜLLENWEBER), S. 49. München-Gräfelfing: Dr. Edmund Banaschewski 1969.

647. WÜLLENWEBER, R., GÖTT, U., HOLBACH, K.H.: rCBF during hyperbaric oxygenation. In: Cerebral Blood Flow (Eds. M. BROCK, C. FIESCHI, D.H. INGVAR, N.A. LASSEN, K. SCHÜRMANN), p. 171. Berlin-Heidelberg-New York: Springer 1969.

648. YAMAGUCHI, T., REGLI, F., WALTZ, A.G.: Effect of $paCO_2$ on hyperemia and ischemia in experimental cerebral infarction. Stroke 2, 139 (1971).

649. YAMAGUCHI, T., WALTZ, A.G., OKAZAKI, H.: Hyperemia and ischemia in experimental cerebral infarction: Correlation of histopathology and regional blood flow. Neurology (Minneap.) 21, 565 (1971).

650. YAMAMOTO, Y.L., HODGE, C.P., PHILLIPS, K.M., FEINDEL, W.: Microflow patterns after experimental occlusion of middle cerebral artery demonstrated by fluorescein angiography and 133 xenon clearance. In: Cerebral Blood Flow (Eds. M. BROCK, C. FIESCHI, D.H. INGVAR, N.A. LASSEN, K. SCHÜRMANN), p. 123. Berlin-Heidelberg-New York: Springer 1969.

651. YAMAMOTO, Y.L., PHILLIPS, K.M., HODGE, C.P., FEINDEL, W.: Effects of alteration in arterial carbon dioxide on experimental focal cerebral ischaemia. In: Brain and Blood Flow, p. 205. London: Pitman Medical 1971.

652. YOSHIDA, K., MEYER, J.S., SAKAMOTO, K., HANDA, J.: Autoregulation of cerebral blood flow: Electromagnetic flow measurement during acute hypertension in the monkey. Circulat. Res. 19, 726 (1966).

653. ZIERLER, K.L.: Theory of the use of arteriovenous concentration differences for measuring metabolism in steady and non-steady states. J. clin. Invest. 40, 2111 (1961).

654. ZIERLER, K.L.: Circulation times and the theory of indicator-dilution methods for determining blood flow and volume. In: Handbook of Physiology (Eds. W.F. HAMILTON, P. DOW), p. 585. Washington: American Physiological Society 1962.

655. ZIERLER, K.L.: Equations for measuring blood flow by external monitoring of radioisotopes. Circulat. Res. 16, 309 (1965).

656. ZINGESSER, L.H.: Relationship between cerebral angiographic circulation time and regional cerebral blood flow. Invest. Radiol. 3, 86 (1968).

657. ZINGESSER, L.H., SCHECHTER, M.M., DEXTER, J., KATZMAN, R., SCHEINBERG, L.C.: Regional cerebral blood flow in patients with subarachnoid hemorrhage. Acta Radiol. Diagn. 6, 573 (1969).

658. ZWETNOW, N.: Experimental studies on effect of changes in intracranial pressure on cerebral circulation and metabolism. Excerpta med. (Amst.) Sect. VIII (Intern. Congress Series) 1967, 139.

659. ZWETNOW, N.: Cerebral blood flow autoregulation to blood pressure and intracranial pressure variations. Scand. J. clin. Lab. Invest. Suppl. 102, V:A (1968).

660. ZWETNOW, N., KJÄLLQUIST, A., SIESJÖ, B.K.: Cerebral blood flow during intracranial hypertension related to tissue hypoxia and to acidosis in cerebral extracellular fluids. Progr. Brain. Res. 30, 87 (1968).

Sachverzeichnis

Acetylcholin 179

Actihaemyl 168, 169, 183

Adrenalin 179

Aktivierung des Hirngewebsstoffwechsels 183

Aktivitätsspitzen (radioaktive) am Anfang der cerebralen
Clearance-Kurve 23

Allgemeinnarkose 168, 185

Ambu-E-Ventil 18

Amphetamin 179

Anatomisch bestimmter Wert für das relative Gewicht der grauen
Substanz 58

Anatomische Gewichtsbestimmung der beiden Hirnsubstanzbestandteile 56

Anfangsgipfel der Clearance-Kurve 19, 22, 23

Angiografin 18, 65

Angiographie (cerebrale) 35, 65, 67, 166, 168

Angiotensin 179

Apoplektal 169

Argon 2

Arterielle Gefäßversorgungsbezirke des Gehirns 14, 16, 35

Arteriosklerose der Hirngefäße 1, 67, 164, 168

Astverschlüsse der A. cerebri media, anterior und posterior 168

Atropin-Sulfat 18

Aufrechterhaltung konstanter Untersuchungsbedingungen bei der
rCBF-Messung 50

Ausbeute radioaktiver Strahlung 30

Auswaschdauer (cerebrale) für ^{133}Xenon 38

Auswaschvorgang 19

Autoregulation 18, 25, 164

228

Bandspeichergerät 9, 10

Barbiturat-Narkose 61

Basislinieneinstellung 9

Basisnarkose für die rCBF-Messung 66

Beatmungsdruck 18

Beatmungsfrequenz 18

Bencyclan (Fludilat) 168, 169, 182

Berechnung der relativen Gewichte für die graue und weiße Sub-
    stanz 54

Berechnungsverfahren 19, 36, 38

Beta-Pyridyl-Carbinol (Ronicol) 169, 181

Biexponentialfunktion 20

Blutdruck bei Patienten mit cerebrovasculärer Insuffizienz
    70-81, 92-101, 110-115, 124-133, 142-146, 154-159

Blutgasanalyse 18

Blut/Gewebe-Verteilungskoeffizient für Xenon-133 19, 22, 24, 37

Blutviskosität 1

Carbostesin 169

Carotisangiographie 18, 68

Carotisgabelung 67

Carotisstenose 67, 68, 81, 82, 137, 168

Carotisverschluß 67, 108

CBF und Halothan-Narkose 64

Centrophenoxin 169, 178

Cerebrale Blut-Volumen-Messung 5
- Gefäßverschlüsse 166
- Mangeldurchblutung 68, 141, 164, 165, 176
- - auf der Gegenseite des Carotisverschlusses 121
- Zirkulationszeit 5, 39, 166

Clearance-Kurven (cerebrale) 11, 19, 20

Clonidine 179

CO_2-Ansprechbarkeit der cerebralen Gefäße 18, 165

CO_2-Korrekturfaktor für die rCBF-Berechnung 25

Complamin 177

Comptonkontinuum 9

Computer-Analyse 22

Computer-Programme für die rCBF-Berechnung 6
CO_2-Partialdruck im Blut 1, 24, 58

Darstellung der Meßfelder 27
Datenverarbeitung und -ausgabe 6, 10, 11
Demenz 1
Desobliteration der A. carotis interna 90
4-Detektor-Meßplatz 3, 6
8-Detektor-Meßplatz 3, 26, 28, 34, 35
10-Detektor-Meßplatz 29
12-Detektor-Meßplatz 3
16-Detektor-Meßplatz 3, 26, 28, 34, 35
32-Detektor-Meßplatz 3
35-Detektor-Meßplatz 3
Diabetes mellitus 68, 100, 120, 122
Diffusionsgleichgewicht für ^{133}Xenon zwischen Blut und Hirnge-
    webe 20
Dihydergot 169, 181
Dihydrocornin 181
Dihydroergotamin 169, 181
Diskriminator 9
Durchblutung der grauen Substanz 20, 40, 42, 52, 56, 58, 85,
    87, 89, 103-105, 116-119, 134-136, 148, 149, 161
- der weißen Substanz 20, 40, 42, 52, 58, 85, 87, 89, 103-105,
    116-119, 134-136, 148, 149, 161
Durchgangszeiten 20, 21
Durchschnitts-Mittelwerte für die Durchblutung der Gesamtsub-
    stanzanteile des Gehirns 48
Durchschnitts-Mittelwerte für die Durchblutung der grauen Sub-
    stanz 48
- - - - der weißen Substanz 48

Echo-Encephalographie bei Patienten mit cerebraler Mangeldurch-
    blutung und rCBF 70-81, 92-101, 110-115, 124-133, 142-146,
    154-159
EEG bei Patienten mit cerebraler Mangeldurchblutung und rCBF
    68, 70-81, 92-101, 110-115, 124-133, 142-146, 154-159

Eigenabsorption des Hirngewebes für [133]Xenon   33

Einfluß der cerebralen Angiographie auf die regionale Hirndurch-
    blutung   65

Einlochkollimatoren   29, 30

EKG-Veränderungen bei Patienten mit cerebraler Mangeldurchblu-
    tung   70-81, 92-101, 110-115, 124-133, 142-146, 154-159

Elektronenrechner   6

Elektronische Datenverarbeitung (EDV)   6, 11

Emotion   50

Empfindlichkeitskurven für [133]Xenon in Wasser   13, 33, 34

Encephabol   169, 183

Endexspiratorische CO_2-Konzentration   18

Epilepsie   1

Eupaverin forte   170

Fallbeschreibungen   90, 91, 106-108, 150-152, 162, 163, 176-178

Flächenquelle (radioaktive)   33

Fludilat   168, 169, 182

Focale Durchblutungsstörungen   166

-   Hyperämie   164, 166

-   Ischämie   164

-   Vasoparalyse   165

Focaler Verlust der Autoregulation   164

Frühabführende Venen   165, 166

2-Funktionen-Analyse   19, 22, 36, 52

Funktionsuntersuchungen   25, 50, 166

Gamma-Kamera   4, 5

Gamma-Strahlung   26, 28, 32

Ganglien-Blocker   180

Gefäßchirurgische Behandlung stenosierender Erkrankungen der
    A. carotis interna   67, 137, 138

Gegenseitige Beeinflussung von arteriellem Kohlensäuredruck und
    Blutdruck   64

Gehirnmodell   14

Gesamtabsorptionskoeffizient der verschiedenen Hirngewebsanteile
    für [133]Xenon   13

Gesamthirndurchblutung 1

Gesamtlipide 68, 100, 122

Gewebeschichttiefe 28, 33

Globale Abnahme der cerebralen Durchblutung 132

Guanethidin 180

Hämatokrit 183

Hämodynamische Faktoren 133

Hämoglobinwert 22, 24

Halbwertschicht 13, 33

Halbschattenbereich 29, 33, 34

Helfergin 169, 183

Herzbefund 70-81, 92-101, 110-115, 124-133, 142-146, 154-159

Herzinsuffizienz 120, 122, 152

Hexamethonium 180

Hintergrundaktivität 23

Hirndurchblutung als Funktion des arteriellen pCO_2 60

- in anatomisch definierten Arealen 48

Hirndurchblutungsmessungen in Allgemeinnarkose 50

Hirndurchblutungssenkende Pharmaka 173

Hirndurchblutungssteigernde Pharmaka 175

Hirn-Minuten-Volumen 5

Hirnsubstanzteile 36

Hirnszintigramm bei Patienten mit cerebraler Mangeldurchblutung
    und rCBF 70-81, 92-101, 110-115, 124-133, 142-146, 154-159

Histamin 179

H_2-Methode für die lokale Messung der Hirndurchblutung 2

Hydergin 169, 181

Hydroxyäthyl-Theophyllin 169

Hyperämischer Herd 164, 166

Hypertonus 68, 100, 120, 122, 152

Hyperventilation 18, 58, 59, 61, 64, 180

Hypokapnie 61

Imidazolderivate 180

Impulsratenzähler 9

Indikator-Verdünnungsmethoden   19
"initial-slope-index" (I.S.I.)   36
Interindividuelle rCBF-Unterschiede   49
Interposition des Musculus digastricus   106
Interregionäre cerebrale Durchblutungsunterschiede   41, 42, 44, 49
Intraarterielle Isotopen-Clearance-Methode   3, 5, 26, 48, 51
Intracerebrales Blutentzugsphänomen   182
Intrakranielle cerebrovasculäre Erkrankungen   140
Intravenöses Injektionsverfahren   4
Irrtumswahrscheinlichkeit   85, 87, 89, 103-105, 116-119, 134-136, 148, 149, 161
Ischämischer Focus   141, 164, 166, 176, 177
Isodosenlinien für ^{133}Xenon in Wasser   13, 33, 34

Kasuistik   70-81, 92-101, 110-115, 124-133, 142-146, 154-159
Kernschattenbereich   27
Ketamine   66
Kinking der Arteria carotis interna   67, 90, 102, 104, 137
Klinische Daten bei Patienten mit cerebraler Mangeldurchblutung und rCBF   70-81, 90, 92-100, 110-115, 124-132, 133, 142-146, 154-159
Kollateral   170
Kollateralkreisläufe   132
Kollimation   26
Kollimator   9, 27, 30, 31, 34
Kollimatorachsenabstand   27, 28
Kollimatorblock   7, 8, 11, 14, 28, 29
Kollimatorblockkonstruktion   35
Kollimatordurchmesser   35
Kollimatorlänge   27
Kollimatoröffnung   35
Kollimierung   11
Kolmogoroff-Smirnow-Anpassungstest   39
Koma   1
Konstante Untersuchungsbedingungen   58, 167
Kontrastmittelanfärbungen   165, 166
Kontrolldurchblutungsmessung   69, 106, 123

Korrekturfaktoren 22

Korrelation von hirnpathologisch definierten neurologischen Aus-
    fallserscheinungen zu rCBF-Befunden 165

- ischämischer Foci zu cerebralen Gefäßversorgungsbezirken 141

Kristall 9

Krypton-85 2, 3

Krypton-85-Inhalationsmethode 59

Laborbefunde bei Patienten mit cerebraler Mangeldurchblutung und
    rCBF 68, 70-81, 92-101, 110-115, 124-133, 142-146, 154-159

Lävulose 5 % 168

Langsame Komponente der cerebralen ^{133}Xenon-Clearance 58

Langzeiteffekt der Carotisdesobliteration 140

Lineare Auswaschkurven 11, 13, 21

Linearverstärker 9

Linienquelle (radioaktive) 33, 34

Linienschreiber 9

Liquorbefunde bei Patienten mit cerebraler Mangeldurchblutung
    und rCBF 68, 70-81, 92-101, 110-115, 124-133, 142-146, 154-159

Lochstreifenstanzer 9, 10

Lokalanästhesie 169

Lokalisationsdiagnostik 166

Lumenabknickung der A. carotis interna beim "Kinking" 106

Manuelle Auswertung der cerebralen Clearance-Kurven 11

Mediateilverschluß 150, 176

Medikamentöse Vorbehandlung bei der rCBF-Messung 18, 51

Meßanordnung 3, 14, 26, 28

Meßareale 14, 49, 85, 87, 89, 103-105, 116-119, 134-136, 148,
    149, 161

Meßelektronik 8, 10

Meßfeldbegrenzung 29

Meßfelddarstellungen 26, 27, 35

Meßfelder 16, 28, 41

Meßfeldtiefe 33

Meßfeldüberschneidungen 27

234

Meßgeometrie 6, 26

Meßplatz 3, 6, 7

Meßschablone 14, 35

Meßungenauigkeit bei der intraarteriellen Isotopen-Clearance-
    Methode 54

Meßvolumina 28, 29, 49

Meßzeit 6

metabolische Gewebsacidose 165

Metaraminol 179

Methohexital 64, 66

α-Methyl-Dopa 180

Methylglucamin-Diatrizoat 65

Mittelwertmesser 9

Mittlere Gesamthirndurchblutung 52

- regionale Gesamtdurchblutung 20, 40, 42, 85

- - - (2-Funktionen-Analyse) 85, 87, 89, 103-105, 116-119,
    134-136, 148, 149, 161

- - - (stochastische Analyse) 85, 87, 89, 103-105, 116-119,
    134-136, 148, 149, 161

Monoexponentielle Clearance-Kurve 37

NaCl-Lösung 168

Näherungsverfahren für die Berechnung des rCBF 37, 38

NaJ (T)-Kristall 33

Naphtidrofuryl (Dusodril) 168, 169, 181

Neuroleptanalgesie 64

Neurologische Symptomatik bei Patienten mit cerebraler Mangel-
    durchblutung und rCBF 70-81, 92-101, 110-115, 124-133,
    142-146, 154-159

Neuroradiologische Untersuchungsbefunde und rCBF 70-81, 92-101,
    110-115, 124-133, 142-146, 154-159

Neuroradiologische Untersuchungsgeräte 7

Niedermolekulares Dextran 183

Nikotinsäurederivate 169, 181

$^{13}N_2O$ 2

N_2O-Halothan-Narkose 59

N_2O/O_2- 0,2 Vol% - Halothan-Relaxans-Analgesie 167, 171

Noradrenalin 179

Normal-Gesamtmittelwerte 82

Normalkollektiv 67

Normalperson 168, 171

Normalwerte der Hirndurchblutung 39, 46, 48

- der regionalen Hirndurchblutung 40-43

Normokapnie 61

Nuklearmedizinischer Geräteanteil 8

Nuklearmedizinisches Untersuchungsgerät 7

Örtliche cerebrale Ischämie 146

- Hirndurchblutung bei den intrakraniellen cerebrovasculären
    Erkrankungen 161

- Hirndurchblutungsstörungen bei Patienten mit manifesten neuro-
    logischen Ausfallserscheinungen und normalem Angiogramm 147

"off-line"-Analyse 6, 10

O_2-Gehalt 22

^{15}O gekennzeichnetes Wasser 2

^{15}O markiertes Oxyhämoglobin 2

"on-line"-Verfahren 6, 10

Operative Behandlung stenosierender Erkrankungen der Halsschlag-
    ader 67, 106, 137, 138

Organisches Psychosyndrom 1

O_2-Verbrauch (cerebraler) bei Hyperventilation 61

Oxyäthyl-Theophyllin (Cordalin) 169

Papaverin-Hydrochlorid 170

Parasympathicomimetische Substanzen 179

Passive Hyperventilation 165

pCO_2-Standardwert 25

PEG 68

Pendiomid 180

Pentolinium 180

Pharmaka und rCBF 1, 168, 170

Phenoxybenzamin 179

Phentolamin 180

Photomultiplyer 9
Polarographische Methoden zur lokalen Messung der Hirndurchblu-
    tung 20
Postoperative Reangiographie 69, 90, 106, 123
- Zunahme der Durchblutung 80, 137, 140
Praktische Durchführung der rCBF-Messung 15
prä/postoperative rCBF-Vergleichsuntersuchungen bei den steno-
    sierenden Erkrankungen der A. carotis interna 67, 137, 140
Propanidid 18, 58, 66
Prostaglandine 179
Proxazol 169, 182
Prüfung auf Normalverteilung 39
Punktionsnadel 67
Punktquelle (radioaktive) 33
Pyrithioxin 169, 183

Quantenausbeute 11

Radioaktive Ausbeute 29, 31
- Hintergrundaktivität von ^{133}Xenon 22
- Restaktivität von Xenon-133 im Gehirn 22-24
Radioaktivität in den extracerebralen Geweben 4
Raubasin (Lamuran) 168, 169, 181
Rauwolfia-Alkaloide 180
rCBF 18, 19
- gesamt 22, 40
- grau 22, 40
- -Kontrollmessungen 138
- 10 min. 22
- -Normalwerte in leichter Allgemeinnarkose 50
- unendlich 22
- weiß 22, 40
Reaktionsfähigkeit der Gehirngefäße 18, 58
Rechnerische Auswertung der cerebralen Clearance-Kurven 19
Regionale Differenzierung der cerebralen Durchblutung 48
- Durchblutungsänderungen 68

Regionaler Lamdawert 24

Regionales Verteilungsmuster für die graue und weiße Substanz
    einer Großhirnhemisphäre 58

Regionalität der Durchblutungswerte 33

Relative Empfindlichkeit 32

Relatives Gewicht der grauen Substanz 22, 55

- - der weißen Substanz 22

Relaxation 18

Reproduzierbarkeit der intraarteriellen Isotopen-Clearance-
    Methode 38, 51, 52, 53

Reserpin 180

α-Rezeptoren blockierende Substanzen 179

Rezirkulation der radioaktiven Indikatorsubstanz 4

- von Xenon-133 22, 23

Rezirkulations-Aktivität (t) 23

Rheomacrodex 170, 183

Röntgenkontrastmittel 18, 65, 185

Rückatmung von Xenon-133 18

Ruhedurchblutung 18

Sauerstoffaufnahme des Gehirns 1

Sauerstoffpartialdruck im Blut 1

Sauerstofftransportkapazität des Blutes 183

Schnelle Komponente der cerebralen Clearance-Kurve 56, 58

"second-minute-slope-index" (S.M.S.I.) 37

Serotonin 179

Serumcholesterin 68, 100, 122, 152

Signifikanzen 85, 87, 89, 103-105, 116-119, 134-136, 148, 149,
    161

Simultane Durchblutungs-Messungen in beiden Hirnhälften 9, 120

Statistische Berechnungen 39

Stickoxydul-Halothan-Analgesie 66

- -Methode 1

Stochastische Analyse 19, 22, 36, 52

Stoffwechselaktive Substanzen 1, 18, 167, 170, 171, 179

γ-Strahlung aus dem geometrischen Halbschattenbereich 9, 27

Streckung des Kinking 106

238

Strömungshindernis in der Halsschlagader 133
Succinylbischolinchlorid 18
Succinyl-Dauertropfinfusion 18
Sympathicomimetische Substanzen 179
Szintillationszähler 8, 9, 27

Tetraäthylammonium 180
Theophyllin-Äthylendiamin (Euphyllin) 169, 176
Theophyllin-Derivate 168, 169, 180
Thermische Methoden zur lokalen Messung der Hirndurchblutung 2
Thiopental-Natrium 66
Tolazolin 180
Total- oder Teilverschluß der Arteria cerebri media, anterior
    oder posterior und rCBF 140, 164, 168
transitorische cerebrale Mangeldurchblutungen 153
Trimetaphan 180
T-Testgrößen 41
"two-minute-flow-index" (T.M.F.I.) 36, 38

Überlagerung der Meßfelder 48
Überlagerungsbereich 32
Überlagerungsfreie Messung 29
Untersuchungen im Wachzustand 50
– in Narkose 18, 50
Untersuchungsgang 67
Uras-M 18
Urografin 18, 65

Variationskoeffizient 52, 54
Vasoaktive Pharmaka 1, 18, 167, 171, 177, 179
Vasoparalyse 164, 166
Vasopressin 179
Venenpatch-Plastik 90
Verhalten der Hirndurchblutung bei den cerebrovasculären Er-
    krankungen 66

Verhalten der Hirndurchblutung in Abhängigkeit vom arteriellen
pCO$_2$ 58
- - unter dem Einfluß intravenös applizierbarer Narkosemittel
65
Verlust der Autoregulation 165, 166
Verschlußkrankheiten der Arteria carotis interna 66, 68, 116
Vertebralisangiographie 68
Verteilungskoeffizient für ^{133}Xenon im Blut und Hirngewebe 19,
20
Verteilungsmuster der cerebralen Durchblutungswerte 42
Viscositätsänderung des Blutes 183

Wärme-Clearance-Methoden zur lokalen Messung der Hirndurchblu-
tung 2
Wärmeleitsonden 20
Wasserstoff 2
Wirkungsdauer von Pharmaka auf die Hirndurchblutung 182

Xantinolniacinat (Complamin) 168, 169, 181
Xenon-127 2
Xenon-133 2, 3
Xenon-133-Inhalationsmethode 4

Zeitintervall zwischen klinischer Symptomatik und rCBF-Messung
70, 100
Zuordnung der regionalen Durchblutungswerte zu arteriellen Gefäßversorgungsbezirken 13, 14, 16
Zuordnungsprinzip 35
- von Durchblutungswerten zu Gehirnarealen 48

Schriftenreihe Neurologie – Neurology Series

Herausgeber: H. J. BAUER, H. GÄNSHIRT, P. VOGEL.

Die Bezieher des „Archiv für Psychiatrie und Nervenkrankheiten", des „Journal of Neurology / Zeitschrift für Neurologie" und des „Zentralblatt für die gesamte Neurologie und Psychiatrie" erhalten die Schriftenreihe zu einem um 10% ermäßigten Vorzugspreis. Preisänderungen vorbehalten.

1. KAHLE, W.: Die Entwicklung der menschlichen Großhirnhemisphäre.
   55 Abb. VII, 116 Seiten. 1969. DM 70,–; US $ 30.10

2. PRILL, A.: Die neurologische Symptomatologie der akuten und chronischen Niereninsuffizienz.
   Befunde zur pathogenetischen Wertigkeit von Stoffwechsel-, Elektrolyt- und Wasserhaushaltsstörungen sowie zur Pathologie der Blut/Hirn-Schrankenfunktion.
   49 Abb. VIII, 177 Seiten. 1969. DM 78,–; US $ 33.60

3. KUNZE, K.: Das Sauerstoffdruckfeld im normalen und pathologisch veränderten Muskel. Untersuchungen mit einer neuen Methode zur quantitativen Erfassung der Hypoxie in situ.
   67 Abb. VIII, 118 Seiten. 1969. DM 70,–; US $ 30.10

4. PILZ, H.: Die Lipide des normalen und pathologischen Liquor cerebrospinalis.
   4 Abb., 23 Tabellen. VIII, 123 Seiten. 1970. DM 58.–; US $ 25.00

5. RABE, F.: Die Kombination hysterischer und epileptischer Anfälle.
   Das Problem der „Hysteroepilepsie" in neuer Sicht.
   VII, 112 Seiten. 1970. Geb. DM 46.–; US $ 19.80

6. ULRICH, J.: Die cerebralen Entmarkungskrankheiten im Kindesalter.
   Diffuse Hirnsklerosen.
   35 Abb., 1 Farbtafel. XV, 202 Seiten. 1971. Geb. DM 88,–; US $ 37.90

7. PUFF, K.-H.: Die klinische Elektromyographie in der Differentialdiagnose von Neuro- und Myopathien. Eine Bilanz.
   12 Abb. VIII, 84 Seiten. 1971. Geb. DM 58,–; US $ 25.00

8. PISCOL, K.: Die Blutversorgung des Rückenmarkes und ihre klinische Relevanz.
   37 Abb., 3 Tabellen. VI, 91 Seiten. 1972. Geb. DM 58,–; US $ 25.00

9. WIESENDANGER, M.: Pathophysiology of Muscle Tone.
   4 figures. V, 46 pages. 1972. Cloth DM 34,–; US $ 14.70

10. SPIESS, H.: Schädigungen am peripheren Nervensystem durch ionisierende Strahlen.
    35 Abb. VIII, 71 Seiten. 1972. Geb. DM 42,–; US $ 18.20

11. NEUNDÖRFER, B.: Differentialtypologie der Polyneuritiden und Polyneuropathien.
    18 Abb. X, 205 Seiten. 1973. Geb. DM 98,–; US $ 42.20

12. LANGE-COSACK, H., TEPFER, G.: Das Hirntrauma im Kindes- und Jugendalter. Klinische und hirnelektrische Längsschnittuntersuchungen an 240 Kindern und Jugendlichen mit frischen Schädelhirntraumen.
    45 Abb. in 83 Teilfiguren. XIII, 212 Seiten. 1973. Geb. DM 98,–; US $ 42.20

13. KUNZE, S.: Die zentrale Ventrikulographie mit wasserlöslichen resorbierbaren Kontrastmitteln.
    24 Abb. in 40 Teilfiguren. VI, 77 Seiten. 1974. Geb. DM 38,–; US $ 16.40

14. SLUGA, E.: Polyneuropathien. Typen und Differenzierung. Ergebnisse bioptischer Untersuchungen.
    20 Abb., 5 Schemata. X, 155 Seiten. 1974. Geb. DM 48,–; US $ 20.70

Monographien aus dem Gesamtgebiete der Psychiatrie – Psychiatry Series

Herausgeber: H. Hippius, W. Janzarik, M. Müller.

Die Bezieher des „Archiv für Psychiatrie und Nervenkrankheiten", des „Journal of Neurology / Zeitschrift für Neurologie" und des „Zentralblatt für die gesamte Neurologie und Psychiatrie" erhalten die Monographien zu einem um 10% ermäßigten Vorzugspreis. Preisänderungen vorbehalten.

1. Hartmann, K.: Theoretische und empirische Beiträge zur Verwahrlosungsforschung.
   12 Abb., 33 Tabellen. X, 149 Seiten. 1970. Vergriffen

2. Matussek, P.: Die Konzentrationslagerhaft und ihre Folgen.
   Mit R. Grigat, H. Haiböck, G. Halbach, R. Kemmler, D. Mantell, A. Triebel, M. Vardy, G. Wedel.
   19 Abb., 73 Tabellen. X, 272 Seiten. 1971. Geb. DM 46,–; US $ 19.80

3. Adams, A. E.: Informationstheorie und Psychopathologie des Gedächtnisses.
   Methodische Beiträge zur experimentellen und klinischen Beurteilung mnestischer Leistungen.
   12 Abb. IX, 124 Seiten. 1971. Geb. DM 59,–; US $ 25.40

4. Nissen, G.: Depressive Syndrome im Kindes- und Jugendalter.
   Beitrag zur Symptomatologie, Genese und Prognose.
   11 Abb., 51 Tabellen. IX, 174 Seiten. 1971. Geb. DM 70,–; US $ 30.10

5. Moser, A.: Die langfristige Entwicklung Oligophrener.
   4 Abb., 30 Tabellen. X, 102 Seiten. 1971. Geb. DM 59,–; US $ 25.40

6. Feldmann, H.: Hypochondrie.
   Leibbezogenheit – Risikoverhalten – Entwicklungsdynamik.
   36 Abb., 5 Tabellen. VI, 118 Seiten. 1972. Geb. DM 59,–; US $ 25.40

7. Meyer-Osterkamp, S., Cohen, R.: Zur Größenkonstanz bei Schizophrenen.
   Eine experimentalpsychologische Untersuchung.
   5 Abb. VII, 91 Seiten. 1973. Geb. DM 53,–; US $ 22.80

8. Diebold, K.: Die erblichen myoklonisch-epileptisch-dementiellen Kernsyndrome.
   Progressive Myoklonusepilepsien – Dyssynergia cerebellaris myoclonica – myoklonische Varianten der drei nachinfantilen Formen der amaurotischen Idiotie.
   31 Abb. IX, 254 Seiten. 1973. Geb. DM 108,–; US $ 46.50

9. Eggers, C.: Verlaufsweisen kindlicher und präpuberaler Schizophrenien.
   3 Abb. IX, 250 Seiten. 1973. Geb. DM 87,–; US $ 37.50

10. Schrenk, M.: Über den Umgang mit Geisteskranken.
    Die Entwicklung der psychiatrischen Therapie vom „moralischen Regime" in England und Frankreich zu den „psychischen Curmethoden" in Deutschland.
    20 Abb. IX, 194 Seiten. 1973. Geb. DM 108,–; US $ 46.50

11. Schepank, Heinz: Erb- und Umweltfaktoren bei Neurosen.
    Tiefenpsychologische Untersuchungen an 50 Zwillingspaaren.
    Unter Mitarbeit von P. E. Becker et al.
    1 Abb., 82 Tabellen. VIII, 227 Seiten. 1974. Geb. DM 89,–; US $ 38.30